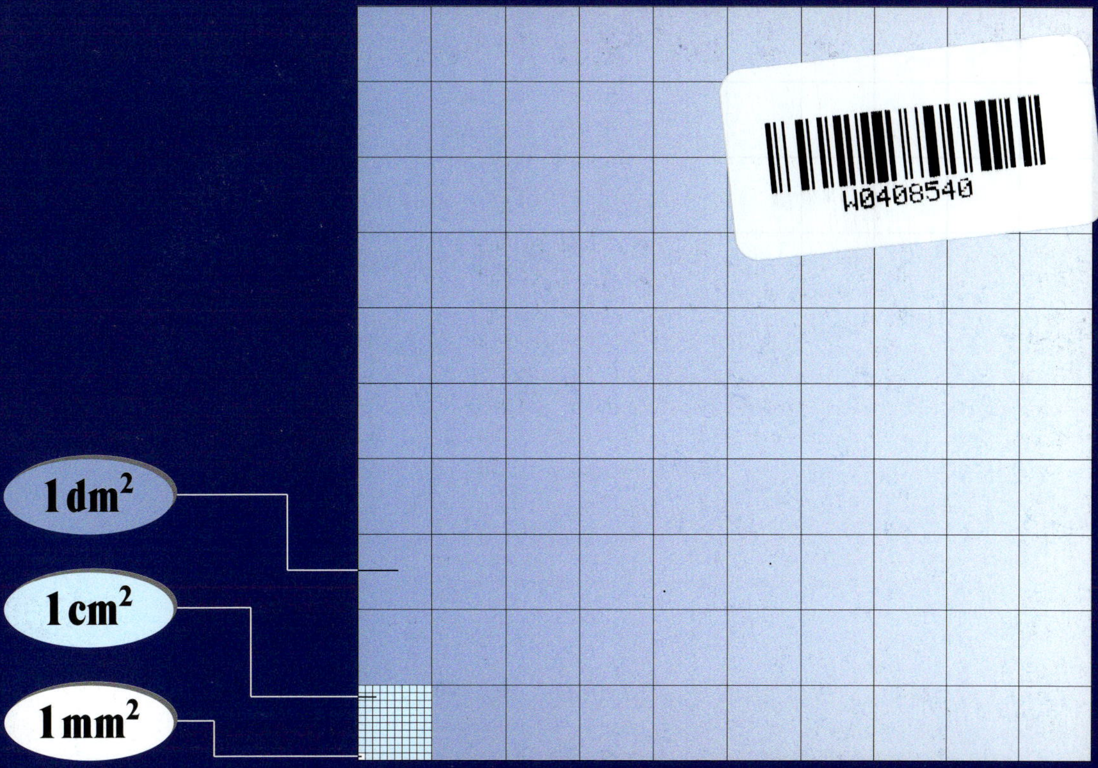

Flächeninhalt

Einheiten	Zeichen	Umrechnung
Quadratkilometer	km^2	$1\ km^2 = 100\ ha$
Hektar	ha	$1\ ha = 100\ a$
Ar	a	$1\ a = 100\ m^2$
Quadratmeter	m^2	$1\ m^2 = 100\ dm^2$
Quadratdezimeter	dm^2	$1\ dm^2 = 100\ cm^2$
Quadratzentimeter	cm^2	$1\ cm^2 = 100\ mm^2$
Quadratmillimeter	mm^2	

Volumen (Rauminhalt)

Einheiten	Zeichen	Umrechnung
Kubikmeter	m^3	$1\ m^3 = 1000\ dm^3$
Kubikdezimeter	dm^3	$1\ dm^3 = 1000\ cm^3$
Kubikzentimeter	cm^3	$1\ cm^3 = 1000\ mm^3$
Kubikmillimeter	mm^3	
Liter	l	$1\ l = 1\ dm^3 = 1000\ cm^3 = 1000\ ml$
Milliliter	ml	$1\ ml = 1\ cm^3$

Abkürzungen

Für die Kommunikation im WWW haben sich zahlreiche Abkürzungen eingebürgert. Ursache dafür waren am Anfang die Kosten für die Rechnerzeit.

AFAK	as far as I know (soviel ich weiß)
AFK	away from keyboard (bin mal kurz weg)
ASAP	as soon as possible (so bald als möglich)
BAW	bell and whistles (unnötiges drumherum)
BBL	be back later (komme später wieder)
BION	believe it or not (ob du es glaubst oder nicht)
BOT	back on topic (zurück zum Thema)
BRB	be right back (bin sofort wieder zurück)
BTW	by the way (nebenbei bemerkt)
CU	see you (man sieht sich)
CUL	see you later (wir sehen uns später)
FCFS	first come, first served (wer zuerst kommt, …)
FM	from memory (aus dem Gedächtnis)
FOAF	friend of a friend (ein Freund des Freundes)
FYA	for your amusement (zu deinem Vergnügen)
FYI	for your information (zu deiner Information)
GFC	going for coffee (mache eine Kaffeepause)
HHOJ	ha ha only joking (ha ha, war nur ein Witz)
HTH	hope this helps (hoffe das hilft)
IAE	in any event (in jedem Fall)
ILY	I love you (ich liebe dich)
IMO	in my opinion (meiner Meinung nach)
IMHO	in my humble opinion (meiner bescheidenen Meinung nach)
IMPOV	in my point of view (aus meiner Sicht)
IOW	in other words (mit anderen Worten)
LOL	laughing out loud (da kann ich nur laut lachen)
MHOTY	my hat's off to you (ich ziehe den Hut vor dir (Respekt))
MOM	moment (einen Moment bitte)
NRN	no reply necessary (keine Antwort notwendig)
OIC	oh I see (oh, ich verstehe)
OTOH	on the other hand (andererseits)
PLZ	please (bitte)
PMJI	pardon me for jumping in (entschuldige, dass ich mich einmische)
ROFL	rolling on the floor, laughing (vor lachen auf dem Boden wälzen)
TIA	thanks in advance (Dank im Voraus)
THX	thanks (danke)
WAEF	when all else fails (wenn alles andere schief geht)
WRT	with regards to … (mit Grüßen an)

Emoticons

Mit Emoticons, auch Smileys genannt, kann man Gefühle im WWW übermitteln. Gebildet aus: Emotion (engl. Gefühl) und Icon (engl. bildliche Darstellung).

:-)	lächeln	:->	verschmitzt	8-)	Brillenträger
:-D	lautes Lachen	>:->	boshafte Bemerkung	*:o)	Clown
:-P	Zunge rausstrecken	:-o	oh, Erstaunen	*<:-)	Weihnachtsmann
:-/	skeptisch	:-O	schreien	8:o)	Mickey Mouse
:-(	traurig	:-*	küssen	O:-)	Engel
:-C	sehr traurig	:-x	Kuss	]:->	Teufel
:(	sehr sehr traurig	:-X	schweigend	:-!	Raucher
:[	deprimiert	:-|	ernst	8:]	Gorilla
:'-(	weinen	:*)	flapsig/betrunken	8)	Frosch
'-)	ein Auge zukneifen	I-o	langweilig	3:]	Kuh
;-)	augenzwinkernd	(:-…	zu Tränen gerührt	:---)	Pinocchio

Das große Tafelwerk

Ein Tabellen- und Formelwerk
für den
mathematisch-naturwissenschaftlichen
Unterricht
in den Sekundarstufen I und II

Cornelsen

Inhalt

CHEMIE

BIOLOGIE

Mathematik

Zahlen, Zeichen, Ziffern

Mathematische Zeichen

Zahlen, Relationen, Operationen	
$+; -$	plus; minus
$\cdot; :$	mal; geteilt durch
$\frac{2}{5}$	zwei Fünftel (2 geteilt durch 5)
$=; \neq$	gleich; ungleich
$\approx$	angenähert gleich, rund
$<; >$	kleiner als; größer als
$\leq$	kleiner gleich (kleiner oder gleich)
$\geq$	größer gleich (größer oder gleich)
$\mid; \nmid$	teilt; teilt nicht
$0{,}2\overline{51}$	periodischer Dezimalbruch (Periode 51)
%; ‰	Prozent; Promille
$\lvert z \rvert$	Betrag von z
$\sim$	proportional; in der Geometrie: ähnlich
$\triangleq$	entspricht
$\sqrt{}$	Wurzel aus (Quadratwurzel aus)
$\sqrt[n]{}$	n-te Wurzel aus
∞	unendlich
i	imaginäre Einheit ($i^2 = -1$)
$f, g, \ldots$	Funktionen
$f(x)$	Funktionswert von f an der Stelle x
$f(x) = \ldots$	Funktionsgleichung/-vorschrift (auch: $f\colon x \to f(x)$)
$f^{-1}, \bar{f}$	Umkehrfunktion von f (auch $\check{f}$, f^*)
$\log_a b$	Logarithmus b zur Basis a
$\lg x$	dekadischer Logarithmus von x (Basis 10)
$\ln x$	natürlicher Logarithmus von x (Basis e)
e	Euler'sche Zahl (e = 2,718 281 828 459 …)
$n!$	n Fakultät ($1 \cdot 2 \cdot 3 \cdot \ldots \cdot n$)
$\binom{n}{k}$	n über k (Binomialkoeffizient)
p	Wahrscheinlichkeit eines Ergebnisses
$P(A)$	Wahrscheinlichkeit für das Eintreten eines Ereignisses A
sin; cos	Sinus; Kosinus
tan; cot	Tangens; Kotangens
sgn (x)	Signum von x
int (x) oder $[x]$	ganzzahliger Anteil von x (int ist Abkürzung für engl. integer = ganzzahlig)
π	Kreiszahl (π = 3,141 592 653 589 …)

Mengen	
$(a; b)$	offenes Intervall (ohne a und b), (auch: $]a; b[$ oder $a < x < b$)
$[a; b]$	abgeschlossenes Intervall (mit a und b), (auch: $a \leq x \leq b$)
$[a; b)$	halboffenes Intervall (mit a, aber ohne b), (auch $[a; b[$ oder $a \leq x < b$)
$(a \mid b)$	geordnetes Paar (auch: $(a; b)$)
$\{a; b\}$	Menge der Elemente a und b
$\{a; b; \ldots\}$	Menge der Elemente a; b; …
$\{x \mid \ldots\}$	Menge aller x, für die gilt …
$\in; \notin$	Element von; nicht Element von
$\subset; \subseteq$	echte Teilmenge von; Teilmenge von
$\emptyset$	leere Menge
$A \cap B$	Schnittmenge, Durchschnitt (A geschnitten B)
$A \cup B$	Vereinigungsmenge (A vereinigt B)
$A \setminus B$	Differenzmenge (A ohne B)
$\bar{A}$	Komplementärmenge zu A
$A \times B$	Produktmenge von A und B (A kreuz B)

Analysis	
(a_n)	Folge a_n
$\sum_{i=1}^{n} a_i$	Summe über alle a_i von $i = 1$ bis n
$\lim_{x \to x_0} f(x)$	Limes $f(x)$ für x gegen x_0 (Grenzwert von f an der Stelle x_0)
$f'(x_0)$	1. Ableitung von f an der Stelle x_0
$f''(x_0)$	2. Ableitung …; andere Schreibweisen: $\left.\frac{dy}{dx}\right\rvert_{x=x_0}$ bzw. $\left.\frac{d^2y}{dx^2}\right\rvert_{x=x_0}$ „dy nach dx an der Stelle $x = x_0$" „d zwei y nach dx Quadrat an der Stelle $x = x_0$"
$f'; f''; f'''; f^{(n)}$	Erste; zweite; dritte; n-te Ableitungsfunktion von f
$\int_a^b f(x)\,dx$	Integral von a bis b über f von x dx (bestimmtes Integral)
$\int f(x)\,dx$	Integral f von x dx (unbestimmtes Integral)

Geometrie	
$\parallel$; $\nparallel$	parallel zu; nicht parallel zu
$\perp$	senkrecht auf; orthogonal zu
$\triangle$	Dreieck
AB	Gerade AB (durch A und B)
$\overline{AB}$	Strecke AB
$\lvert\overline{AB}\rvert$	Länge der Strecke AB
$\overrightarrow{AB}$	Strahl AB (mit dem Anfangspunkt A)
$\overset{\frown}{AB}$	Bogen AB (Kreisbogen von A nach B)
$\sphericalangle$	Winkel
$\sphericalangle\,(g, h)$	Winkel zwischen g und h
$\sphericalangle AOB$	Winkel AOB (mit dem Scheitel O)
⊾	rechter Winkel
$\sphericalangle$ (orientiert)	orientierter Winkel (mit vorgegebener Drehrichtung)
°; ′; ″	Grad; Minute; Sekunde (Winkeleinheiten)
arc α	Arcus α (Winkeleinheit im Bogenmaß)
$\cong$; $\ncong$	kongruent; nicht kongruent
$\sim$	ähnlich

Zahlenbereiche	
$\mathbb{N}$	Menge der natürlichen Zahlen
$\mathbb{Z}$	Menge der ganzen Zahlen
$\mathbb{Q}$	Menge der rationalen Zahlen
$\mathbb{Q}^+$	Menge der positiven rationalen Zahlen (Bruchzahlen ohne Null)
$\mathbb{R}$	Menge der reellen Zahlen
$\mathbb{R}^*$	Menge der reellen Zahlen mit Ausnahme der Null
$\mathbb{C}$	Menge der komplexen Zahlen
$\mathbb{P}$	Menge der Primzahlen
$\mathbb{Z}_{\leq 8}$	Menge der ganzen Zahlen, die kleiner oder gleich 8 sind
$\mathbb{Q}_{\geq 0}$	Menge d. nicht negat. rationalen Zahlen
$\mathbb{R}_{>0}$	Menge der positiven reellen Zahlen

Vektorrechnung	
$\overrightarrow{AB}$, $\vec{a}$	Vektor AB bzw. Vektor a
$\vec{a} = \begin{pmatrix} a_x \\ a_y \\ a_z \end{pmatrix}$	Vektor a mit den Koordinaten a_x, a_y und a_z
$\vec{e}_i = \begin{pmatrix} 0 \\ \vdots \\ 0 \\ 1 \\ 0 \\ \vdots \\ 0 \end{pmatrix}$	i-ter Einheitsvektor; alle Einträge sind 0, nur an der i-ten Stelle steht eine 1
$\vec{a} \uparrow\uparrow \vec{b}$	Vektor a gleich gerichtet mit Vektor b
$\vec{a} \uparrow\downarrow \vec{b}$	Vektor a entgegengesetzt gerichtet zu Vektor b (für zueinander parallele Vektoren)
$\vec{a} \cdot \vec{b}$	Vektor a Punkt Vektor b (skalares Produkt; Skalarprodukt)
$\vec{a} \times \vec{b}$	Vektor a Kreuz Vektor b (vektorielles Produkt; Vektorprodukt, Kreuzprodukt)
$\mathbf{A}_{(m,n)}$	Matrix mit m Zeilen und n Spalten $\mathbf{A}_{(m,n)} = \begin{pmatrix} a_{11} & a_{12} & a_{13} & \dots & a_{1n} \\ a_{21} & a_{22} & a_{23} & \dots & a_{2n} \\ a_{31} & a_{32} & a_{33} & \dots & a_{3n} \\ \dots & \dots & \dots & \dots & \dots \\ a_{m1} & a_{m2} & a_{m3} & \dots & a_{mn} \end{pmatrix}$

Logik	
$\neg$	nicht (Negation)
$\wedge$	und (Konjunktion)
$\vee$	oder (Alternative)
$\Rightarrow$	wenn, dann … (Implikation)
$\Leftrightarrow$	genau dann, wenn … (Äquivalenz)

Griechisches Alphabet (Druckbuchstaben)

A	α	Alpha	H	η	Eta	N	ν	Ny	T	τ	Tau
B	β	Beta	Θ	ϑ	Theta	Ξ	ξ	Xi	Y	υ	Ypsilon
Γ	γ	Gamma	I	ι	Jota	O	o	Omikron	Φ	φ	Phi
Δ	δ	Delta	K	$\varkappa$	Kappa	Π	π	Pi	X	χ	Chi
E	ε	Epsilon	Λ	λ	Lambda	P	ϱ	Rho	Ψ	ψ	Psi
Z	ζ	Zeta	M	μ	My	Σ	σ, ς	Sigma	Ω	ω	Omega

Frakturbuchstaben

Lateinische Buchstaben	A	B	C	D	E	F	G	H	I	J	K	L	M
Frakturbuchstaben	𝔄 𝔞	𝔅 𝔟	ℭ 𝔠	𝔇 𝔡	𝔈 𝔢	𝔉 𝔣	𝔊 𝔤	ℌ 𝔥	ℑ 𝔦	𝔍 𝔧	𝔎 𝔨	𝔏 𝔩	𝔐 𝔪
Lateinische Buchstaben	N	O	P	Q	R	S	T	U	V	W	X	Y	Z
Frakturbuchstaben	𝔑 𝔫	𝔒 𝔬	𝔓 𝔭	𝔔 𝔮	ℜ 𝔯	𝔖 ſ	𝔗 𝔱	𝔘 𝔲	𝔙 𝔳	𝔚 𝔴	𝔛 𝔵	𝔜 𝔶	ℨ 𝔷

Zahlenbereiche

	Ausführbarkeit von Rechenoperationen	Darstellung auf einer Zahlengeraden
Natürliche Zahlen $\mathbb{N}$ $\mathbb{N} = \{0, 1, 2, \ldots\}$	Addition und Multiplikation sind stets ausführbar, Subtraktion und Division nicht immer. *Monotoniegesetze:* Aus $a < b$ folgt $a + c < b + c$. Aus $a < b$ folgt $a \cdot c < b \cdot c$ ($c \neq 0$).	Den natürlichen Zahlen entsprechen einzelne Punkte im Abstand von 1 auf dem Zahlenstrahl (ab 0). Jede Zahl (außer 0) hat einen Vorgänger und einen Nachfolger.
Ganze Zahlen $\mathbb{Z}$ $\mathbb{Z} = \{\ldots, -2, -1, 0, 1, 2, \ldots\}$ 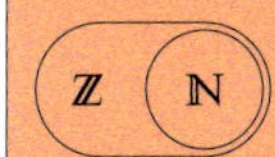 $\mathbb{N} \subset \mathbb{Z}$	Addition, Subtraktion und Multiplikation sind stets ausführbar, Division nicht immer. *Monotoniegesetze:* Aus $a < b$ folgt $a + c < b + c$. Aus $a < b$ folgt $a \cdot c < b \cdot c$, falls $c > 0$. Aus $a < b$ folgt $a \cdot c > b \cdot c$, falls $c < 0$.	Den ganzen Zahlen entsprechen einzelne Punkte im Abstand von 1 auf der Zahlengeraden. Jede Zahl (auch 0) hat einen Vorgänger und einen Nachfolger. Die zu einer Zahl a entgegengesetzte Zahl ist $-a$ (durch Punktspiegelung von a an 0).
Bruchzahlen $\mathbb{Q}_{\geq 0}$ $\mathbb{Q}_{\geq 0} = \left\{\frac{p}{q} \middle\vert p, q \in \mathbb{N} \text{ und } q \neq 0\right\}$, z. B. $0; 3; \frac{4}{3}; 1{,}37; 0{,}\bar{3}$ 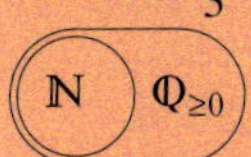 $\mathbb{N} \subset \mathbb{Q}_{\geq 0}$	Addition, Multiplikation und Division (außer durch 0) sind stets ausführbar, Subtraktion nicht immer. Bruchzahlen können auch durch (endliche bzw. periodische) Dezimalbrüche dargestellt werden. *Monotoniegesetze wie in* $\mathbb{N}$	Die gebrochenen Zahlen liegen dicht auf dem Zahlenstrahl (ab 0), es gibt aber Punkte, zu denen keine gebrochene Zahl gehört. (Lücken auf der Zahlengeraden)
Rationale Zahlen $\mathbb{Q}$ $\mathbb{Q} = \left\{\frac{p}{q} \middle\vert p, q \in \mathbb{Z} \text{ und } q \neq 0\right\}$, z. B. $1; \frac{5}{8}; -0{,}\bar{3}; -\frac{1}{17}; 2{,}5$ 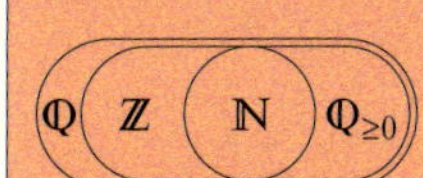 $\mathbb{N} \subset \mathbb{Q}; \mathbb{Z} \subset \mathbb{Q}; \mathbb{Q}_{\geq 0} \subset \mathbb{Q}$	Addition, Subtraktion, Multiplikation und Division (außer durch 0) sind stets ausführbar, Wurzelziehen nicht immer. Z. B. ist $\sqrt{2}$ nicht als Bruchzahl darstellbar. *Monotoniegesetze wie in* $\mathbb{Z}$	Die rationalen Zahlen liegen dicht auf der Zahlengeraden, es gibt aber Punkte, zu denen keine rationale Zahl gehört. (Lücken auf der Zahlengeraden)
Reelle Zahlen $\mathbb{R}$ z. B. $-3; \frac{5}{2}; \pi; \sqrt{4}; -\sqrt{3}$ 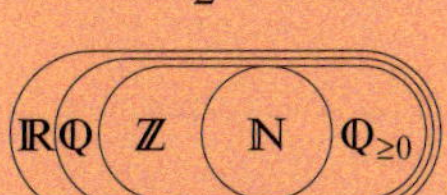 $\mathbb{N} \subset \mathbb{R}; \mathbb{Z} \subset \mathbb{R}; \mathbb{Q}_{\geq 0} \subset \mathbb{R}; \mathbb{Q} \subset \mathbb{R}$	Addition, Subtraktion, Multiplikation und Division (außer durch 0) sind stets ausführbar; Wurzeln aus positiven, reellen Zahlen können stets gezogen werden. Z. B. ist $\sqrt{2}$ irrational, d. h. ein unendlicher, nichtperiodischer Dezimalbruch. *Monotoniegesetze wie in* $\mathbb{Z}$	Jedem Punkt auf der Zahlengeraden entspricht genau eine reelle Zahl.
Komplexe Zahlen $\mathbb{C}$ $\mathbb{C} = \{a + bi \mid a, b \in \mathbb{R}; i^2 = -1\}$ z. B. $7; -\frac{3}{5}; \sqrt{-4}; -\sqrt{-1}$ $\mathbb{R} \subset \mathbb{C}$	Addition, Subtraktion, Multiplikation, Division (außer durch 0) und Radizieren (Wurzelziehen) sind stets ausführbar.	Die komplexen Zahlen können nicht mehr auf einer Zahlengerade, sondern in der Gauß'schen Zahlenebene dargestellt werden. (↗ S. 13)

Rechenoperationen

1. Stufe	Addition	$a + b = c$	a, b Summanden		c Summe	
	Subtraktion	$a - b = c$	a Minuend		b Subtrahend	c Differenz
2. Stufe	Multiplikation	$a \cdot b = c$	a, b Faktoren		c Produkt	
	Division	$a : b = c\ (b \neq 0)$	a Dividend		b Divisor	c Quotient
3. Stufe	Potenzieren	$a^b = c$	a Basis der Potenz		b Exponent	c Potenz
	Radizieren	$\sqrt[a]{b} = c\ (b \geq 0)$	a Wurzelexponent		b Radikand	c Wurzel
	Logarithmieren	$\log_a b = c\ (a > 0;\ a \neq 1)$	a Basis		b Numerus	c Logarithmus

Sind mehrere *Rechenoperationen verschiedener Stufe* auszuführen, so haben stets die Operationen der höheren Stufe den Vorrang: Es gilt Punkt- vor Strichrechnung sowie Potenzieren, Radizieren und Logarithmieren vor Punkt- und Strichrechnung.
Zuerst müssen jedoch die Operationen in den Klammern ausgeführt werden.
Beispiel: $43 - (7 \cdot 2^2 - \sqrt{9}) = 43 - (7 \cdot 4 - 3) = 43 - (28 - 3) = 43 - 25 = 18$

Sind mehrere Zahlen durch *Rechenoperationen gleicher Stufe* verknüpft, so werden die Operationen in der Regel schrittweise von links nach rechts ausgeführt.
Beispiel: $24 : 3 \cdot 7 = 8 \cdot 7 = 56$

Termumformungen

Rechengesetze	$a + b = b + a$	Kommutativgesetz der Addition
	$a \cdot b = b \cdot a$	Kommutativgesetz der Multiplikation
	$a + (b + c) = (a + b) + c$	Assoziativgesetz der Addition
	$a \cdot (b \cdot c) = (a \cdot b) \cdot c$	Assoziativgesetz der Multiplikation
Auflösen von Klammern	$a \cdot (b + c) = a \cdot b + a \cdot c$	Distributivgesetze
	$a \cdot (b - c) = a \cdot b - a \cdot c$	
	$(a + b) : c = a : c + b : c\ (c \neq 0)$	
	$(a - b) : c = a : c - b : c\ (c \neq 0)$	
	$a + (b + c) = a + b + c$	$a + (b - c) = a + b - c$
	$a - (b + c) = a - b - c$	$a - (b - c) = a - b + c$
Ausmultiplizieren	$(a + b) \cdot (c + d) = ac + ad + bc + bd$	$(a + b) \cdot (c - d) = ac - ad + bc - bd$
	$(a - b) \cdot (c + d) = ac + ad - bc - bd$	$(a - b) \cdot (c - d) = ac - ad - bc + bd$
Binomische Formeln	$(a + b)^2 = a^2 + 2ab + b^2$ $\quad (a - b)^2 = a^2 - 2ab + b^2$	$(a + b) \cdot (a - b) = a^2 - b^2$

Mittelwerte

	bei 2 Größen a_1, a_2	bei n Größen $a_1, a_2, \ldots, a_n$
Arithmetisches Mittel	$A = \frac{a_1 + a_2}{2}$	$A = \frac{a_1 + a_2 + \ldots + a_n}{n} = \frac{1}{n} \sum_{i=1}^{n} a_i$
Geometrisches Mittel	$G = \sqrt{a_1 \cdot a_2}$	$G = \sqrt[n]{a_1 \cdot a_2 \cdot \ldots \cdot a_n} = \sqrt[n]{\prod_{i=1}^{n} a_i}\ (a_i > 0)$
Harmonisches Mittel	$H = \frac{2 \cdot a_1 \cdot a_2}{a_1 + a_2}$	$H = \frac{n}{\frac{1}{a_1} + \frac{1}{a_2} + \ldots + \frac{1}{a_n}} = \frac{n}{\sum_{i=1}^{n} \frac{1}{a_i}}$

Teiler und Vielfache natürlicher Zahlen

Teiler ($a \mid b$) Vielfaches	a heißt Teiler von b, wenn es eine natürliche Zahl n gibt, sodass $a \cdot n = b$ gilt. Wenn a ein Teiler von b ist, so ist b ein Vielfaches von a.	
Größter gemeinsamer Teiler (ggT)	Beim Vergleich der Teiler zweier oder mehrerer Zahlen findet man den ggT.	Beispiel: 9 : 1, 3, 9 12 : 1, 2, 3, 4, 6, 12
Kleinstes gemeinsames Vielfaches (kgV)	Beim Vergleich der Vielfachen zweier oder mehrerer Zahlen findet man das kgV.	Beispiel: 9 : 9, 18, 27, 36, 45, … 12 : 12, 24, 36, 48, …

Teilbarkeitsregeln

Teiler t	Eine natürliche Zahl ist durch t teilbar, …
2	wenn sie auf 0, 2, 4, 6 oder 8 endet, sonst nicht.
3	wenn ihre Quersumme (Summe aller Ziffern) durch 3 teilbar ist, sonst nicht.
4	wenn ihre letzten beiden Ziffern eine durch 4 teilbare Zahl darstellen, sonst nicht.
5	wenn sie auf 0 oder 5 endet, sonst nicht.
6	wenn sie durch 2 und durch 3 teilbar ist, sonst nicht.
8	wenn ihre letzten drei Ziffern eine durch 8 teilbare Zahl darstellen, sonst nicht.
9	wenn ihre Quersumme (Summe aller Ziffern) durch 9 teilbar ist, sonst nicht.
10	wenn sie auf 0 endet, sonst nicht.

Primzahlen

Natürliche Zahlen, die größer als 1 und nur durch 1 und durch sich selbst teilbar sind, heißen Primzahlen. (Primzahlen sind natürliche Zahlen mit genau zwei Teilern.) Die kleinste Primzahl ist 2, eine größte Primzahl gibt es nicht. Die ersten 130 Primzahlen lauten:

2	31	73	127	179	233	283	353	419	467	547	607	661
3	37	79	131	181	239	293	359	421	479	557	613	673
5	41	83	137	191	241	307	367	431	487	563	617	677
7	43	89	139	193	251	311	373	433	491	569	619	683
11	47	97	149	197	257	313	379	439	499	571	631	691
13	53	101	151	199	263	317	383	443	503	577	641	701
17	59	103	157	211	269	331	389	449	509	587	643	709
19	61	107	163	223	271	337	397	457	521	593	647	719
23	67	109	167	227	277	347	401	461	523	599	653	727
29	71	113	173	229	281	349	409	463	541	601	659	733

Römische Zahlzeichen

I 1	V 5	X 10	L 50	C 100	D 500	M 1000

Stehen diese Ziffern nebeneinander, so wird je nach ihrer Reihenfolge addiert bzw. subtrahiert.

1	I	6	VI	11	XI	16	XVI	40	XL	90	XC	500	D
2	II	7	VII	12	XII	17	XVII	50	L	100	C	600	DC
3	III	8	VIII	13	XIII	18	XVIII	60	LX	200	CC	700	DCC
4	IV	9	IX	14	XIV	19	XIX	70	LXX	300	CCC	800	DCCC
5	V	10	X	15	XV	20	XX	80	LXXX	400	CD	900	CM

Zahlen im Zehnersystem/Dezimalzahlen

Im dekadischen Zahlensystem, kurz: Zehnersystem oder Dezimalsystem, wird als Basis die Zahl 10 benutzt, d. h. die einzelnen Stellen sind Potenzen von 10 (**Zehnerpotenzen**).
Zur Darstellung der einzelnen Zahlen werden die zehn Ziffern 0, 1, 2, 3, 4, 5, 6, 7, 8 und 9 benutzt.
Die Stelle einer Ziffer innerhalb der ganzen Zahl ergibt ihren Wert.
Eine **Stellentafel** im Dezimalsystem hat folgende Form:

Billionen			Milliarden			Millionen			Tausend					
10^{14}	10^{13}	10^{12}	10^{11}	10^{10}	10^{9}	10^{8}	10^{7}	10^{6}	10^{5}	10^{4}	10^{3}	10^{2}	10^{1}	10^{0}
					4	3	0	5	2	6	0	0	4	4

Für die in der dezimalen Stellentafel dargestellte Zahl 4 305 260 044 gilt:

$$4\,305\,260\,044 = 4 \cdot 10^9 + 3 \cdot 10^8 + 5 \cdot 10^6 + 2 \cdot 10^5 + 6 \cdot 10^4 + 4 \cdot 10^1 + 4 \cdot 10^0$$
$$= 4 \cdot 1\,000\,000\,000 + 3 \cdot 100\,000\,000 + 5 \cdot 1\,000\,000 + 2 \cdot 100\,000 + 6 \cdot 10\,000 + 4 \cdot 10 + 4 \cdot 1$$

Die in der Stellentafel dargestellte Zahl 4 305 260 044 lautet:
vier Milliarden dreihundertfünf Millionen zweihundertsechzig Tausend vierundvierzig.

Zahlen im Zweiersystem/Dualzahlen

Im dualen Zahlensystem, kurz: Zweiersystem oder Dualsystem, wird als Basis die Zahl 2 benutzt, d. h. die einzelnen Stellen sind Potenzen von 2.
Zur Darstellung der einzelnen Zahlen werden nur zwei Ziffern benötigt: 0 und 1.
Eine Stellentafel im Dualsystem hat folgende Form:

2^{10} (= 1024)	2^9 (= 512)	2^8 (= 256)	2^7 (= 128)	2^6 (= 64)	2^5 (= 32)	2^4 (= 16)	2^3 (= 8)	2^2 (= 4)	2^1 (= 2)	2^0 (= 1)
		1	0	1	0	1	1	0	1	1

Für die in der dualen Stellentafel dargestellte Zahl $[101011011]_2$ gilt:

$$[101011011]_2 = 1 \cdot 2^8 + 1 \cdot 2^6 + 1 \cdot 2^4 + 1 \cdot 2^3 + 1 \cdot 2^1 + 1 \cdot 2^0$$
$$= 256 + 64 + 16 + 8 + 2 + 1 = 347$$

Für die Addition von Dualzahlen gilt: $0 + 0 = 0$; $0 + 1 = 1$; $1 + 0 = 1$; $1 + 1 = 10$
Für die Multiplikation von Dualzahlen gilt: $0 \cdot 0 = 0$; $0 \cdot 1 = 0$; $1 \cdot 0 = 0$; $1 \cdot 1 = 1$

Zahlen im Hexadezimalsystem/Hexadezimalzahlen

Im Hexadezimalsystem, wird als Basis die Zahl 16 benutzt, d. h. die einzelnen Stellen sind Potenzen von 16.
Zur Darstellung der einzelnen Zahlen werden 16 Ziffern benötigt: 0, 1, 2, 3, 4, 5, 6, 7, 8, 9, A, B, C, D, E, F.
Eine Stellentafel im Hexadezimalsystem hat folgende Form:

16^8 (= 4 294 967 296)	16^7 (= 268 435 456)	16^6 (= 16 777 216)	16^5 (= 1 048 576)	16^4 (= 65 536)	16^3 (= 4 096)	16^2 (= 256)	16^1 (= 16)	16^0 (= 1)
		A	0	6	0	3	7	F

Für die in der hexadezimalen Stellentafel dargestellte Zahl $[A06037F]_{16}$ gilt:

$$[A06037F]_{16} = 10 \cdot 16^6 + 6 \cdot 16^4 + 3 \cdot 16^2 + 7 \cdot 16^1 + 15 \cdot 16^0$$
$$= 10 \cdot 16\,777\,216 + 6 \cdot 65\,536 + 3 \cdot 256 + 7 \cdot 16 + 15 \cdot 1 = 168\,166\,271$$

Umrechnungstafel Dezimalzahlen ($[\,]_{10}$), Hexadezimalzahlen ($[\,]_{16}$), Dualzahlen ($[\,]_{2}$)

$[\,]_{10}$	$[\,]_{16}$	$[\,]_{2}$	$[\,]_{10}$	$[\,]_{16}$	$[\,]_{2}$	$[\,]_{10}$	$[\,]_{16}$	$[\,]_{2}$	$[\,]_{10}$	$[\,]_{16}$	$[\,]_{2}$	$[\,]_{10}$	$[\,]_{16}$	$[\,]_{2}$
0	0	00000000	52	34	00110100	104	68	01101000	156	9C	10011100	208	D0	11010000
1	1	00000001	53	35	00110101	105	69	01101001	157	9D	10011101	209	D1	11010001
2	2	00000010	54	36	00110110	106	6A	01101010	158	9E	10011110	210	D2	11010010
3	3	00000011	55	37	00110111	107	6B	01101011	159	9F	10011111	211	D3	11010011
4	4	00000100	56	38	00111000	108	6C	01101100	160	A0	10100000	212	D4	11010100
5	5	00000101	57	39	00111001	109	6D	01101101	161	A1	10100001	213	D5	11010101
6	6	00000110	58	3A	00111010	110	6E	01101110	162	A2	10100010	214	D6	11010110
7	7	00000111	59	3B	00111011	111	6F	01101111	163	A3	10100011	215	D7	11010111
8	8	00001000	60	3C	00111100	112	70	01110000	164	A4	10100100	216	D8	11011000
9	9	00001001	61	3D	00111101	113	71	01110001	165	A5	10100101	217	D9	11011001
10	A	00001010	62	3E	00111110	114	72	01110010	166	A6	10100110	218	DA	11011010
11	B	00001011	63	3F	00111111	115	73	01110011	167	A7	10100111	219	DB	11011011
12	C	00001100	64	40	01000000	116	74	01110100	168	A8	10101000	220	DC	11011100
13	D	00001101	65	41	01000001	117	75	01110101	169	A9	10101001	221	DD	11011101
14	E	00001110	66	42	01000010	118	76	01110110	170	AA	10101010	222	DE	11011110
15	F	00001111	67	43	01000011	119	77	01110111	171	AB	10101011	223	DF	11011111
16	10	00010000	68	44	01000100	120	78	01111000	172	AC	10101100	224	E0	11100000
17	11	00010001	69	45	01000101	121	79	01111001	173	AD	10101101	225	E1	11100001
18	12	00010010	70	46	01000110	122	7A	01111010	174	AE	10101110	226	E2	11100010
19	13	00010011	71	47	01000111	123	7B	01111011	175	AF	10101111	227	E3	11100011
20	14	00010100	72	48	01001000	124	7C	01111100	176	B0	10110000	228	E4	11100100
21	15	00010101	73	49	01001001	125	7D	01111101	177	B1	10110001	229	E5	11100101
22	16	00010110	74	4A	01001010	126	7E	01111110	178	B2	10110010	230	E6	11100110
23	17	00010111	75	4B	01001011	127	7F	01111111	179	B3	10110011	231	E7	11100111
24	18	00011000	76	4C	01001100	128	80	10000000	180	B4	10110100	232	E8	11101000
25	19	00011001	77	4D	01001101	129	81	10000001	181	B5	10110101	233	E9	11101001
26	1A	00011010	78	4E	01001110	130	82	10000010	182	B6	10110110	234	EA	11101010
27	1B	00011011	79	4F	01001111	131	83	10000011	183	B7	10110111	235	EB	11101011
28	1C	00011100	80	50	01010000	132	84	10000100	184	B8	10111000	236	EC	11101100
29	1D	00011101	81	51	01010001	133	85	10000101	185	B9	10111001	237	ED	11101101
30	1E	00011110	82	52	01010010	134	86	10000110	186	BA	10111010	238	EE	11101110
31	1F	00011111	83	53	01010011	135	87	10000111	187	BB	10111011	239	EF	11101111
32	20	00100000	84	54	01010100	136	88	10001000	188	BC	10111100	240	F0	11110000
33	21	00100001	85	55	01010101	137	89	10001001	189	BD	10111101	241	F1	11110001
34	22	00100010	86	56	01010110	138	8A	10001010	190	BE	10111110	242	F2	11110010
35	23	00100011	87	57	01010111	139	8B	10001011	191	BF	10111111	243	F3	11110011
36	24	00100100	88	58	01011000	140	8C	10001100	192	C0	11000000	244	F4	11110100
37	25	00100101	89	59	01011001	141	8D	10001101	193	C1	11000001	245	F5	11110101
38	26	00100110	90	5A	01011010	142	8E	10001110	194	C2	11000010	246	F6	11110110
39	27	00100111	91	5B	01011011	143	8F	10001111	195	C3	11000011	247	F7	11110111
40	28	00101000	92	5C	01011100	144	90	10010000	196	C4	11000100	248	F8	11111000
41	29	00101001	93	5D	01011101	145	91	10010001	197	C5	11000101	249	F9	11111001
42	2A	00101010	94	5E	01011110	146	92	10010010	198	C6	11000110	250	FA	11111010
43	2B	00101011	95	5F	01011111	147	93	10010011	199	C7	11000111	251	FB	11111011
44	2C	00101100	96	60	01100000	148	94	10010100	200	C8	11001000	252	FC	11111100
45	2D	00101101	97	61	01100001	149	95	10010101	201	C9	11001001	253	FD	11111101
46	2E	00101110	98	62	01100010	150	96	10010110	202	CA	11001010	254	FE	11111110
47	2F	00101111	99	63	01100011	151	97	10010111	203	CB	11001011	255	FF	11111111
48	30	00110000	100	64	01100100	152	98	10011000	204	CC	11001100			
49	31	00110001	101	65	01100101	153	99	10011001	205	CD	11001101			
50	32	00110010	102	66	01100110	154	9A	10011010	206	CE	11001110			
51	33	00110011	103	67	01100111	155	9B	10011011	207	CF	11001111			

Rechnen mit Bruchzahlen (gebrochenen Zahlen)

Erweitern/Kürzen	$\frac{a}{b} = \frac{a \cdot c}{b \cdot c}$ $(b \neq 0, c \neq 0)$	$\frac{a}{b} = \frac{a : c}{b : c}$ $(b \neq 0, c \neq 0$, a und b teilbar durch $c)$
Addition/ Subtraktion	$\frac{a}{b} + \frac{c}{d} = \frac{ad + bc}{bd}$ $(b \neq 0, d \neq 0)$	$\frac{a}{b} - \frac{c}{d} = \frac{ad - bc}{bd}$ $(b \neq 0, d \neq 0)$
Multiplikation/ Division	$\frac{a}{b} \cdot \frac{c}{d} = \frac{a \cdot c}{b \cdot d}$ $(b \neq 0, d \neq 0)$	$\frac{a}{b} : \frac{c}{d} = \frac{a \cdot d}{b \cdot c}$ $(b \neq 0, c \neq 0, d \neq 0)$

Rundungsregeln

Ab- und Aufrunden	Folgt der Rundungsstelle eine 0, 1, 2, 3 oder 4, so wird abgerundet. Folgt der Rundungsstelle eine 5, 6, 7, 8 oder 9, so wird aufgerundet.
Faustregel für das Rechnen mit gerundeten Werten	*Addition/Multiplikation:* Um Rundungsfehler gering zu halten, sollte die eine Zahl vergrößert und die andere verkleinert werden. *Subtraktion/Division:* Beide Zahlen sollten vergrößert oder beide verkleinert werden, um geringere Rundungsfehler zu erhalten.

Näherungswerte

Näherungswerte	Näherungswerte erhält man beim Messen und beim Runden. Auch beim Rechnen mit Dezimalbrüchen benutzt man oft Näherungswerte, um Rechnungen mit vielen Nachkommastellen zu vermeiden.
Abweichung vom genauen Wert	Ein Näherungswert weicht i. Allg. vom (meist unbekannten) genauen Wert um nicht mehr als die Hälfte des Stellenwertes der letzten Ziffer ab. *Beispiel:* Für $\sqrt{7}$ gibt der Taschenrechner 2,6**457**513 an. Der Näherungswert 2,646 weicht davon um 0,0002487 (< 0,0005) ab.
Faustregeln für das Rechnen mit Näherungswerten	*Addition/Subtraktion:* Suche den Näherungswert, bei dem die letzte zuverlässige Ziffer am weitesten links steht. Bestimme die Stelle dieser letzten zuverlässigen Ziffer. Runde das Ergebnis auf diese Stelle. *Multiplikation/Division:* Suche den Näherungswert mit der geringsten Anzahl zuverlässiger Ziffern. Runde das Ergebnis auf die gleiche Anzahl von Ziffern.

Intervalle im Bereich reeller Zahlen

Abgeschlossene Intervalle

$[a; b]$ ist die Menge aller reellen Zahlen x mit $a \leq x \leq b$.
Die Randwerte a und b gehören zum Intervall.

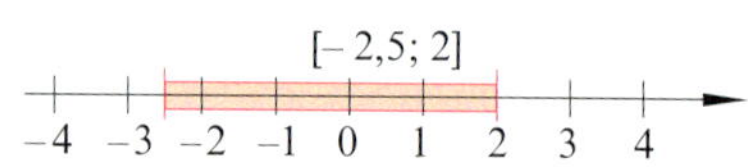

Offene Intervalle

$(a; b)$ ist die Menge aller reellen Zahlen x mit $a < x < b$.
Die Randwerte a und b gehören nicht zum Intervall.
$(a; +\infty)$ ist die Menge aller reellen Zahlen x mit $x > a$.

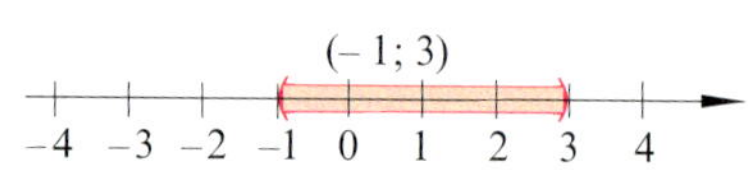

Halboffene Intervalle

$[a; b)$ ist die Menge aller reellen Zahlen x mit $a \leq x < b$.
$(a; b]$ ist die Menge aller reellen Zahlen x mit $a < x \leq b$.
$[a; +\infty)$ ist die Menge aller reellen Zahlen x mit $x \geq a$.
$(-\infty; a]$ ist die Menge aller reellen Zahlen x mit $x \leq a$.

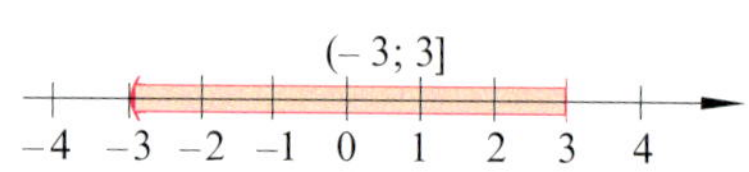

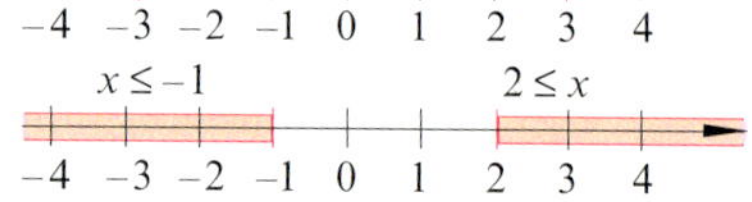

Komplexe Zahlen

Komplexe Zahlen in Normalform	Der Bereich der komplexen Zahlen $\mathbb{C}$ umfasst alle Zahlen der Form $z = a + bi$ ($a, b \in \mathbb{R}$; $i^2 = -1$). a nennt man Realteil von z (Re z) und b Imaginärteil von z (Im z). Alle komplexen Zahlen mit $b = 0$ sind reelle Zahlen, also $\mathbb{R} \subset \mathbb{C}$. Alle komplexen Zahlen mit $a = 0$ und $b \neq 0$ sind imaginäre Zahlen. Die Zahl $z = a - bi$ heißt die zu $z = a + bi$ konjugiert komplexe Zahl.	Darstellung der komplexen Zahlen in der Gauß'schen Zahlenebene 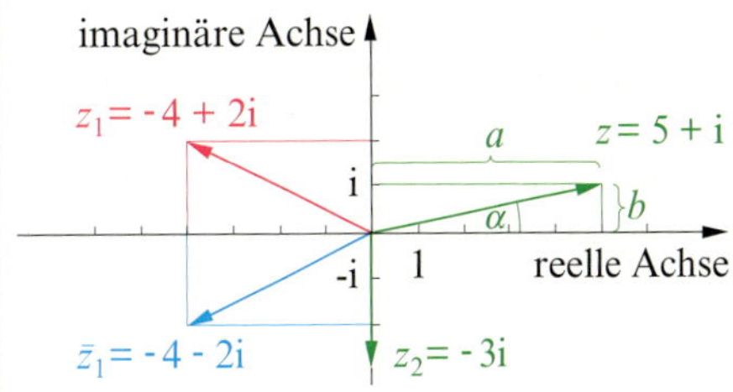
Rechenoperationen mit komplexen Zahlen in Normalform	Gegeben sind die komplexen Zahlen $z = a + bi$, $z_1 = a_1 + b_1 i$, $z_2 = a_2 + b_2 i$. • Gleichheit: z_1 und z_2 sind genau dann gleich, wenn $a_1 = a_2$ und $b_1 = b_2$. • Addition: $z_1 + z_2 = (a_1 + a_2) + (b_1 + b_2)\,i$ • Subtraktion: $z_1 - z_2 = (a_1 - a_2) + (b_1 - b_2)\,i$ • Multiplikation: $z_1 \cdot z_2 = (a_1a_2 - b_1b_2) + (a_1b_2 + a_2b_1)\,i$ • Division: $z_1 : z_2 = \frac{a_1a_2 + b_1b_2}{a_2^2 + b_2^2} + \frac{b_1a_2 - a_1b_2}{a_2^2 + b_2^2}\,i$ für $z_2 \neq 0 + 0i$ • Inverses: $\frac{1}{z} = \frac{a}{a^2 + b^2} - \frac{b}{a^2 + b^2}\,i$ für $z \neq 0 + 0i$ • Betrag: $\lvert z \rvert = \sqrt{a^2 + b^2}$	
Komplexe Zahlen in trigonometrischer Form	Wegen $\lvert z \rvert = r = \sqrt{a^2 + b^2}$, $a = \lvert z \rvert \cdot \cos\alpha$ und $b = \lvert z \rvert \cdot \sin\alpha$ mit $0° \leq \alpha \leq 360°$ folgt aus $z = a + bi$: $z = \lvert z \rvert \cdot \cos\alpha + \lvert z \rvert \cdot \sin\alpha\, i$ $= \lvert z \rvert \cdot (\cos\alpha + \sin\alpha\, i)$ $= r \cdot (\cos\alpha + \sin\alpha\, i)$	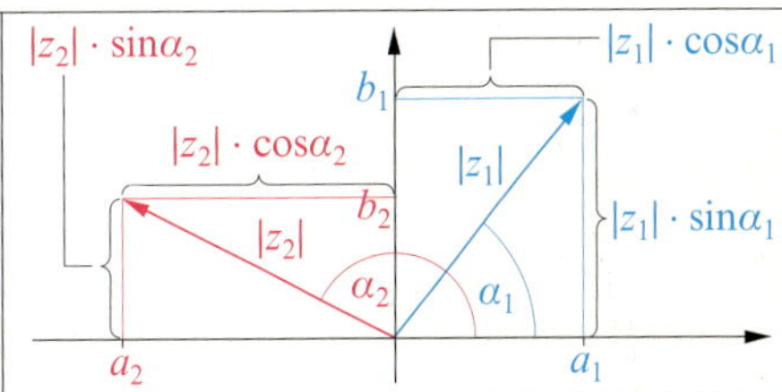
Rechenoperationen mit komplexen Zahlen in trigonometrischer Form	Gegeben sind die komplexen Zahlen $z = r \cdot (\cos\alpha + \sin\alpha\, i)$, $z_1 = r_1 \cdot (\cos\alpha_1 + \sin\alpha_1\, i)$, $z_2 = r_2 \cdot (\cos\alpha_2 + \sin\alpha_2\, i)$. • Gleichheit: z_1 und z_2 sind genau dann gleich, wenn $r_1 = r_2$ und $\alpha_1 = \alpha_2$. • Addition: $z_1 + z_2 = (r_1 \cdot \cos\alpha_1 + r_2 \cdot \cos\alpha_2) + (r_1 \cdot \sin\alpha_1 + r_2 \cdot \sin\alpha_2)\,i$ • Subtraktion: $z_1 - z_2 = (r_1 \cdot \cos\alpha_1 - r_2 \cdot \cos\alpha_2) + (r_1 \cdot \sin\alpha_1 - r_2 \cdot \sin\alpha_2)\,i$ • Multiplikation: $z_1 \cdot z_2 = r_1r_2\,[\cos(\alpha_1 + \alpha_2) + \sin(\alpha_1 + \alpha_2)\,i]$ • Division: $z_1 : z_2 = \frac{r_1}{r_2}\,[\cos\alpha - \sin\alpha\, i]$ für $z_2 \neq 0 + 0i$ • Inverses: $\frac{1}{z} = \frac{1}{r}\,[\cos\alpha - \sin\alpha\, i]$ für $z \neq 0 + 0i$ • Potenzieren: $z^n = r^n \cdot [\cos(n\alpha) + \sin(n\alpha)\,i]$ (Satz von de Moivre)	
Beispiel für die grafische Addition bzw. Subtraktion komplexer Zahlen	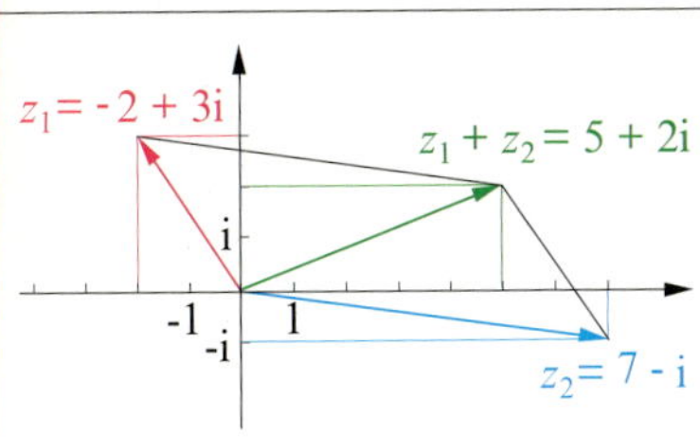 	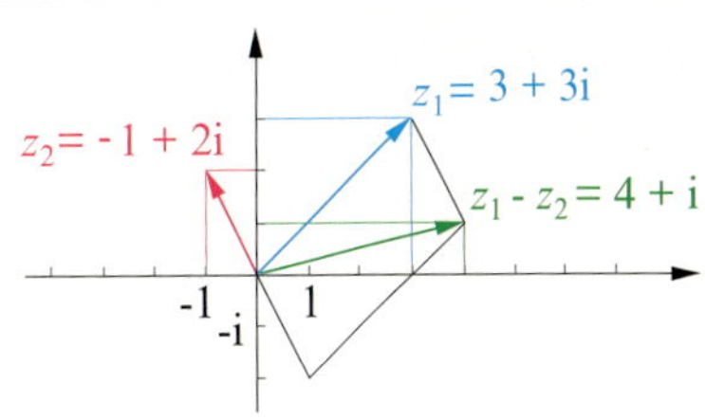

Gleichungen und Funktionen

Zuordnungen

Bei **Zuordnungen** wird jedem Wert aus einem Bereich ein Wert aus einem anderen Bereich zugeordnet. Zuordnungen können z. B. durch Wertetabellen, Diagramme oder Rechenvorschriften gegeben sein. Eine spezielle Zuordnung ist die **Funktion**: Jedem Wert aus einem Bereich wird **genau** ein Wert aus einem anderen Bereich zugeordnet.

Beispiel: „Jeder natürlichen Zahl wird ihr Doppeltes, um eins vermehrt, zugeordnet."

Wertetabelle:

x	0	1	2	3	4
y	1	3	5	7	9

Diagramm:

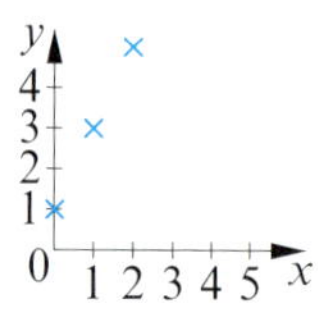

Pfeildiagramm:

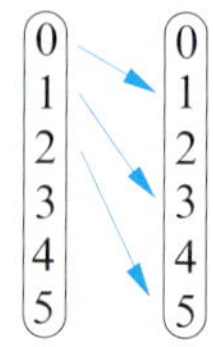

Rechenvorschrift:

$x \rightarrow y$ mit $y = 2x + 1$, wobei $x \in \mathbb{N}$

Proportionale Zuordnungen/Proportionalität

	Proportionale Zuordnungen (Direkt proportionale Zuordnungen)	Antiproportionale Zuordnungen (Indirekt proportionale Zuordnungen)
Definition	Die Verhältnisse einander zugeordneter Zahlen sind stets gleich (quotientengleich). Für alle Paare $(x_i; y_i)$ bzw. $(x_k; y_k)$ gilt: • $\frac{y_i}{x_i} = m$ $(x_i \neq 0)$ bzw. $y_i = m \cdot x_i$ • $\frac{y_i}{x_i} = \frac{y_k}{x_k}$ (Verhältnisgleichung)	Die Produkte einander zugeordneter Zahlen sind stets gleich (produktgleich). Für alle Paare $(x_i; y_i)$ bzw. $(x_k; y_k)$ gilt: • $x_i \cdot y_i = k$ bzw. $y_i = \frac{k}{x_i}$ $(x_i \neq 0)$ • $x_i \cdot y_i = x_k \cdot y_k$ (Produktgleichung)
Merkmale	Wird die eine Größe verdoppelt (verdreifacht, …), so verdoppelt (verdreifacht, …) sich auch die andere. Wird die eine Größe halbiert (gedrittelt, …), so halbiert (drittelt, …) sich auch die andere. *Faustregel:* „Je mehr – desto mehr."	Wird die eine Größe verdoppelt (verdreifacht, …), so halbiert (drittelt, …) sich die andere. Wird die eine Größe halbiert (gedrittelt, …), so verdoppelt (verdreifacht, …) sich die andere. *Faustregel:* „Je mehr – desto weniger."
Grafische Darstellung	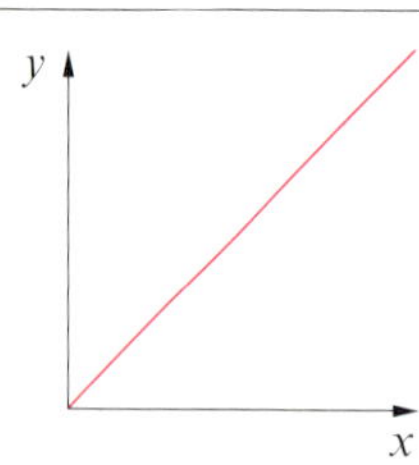 Alle Punkte liegen auf einer Geraden, die durch den Nullpunkt des Koordinatensystems geht.	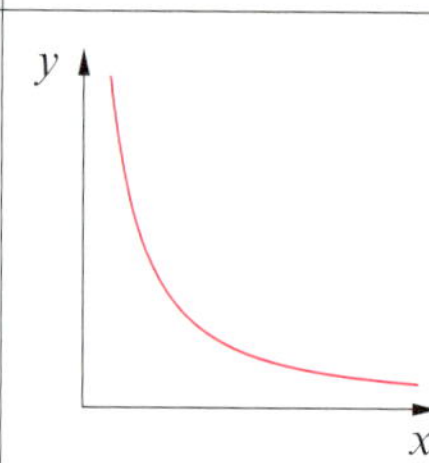 Die Punkte liegen auf einer Kurve, die sich für sehr kleine x-Werte an die y-Achse und für sehr große x-Werte an die x-Achse anschmiegt.
Dreisatz-Schema	gegebenes Zahlenpaar: 3 — 4 Schluss auf die Einheit: (: 3) 1 — $\frac{4}{3}$ (: 3) Schluss auf das Gesuchte: (· 5) 5 — $\frac{4}{3} \cdot 5$ (· 5)	gegebenes Zahlenpaar: 7 — 6 Schluss auf die Einheit: (: 7) 1 — $6 \cdot 7$ (· 7) Schluss auf das Gesuchte: (· 2) 2 — $\frac{6 \cdot 7}{2}$ (: 2)

Prozentrechnung/Zinsrechnung

	Prozentrechnung	Zinsrechnung
Begriffe	*das Ganze (100 %):* Grundwert G *Anteil am Ganzen* $\left(1\,\% = \frac{1}{100} = 0{,}01\right)$: Prozentsatz $p\,\%$ *Größe des Anteils:* Prozentwert W	Kapital K Zinssatz $p\,\%$ Zinsen Z
Grundgleichung	$\frac{W}{p} = \frac{G}{100}$ $\left(\text{auch } W = \frac{G \cdot p}{100}\right)$	$\frac{Z}{p} = \frac{K}{100}$ $\left(\text{auch } Z = \frac{K \cdot p}{100}\right)$
Grundaufgaben	Zu berechnen ist W: $W = \frac{G \cdot p}{100}$ Zu berechnen ist $p\,\%$: $p\,\% = \frac{p}{100} = \frac{W}{G}$ Zu berechnen ist G: $G = \frac{W \cdot 100}{p}$	Zu berechnen ist Z: $Z = \frac{K \cdot p}{100}$ Zu berechnen ist $p\,\%$: $p\,\% = \frac{p}{100} = \frac{Z}{K}$ Zu berechnen ist K: $K = \frac{Z \cdot 100}{p}$

Einige Prozentsätze und ihre Anteile von G

1 %	2 %	2,5 %	4 %	5 %	10 %	12,5 %	20 %	25 %	33,3 %	50 %	66,6 %	75 %
$\frac{1}{100}$	$\frac{1}{50}$	$\frac{1}{40}$	$\frac{1}{25}$	$\frac{1}{20}$	$\frac{1}{10}$	$\frac{1}{8}$	$\frac{1}{5}$	$\frac{1}{4}$	$\frac{1}{3}$	$\frac{1}{2}$	$\frac{2}{3}$	$\frac{3}{4}$

Zinsen für feste Anlagezeit

ein Jahr: $Z = \frac{K \cdot p}{100}$ m Monate: $Z = \frac{K \cdot m \cdot p}{100 \cdot 12}$ i Tage: $Z = \frac{K \cdot i \cdot p}{100 \cdot 360}$

Zinseszins

Das Kapital K wächst nach n Jahren auf K_n:

n	1	2	…	n
K_n	$K \cdot q$	$K \cdot q^2$	…	$K \cdot q^n$

mit $q = 1 + \frac{p}{100}$

Rentenrechnung/Tilgung von Schulden

	Zahlungsweise vorschüssig: Am Jahresanfang wird jeweils eine Rate R eingezahlt und am Jahresende wird das Gesamtkapital mit $p\,\%$ verzinst.	Zahlungsweise nachschüssig: Am Jahresende wird jeweils eine Rate R eingezahlt und anschließend wird das Gesamtkapital mit $p\,\%$ verzinst.
Kapital nach n Jahren ohne Ausgangskapital	$K_n = R \cdot q \cdot \frac{q^n - 1}{q - 1}$ mit $q = 1 + \frac{p}{100}$	$K_n = R \cdot \frac{q^n - 1}{q - 1}$ mit $q = 1 + \frac{p}{100}$
Kapital nach n Jahren mit Ausgangskapital K_0	$K_n = K_0 \cdot q^n + R \cdot q \cdot \frac{q^n - 1}{q - 1}$ mit $q = 1 + \frac{p}{100}$	$K_n = K_0 \cdot q^n + R \cdot \frac{q^n - 1}{q - 1}$ mit $q = 1 + \frac{p}{100}$
Tilgungsrate einer Schuld	Eine Schuld K_0 soll in n Jahren durch regelmäßige Zahlung von Raten R jeweils am Jahresende bei $p\,\%$ Verzinsung getilgt werden: $R = K_0 \cdot \frac{q^n(q - 1)}{q^n - 1}$ mit $q = 1 + \frac{p}{100}$	

Lineare Gleichungen/lineare Gleichungssysteme

Lineare Gleichungen mit einer Variablen	*allgemeine Form:* $a \cdot x + b = 0$, wobei a, b konstant und $a \neq 0$ *Lösung:* $x = -\frac{b}{a}$ bzw. $L = \left\{-\frac{b}{a}\right\}$
Lineare Gleichungen mit zwei Variablen	*allgemeine Form:* $ax + by = c$, wobei a, b, c konstant und $a \neq 0$, $b \neq 0$ *Lösungsmenge:* $L = \left\{(x; y) \mid y = -\frac{a}{b}x + \frac{c}{b}\right\}$ Alle Lösungen liegen auf ein und derselben Geraden.
Lineare Gleichungssysteme (LGS) mit 2 Variablen	*allgemeine Form:* (I) $a_1x + b_1y = c_1$ (II) $a_2x + b_2y = c_2$, wobei a_1, b_1, c_1, a_2, b_2, c_2 konstant *Lösungsmenge:* Schnittmenge der Lösungsmengen beider Gleichungen
Grafisches Lösen von linearen Gleichungssystemen mit 2 Variablen	Das LGS hat *genau eine Lösung*, wenn die Geraden einander schneiden. 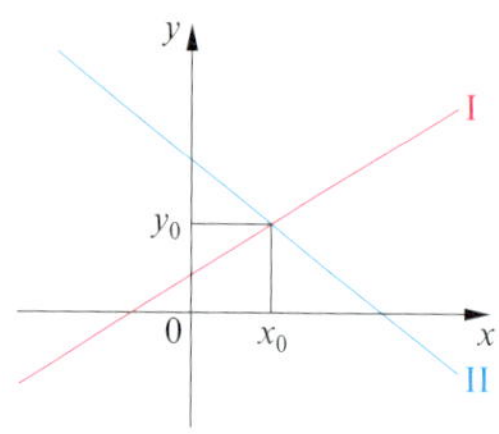 Das LGS hat *keine Lösung*, wenn die Geraden parallel verlaufen. 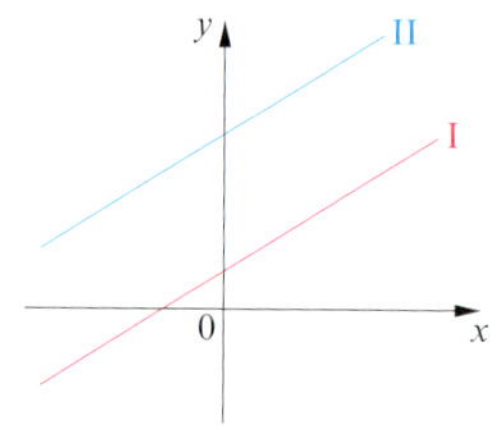 Das LGS hat *unendlich viele Lösungen*, wenn die Geraden zusammenfallen. 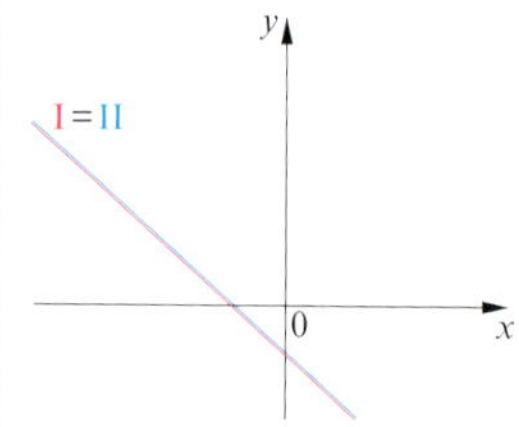
Rechnerisches Lösen von linearen Gleichungssystemen (↗ Seite 69)	*Einsetzungsverfahren:* – eine Gleichung nach einer Variablen auflösen – den entstehenden Term in die andere Gleichung einsetzen *Gleichsetzungsverfahren:* – beide Gleichungen nach derselben Variablen auflösen – entstehende Terme gleichsetzen *Additionsverfahren:* – eine Gleichung auf beiden Seiten mit einer Zahl ($\neq 0$) multiplizieren, sodass in beiden Gleichungen die Koeffizienten vor einer der Variablen dem Betrage nach gleich, ihre Vorzeichen aber verschieden sind – Gleichungen dann addieren

Lineare Funktionen/konstante Funktionen

Lineare Funktionen	*Funktionsgleichung:* $y = f(x) = m \cdot x + n$, wobei m, n konstant und $m \neq 0$ *grafische Darstellung:* Gerade durch den Punkt $P(0; n)$ mit Steigung m *Steigung:* $m = \frac{y_2 - y_1}{x_2 - x_1}$ $(x_1 \neq x_2)$ $m = \tan\alpha$ $(\alpha \neq 90°)$ *Monotonie:* für $m > 0$ monoton wachsend für $m < 0$ monoton fallend *Nullstelle:* $x_0 = -\frac{n}{m}$ 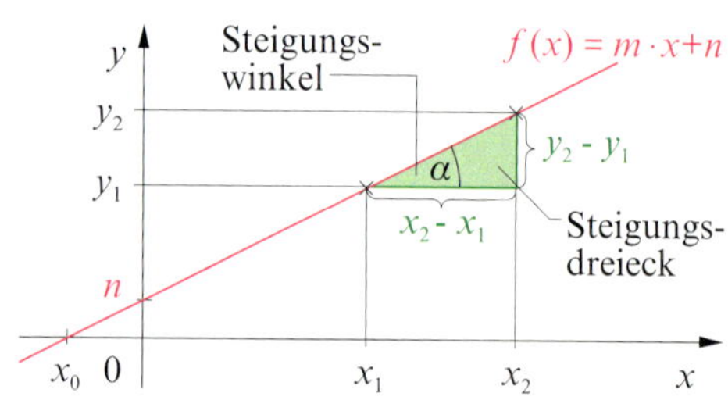
Konstante Funktionen	*Funktionsgleichung:* $y = f(x) = n$, wobei n konstant *grafische Darstellung:* Gerade durch den Punkt $P(0; n)$, parallel zur x-Achse

Quadratische Gleichungen

Quadratische Gleichungen	*allgemeine Form:* $ax^2 + bx + c = 0$, wobei a, b, c konstant und $a \neq 0$ *Normalform:* $x^2 + px + q = 0$, wobei p, q konstant
Lösungsformeln	für Normalform: $x_{1,2} = -\frac{p}{2} \pm \sqrt{\left(\frac{p}{2}\right)^2 - q}$ für allgemeine Form: $x_{1,2} = -\frac{b}{2a} \pm \sqrt{\frac{b^2 - 4ac}{4a^2}}$
Diskriminante	$D = \left(\frac{p}{2}\right)^2 - q$, daher $x_{1,2} = -\frac{p}{2} \pm \sqrt{D}$
Anzahl der Lösungen	Falls $D > 0$: zwei Lösungen, $x_1 = -\frac{p}{2} + \sqrt{\left(\frac{p}{2}\right)^2 - q}$ und $x_2 = -\frac{p}{2} - \sqrt{\left(\frac{p}{2}\right)^2 - q}$ Falls $D = 0$: genau eine Lösung, $x_1 = x_2 = -\frac{p}{2}$ Falls $D < 0$: keine Lösung im Bereich der reellen Zahlen
Satz von Vieta	Für die Lösungen x_1, x_2 einer quadratischen Gleichung $x^2 + px + q = 0$ gilt: $x_1 + x_2 = -p$ und $x_1 \cdot x_2 = q$
Zerlegung in Linearfaktoren	Für die Lösungen x_1, x_2 einer quadratischen Gleichung $x^2 + px + q = 0$ gilt: $x^2 + px + q = (x - x_1) \cdot (x - x_2)$

Quadratische Funktionen

Allgemeine Form	*Funktionsgleichung:* $y = f(x) = ax^2 + bx + c$, wobei a, b, c konstant und $a \neq 0$ *Scheitelpunkt:* $S\left(-\frac{b}{2a}; \frac{4ac - b^2}{4a}\right)$ *Nullstellen:* $x_{1,2} = -\frac{b}{2a} \pm \sqrt{\frac{b^2 - 4ac}{4a^2}}$
Normalform	*Funktionsgleichung:* $y = f(x) = x^2 + px + q$, wobei p, q konstant *Scheitelpunkt:* $S\left(-\frac{p}{2}; -\frac{p^2}{4} + q\right)$ *Nullstellen:* $x_{1,2} = -\frac{p}{2} \pm \sqrt{\left(\frac{p}{2}\right)^2 - q}$
Scheitelpunktsform	*Funktionsgleichung:* $y = f(x) = a(x + d)^2 + e$, wobei a, d, e konstant und $a \neq 0$ *Scheitelpunkt:* $S(-d; e)$ *Nullstellen:* $x_{1,2} = -d \pm \sqrt{-\frac{e}{a}}$
Grafische Darstellung	Der Graph einer quadratischen Funktion heißt **Parabel**. Der Funktionsgraph zu $y = f(x) = x^2$ heißt **Normalparabel**. 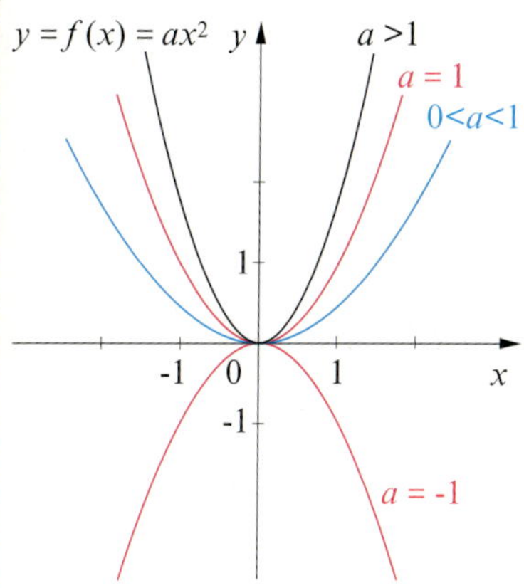 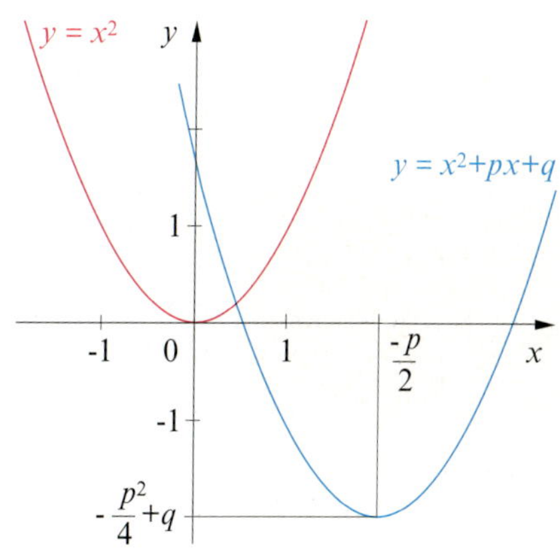

Potenzen

Definitionen für a^k	Für $k \in \mathbb{N}$ gilt: $a^k := \underbrace{a \cdot a \cdot \ldots \cdot a}_{k \text{ Faktoren}}$ $a^{-k} := \frac{1}{a^k}$ $(a \neq 0)$	Sonderfälle: $a^1 := a$ $a^0 := 1$ (0^0 ist nicht erklärt.)
	Für $k = \frac{p}{q}$ mit $p \in \mathbb{Z}$, $q \in \mathbb{N}$ und $q \neq 0$ gilt: $a^{\frac{p}{q}} = (a^p)^{\frac{1}{q}} := \sqrt[q]{a^p}$; $a^{\frac{1}{q}} = \sqrt[q]{a}$ $(a > 0)$	
Potenzgesetze	$a, b \in \mathbb{R}$, $a, b \neq 0$ und $m, n \in \mathbb{Z}$ oder aber $a, b \in \mathbb{R}$, $a, b > 0$ und $m, n \in \mathbb{Q}$ • $a^m \cdot b^m = (a \cdot b)^m$ • $a^m \cdot a^n = a^{m+n}$ • $\frac{a^m}{a^n} = a^{m-n}$ • $(a^m)^n = a^{m \cdot n}$ • $\frac{a^m}{b^m} = \left(\frac{a}{b}\right)^m$	

Wurzeln

Definition von $\sqrt[n]{a}$	Für $a \in \mathbb{R}$, $a \geq 0$ und $n \in \mathbb{N}$, $n \geq 1$ gilt: $\sqrt[n]{a} = x$ mit $x \geq 0$ und $x^n = a$
Wurzelgesetze	$a, b \in \mathbb{R}$, $a, b \geq 0$ und $m, n \in \mathbb{N}$, $m, n \geq 1$: • $\sqrt[n]{a} \cdot \sqrt[n]{b} = \sqrt[n]{ab}$ • $\frac{\sqrt[n]{a}}{\sqrt[n]{b}} = \sqrt[n]{\frac{a}{b}}$ (für $b \neq 0$) • $\sqrt[n]{\sqrt[m]{a}} = \sqrt[m]{\sqrt[n]{a}} = \sqrt[nm]{a}$ • $\left(\sqrt[n]{a}\right)^m = \sqrt[n]{a^m}$

Logarithmen

Definition für $\log_a b$	Für $a \in \mathbb{R}$, $a > 0$, $a \neq 1$ und $b \in \mathbb{R}$, $b > 0$ gilt: $\log_a b = x$ genau dann, wenn $a^x = b$ Insbesondere gilt: $\log_a 1 = 0$, $\log_a a = 1$, $a^{\log_a b} = b$ *Achtung:* $\log_1 a$ ist nicht erklärt
Logarithmengesetze	$a \in \mathbb{R}$, $a > 0$, $a \neq 1$ und $b, b_1, b_2 \in \mathbb{R}$; $b, b_1, b_2 > 0$ und $r \in \mathbb{Q}$ und $n \in \mathbb{N}$, $n \neq 0$ • $\log_a (b_1 \cdot b_2) = \log_a b_1 + \log_a b_2$ • $\log_a b^r = r \cdot \log_a b$ • $\log_a \left(\frac{b_1}{b_2}\right) = \log_a b_1 - \log_a b_2$ • $\log_a \sqrt[n]{b} = \frac{1}{n} \cdot \log_a b$
Basiswechsel (Basis *a* zu Basis *b*)	$a \in \mathbb{R}$, $a > 0$, $a \neq 1$ und $b \in \mathbb{R}$, $b > 0$, $b \neq 1$ und $c \in \mathbb{R}$, $c > 0$: $\log_b c = \frac{\log_a c}{\log_a b}$; $\log_b a = \frac{1}{\log_a b}$
spezielle Logarithmen (Basis e bzw. Basis 10)	Schreibweise für $\log_e x$: $\ln x$ (natürlicher Logarithmus) Schreibweise für $\log_{10} x$: $\lg x$ (dekadischer Logarithmus)
Basiswechsel (Basis 10 zu Basis e)	Für $x \in \mathbb{R}$, $x > 0$ gilt: $\ln x = \frac{\lg x}{\lg e}$, also $\ln x \approx 2{,}3026 \cdot \lg x$

Potenzfunktionen $y = f(x) = x^k$

<table>
<tr>
<td>$k \in \mathbb{N}, k \neq 0$
und $x \in \mathbb{R}$</td>
<td>k gerade
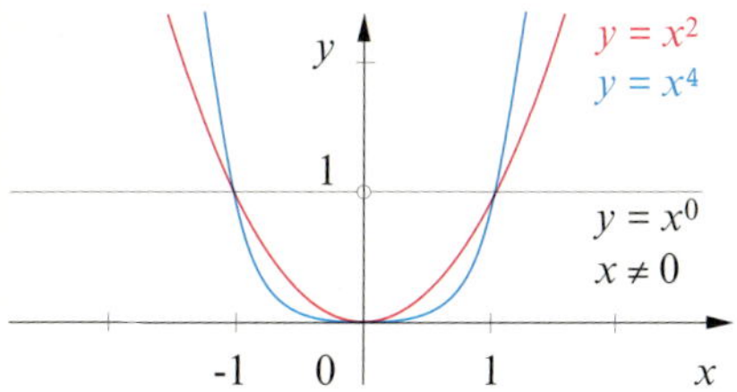

Die Graphen sind achsensymmetrisch zur y-Achse.
Gemeinsame Punkte aller Graphen:
(1; 1) und (– 1; 1)
Nullstelle: $x_0 = 0$</td>
<td>k ungerade
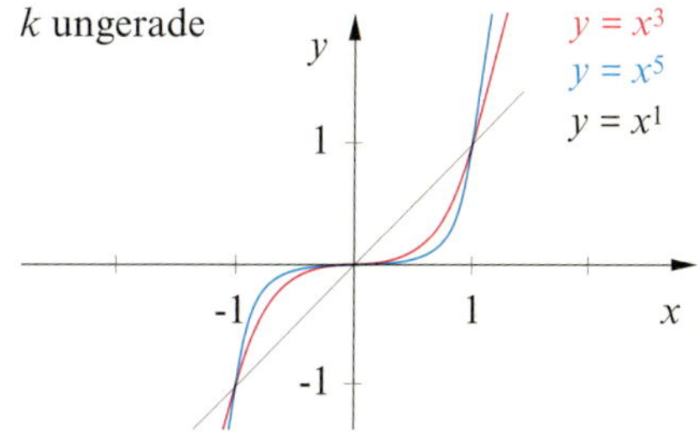

Die Graphen sind punktsymmetrisch zum Koordinatenursprung.
Gemeinsame Punkte aller Graphen:
(1; 1) und (– 1; – 1)
Nullstelle: $x_0 = 0$</td>
</tr>
<tr>
<td>$k \in \mathbb{Z}^-$
und $x \in \mathbb{R}, x \neq 0$</td>
<td>k gerade
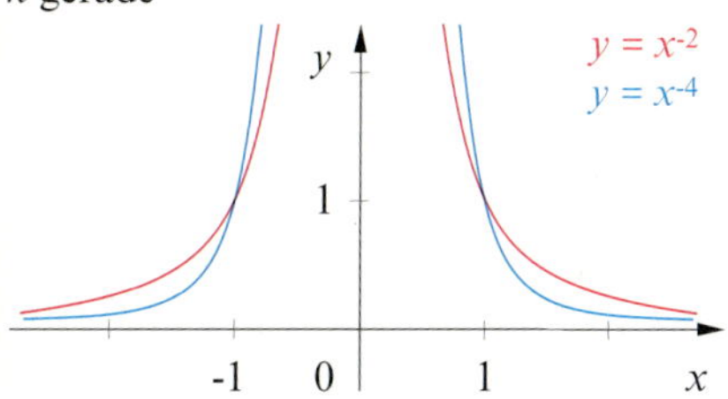

Die Graphen sind achsensymmetrisch zur y-Achse.
Gemeinsame Punkte aller Graphen:
(1; 1) und (– 1; 1)
Nullstelle: gibt es nicht</td>
<td>k ungerade
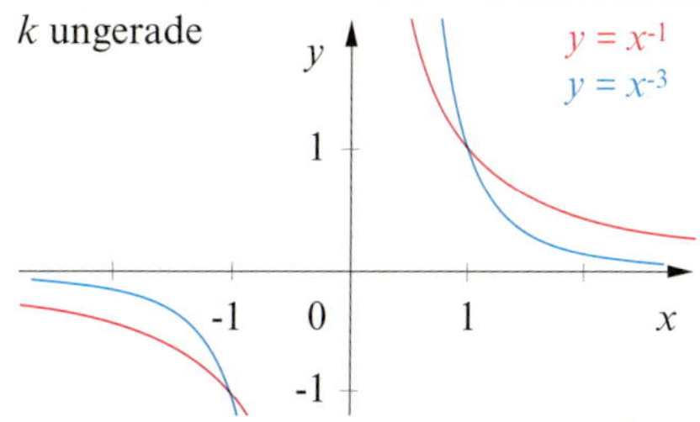

Die Graphen sind punktsymmetrisch zum Koordinatenursprung.
Gemeinsame Punkte aller Graphen:
(1; 1) und (– 1; – 1)
Nullstelle: gibt es nicht</td>
</tr>
<tr>
<td>$k \in \mathbb{Q}^+$
und $x \in \mathbb{R}, x \geq 0$
Spezialfall:
Wurzelfunktionen
$k = \frac{1}{n}, n \in \mathbb{N}, n > 1$
und $x \in \mathbb{R}, x \geq 0$</td>
<td>Gemeinsame Punkte aller Graphen:
(0; 0) und (1; 1)
Nullstelle: $x_0 = 0$</td>
<td>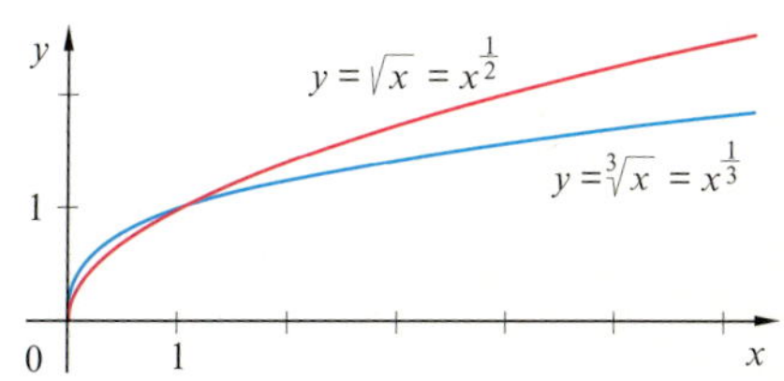
</td>
</tr>
</table>

Exponentialfunktionen/Logarithmusfunktionen

<table>
<tr>
<td>Exponentialfunktionen
$y = f(x) = a^x$ ($a, x \in \mathbb{R}, a > 0, a \neq 1$)</td>
<td>Logarithmusfunktionen
$y = f(x) = \log_a x$ ($a, x \in \mathbb{R}, a, x > 0, a \neq 1$)</td>
</tr>
<tr>
<td>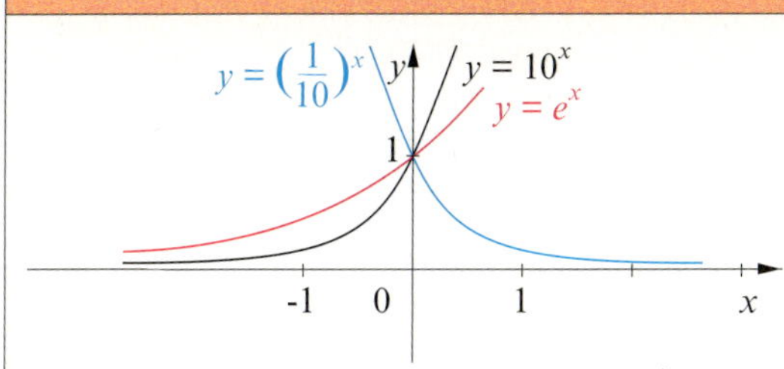

Gemeinsamer Punkt aller Graphen: (0; 1)
Nullstelle: gibt es nicht</td>
<td>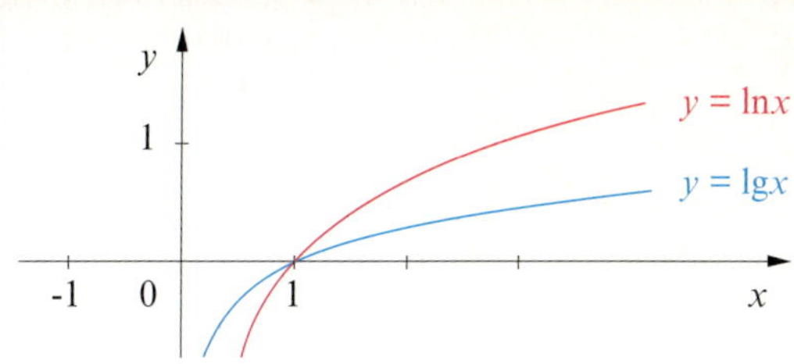

Gemeinsamer Punkt aller Graphen: (1; 0)
Nullstelle: $x_0 = 1$</td>
</tr>
</table>

Seiten-Winkel-Beziehungen am rechtwinkligen Dreieck – Sinus, Kosinus, Tangens, Kotangens

Bezeichnungen im rechtwinkligen Dreieck	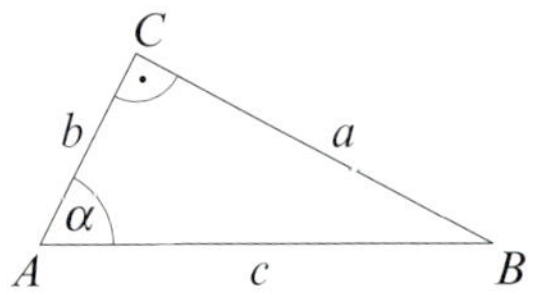 c – Hypotenuse a – Kathete b – Kathete
Seiten-Winkel-Beziehungen	Im rechtwinkligen Dreieck ABC mit $\sphericalangle\, BCA = 90°$ gilt: $\sin\alpha = \frac{a}{c}\left(= \frac{\text{Gegenkathete}}{\text{Hypotenuse}}\right)$, $\cos\alpha = \frac{b}{c}\left(= \frac{\text{Ankathete}}{\text{Hypotenuse}}\right)$ $\tan\alpha = \frac{a}{b}\left(= \frac{\text{Gegenkathete}}{\text{Ankathete}}\right)$, $\cot\alpha = \frac{b}{a}\left(= \frac{\text{Ankathete}}{\text{Gegenkathete}}\right)$

Winkelfunktionen – Sinusfunktion und Kosinusfunktion

	Sinusfunktion	Kosinusfunktion
Darstellung am Einheitskreis	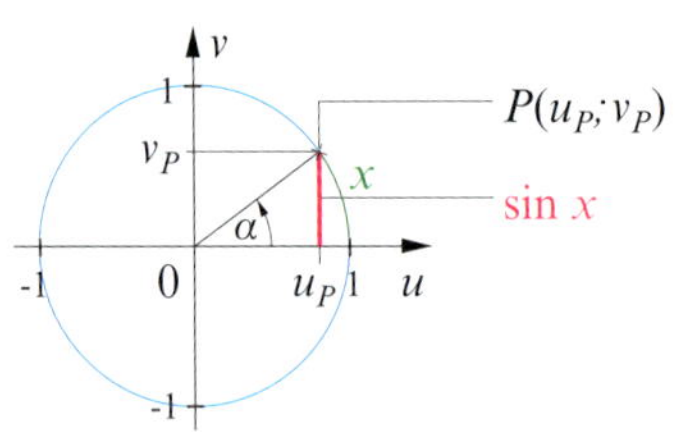	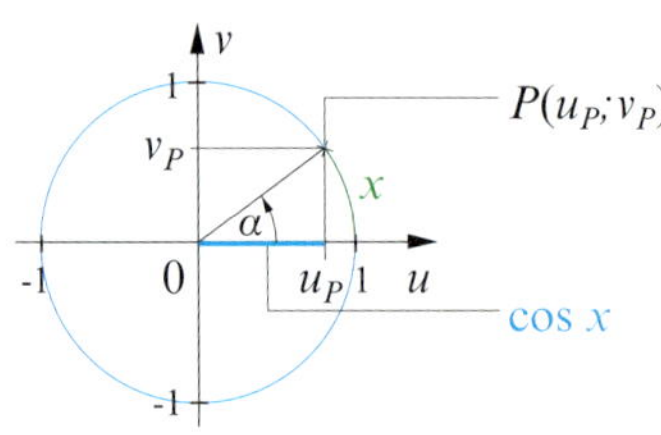
Graph der Funktion	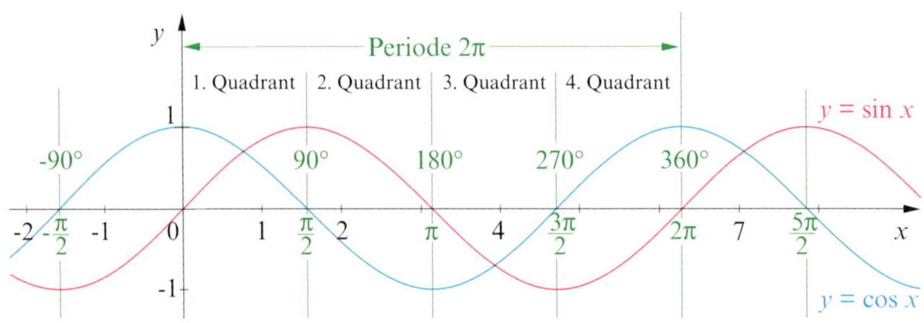	
Definitionsbereich	$\mathbb{R}$	$\mathbb{R}$
Wertebereich	$[-1; 1]$	$[-1; 1]$
Periodizität	Periode 360° bzw. 2π: $\sin x = \sin(x + k \cdot 360°)$, wobei $k \in \mathbb{Z}$	Periode 360° bzw. 2π: $\cos x = \cos(x + k \cdot 360°)$, wobei $k \in \mathbb{Z}$
Symmetrie	punktsymmetrisch zum Koordinatenursprung: $\sin(-x) = -\sin x$	achsensymmetrisch zur y-Achse: $\cos(-x) = \cos x$
Quadranten-beziehungen	$\text{II}: \sin(180° - x) = \sin x$ $\text{III}: \sin(180° + x) = -\sin x$ $\text{IV}: \sin(360° - x) = -\sin x$	$\text{II}: \cos(180° - x) = -\cos x$ $\text{III}: \cos(180° + x) = -\cos x$ $\text{IV}: \cos(360° - x) = \cos x$
Nullstellen	$k \cdot 180°$ bzw. $k \cdot \pi$, wobei $k \in \mathbb{Z}$	$90° + k \cdot 180°$ bzw. $\frac{\pi}{2} + k \cdot \pi$, wobei $k \in \mathbb{Z}$

Winkelfunktionen – Tangensfunktion und Kotangensfunktion

	Tangensfunktion	Kotangensfunktion
Darstellung am Einheitskreis	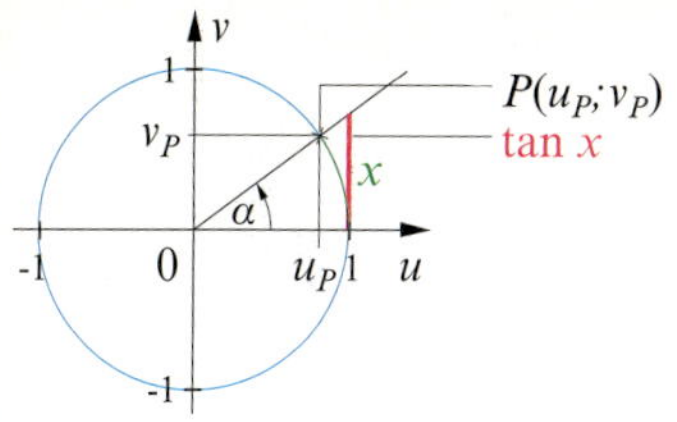	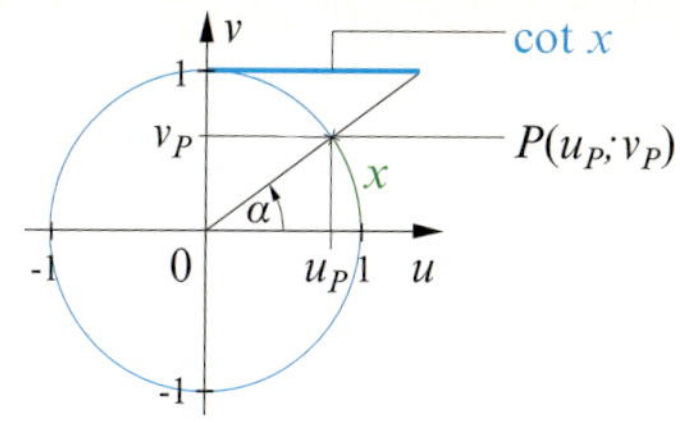
Graph der Funktion	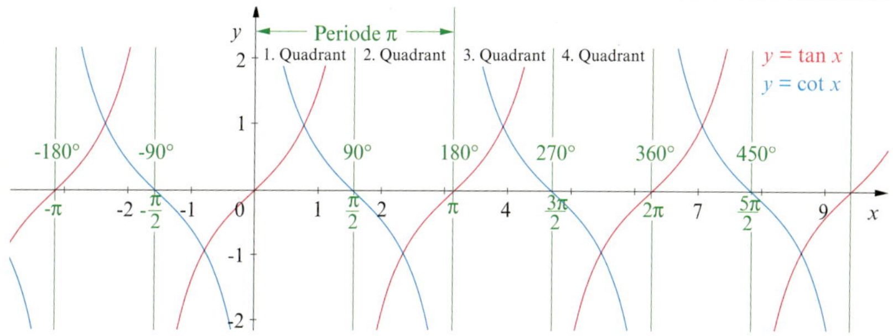	
Definitionsbereich	$\mathbb{R}\setminus\left\{(2k+1)\cdot\frac{\pi}{2}\right\}, k \in \mathbb{Z}$	$\mathbb{R}\setminus\{k\cdot\pi\}, k \in \mathbb{Z}$
Wertebereich	$\mathbb{R}$	$\mathbb{R}$
Periodizität	Periode 180° bzw. π: $\tan x = \tan(x + k\cdot 180°)$, wobei $k \in \mathbb{Z}$	Periode 180° bzw. π: $\cot x = \cot(x + k\cdot 180°)$, wobei $k \in \mathbb{Z}$
Symmetrie	punktsymmetrisch zum Koordinatenursprung: $\tan(-x) = -\tan x$	punktsymmetrisch zum Koordinatenursprung: $\cot(-x) = -\cot x$
Quadranten-beziehungen	II: $\tan(180° - x) = -\tan x$ III: $\tan(180° + x) = \tan x$ IV: $\tan(360° - x) = -\tan x$	II: $\cot(180° - x) = -\cot x$ III: $\cot(180° + x) = \cot x$ IV: $\cot(360° - x) = -\cot x$
Nullstellen	$k\cdot 180°$ bzw. $k\cdot\pi$, wobei $k \in \mathbb{Z}$	$90° + k\cdot 180°$ bzw. $\frac{\pi}{2} + k\cdot\pi$, wobei $k \in \mathbb{Z}$

Spezielle Funktionswerte der Winkelfunktionen

x	0	$\frac{\pi}{6}$	$\frac{\pi}{4}$	$\frac{\pi}{3}$	$\frac{\pi}{2}$	$\frac{2\pi}{3}$	$\frac{3\pi}{4}$	$\frac{5\pi}{6}$	π	$\frac{5\pi}{4}$	$\frac{3\pi}{2}$	2π
	0°	30°	45°	60°	90°	120°	135°	150°	180°	225°	270°	360°
$\sin x$	0	$\frac{1}{2}$	$\frac{1}{2}\sqrt{2}$	$\frac{1}{2}\sqrt{3}$	1	$\frac{1}{2}\sqrt{3}$	$\frac{1}{2}\sqrt{2}$	$\frac{1}{2}$	0	$-\frac{1}{2}\sqrt{2}$	-1	0
$\cos x$	1	$\frac{1}{2}\sqrt{3}$	$\frac{1}{2}\sqrt{2}$	$\frac{1}{2}$	0	$-\frac{1}{2}$	$-\frac{1}{2}\sqrt{2}$	$-\frac{1}{2}\sqrt{3}$	-1	$-\frac{1}{2}\sqrt{2}$	0	1
$\tan x$	0	$\frac{1}{3}\sqrt{3}$	1	$\sqrt{3}$	–	$-\sqrt{3}$	-1	$-\frac{1}{3}\sqrt{3}$	0	1	–	0

Darstellung einer Winkelfunktion durch eine andere Funktion desselben Winkels

Komplementwinkelbeziehung:	$\sin x = \cos(90° - x)$; $\cos x = \sin(90° - x)$ $\tan x = \cot(90° - x)$; $\cot x = \tan(90° - x)$
„trigonometrischer Pythagoras":	$\sin^2 x + \cos^2 x = 1$

$\sin^2 x = 1 - \cos^2 x$ $\sin^2 x = \frac{\tan^2 x}{1 + \tan^2 x}$	$\cos^2 x = 1 - \sin^2 x$ $\cos^2 x = \frac{1}{1 + \tan^2 x}$	$\tan^2 x = \frac{\sin^2 x}{1 - \sin^2 x}$ $\tan^2 x = \frac{1 - \cos^2 x}{\cos^2 x}$	$\cot^2 x = \frac{1 - \sin^2 x}{\sin^2 x}$ $\cot^2 x = \frac{\cos^2 x}{1 - \cos^2 x}$

Additionstheoreme

$\sin(\alpha + \beta) = \sin\alpha \cdot \cos\beta + \cos\alpha \cdot \sin\beta$ $\cos(\alpha + \beta) = \cos\alpha \cdot \cos\beta - \sin\alpha \cdot \sin\beta$ $\tan(\alpha + \beta) = \frac{\tan\alpha + \tan\beta}{1 - \tan\alpha \cdot \tan\beta}$	$\sin(\alpha - \beta) = \sin\alpha \cdot \cos\beta - \cos\alpha \cdot \sin\beta$ $\cos(\alpha - \beta) = \cos\alpha \cdot \cos\beta + \sin\alpha \cdot \sin\beta$ $\tan(\alpha - \beta) = \frac{\tan\alpha - \tan\beta}{1 + \tan\alpha \cdot \tan\beta}$

Summen/Differenzen sowie Funktionen des doppelten und des halben Winkels

$\sin\alpha + \sin\beta = 2 \cdot \sin\frac{\alpha+\beta}{2}\cos\frac{\alpha-\beta}{2}$ $\cos\alpha + \cos\beta = 2 \cdot \cos\frac{\alpha+\beta}{2}\cos\frac{\alpha-\beta}{2}$ $\tan\alpha + \tan\beta = \frac{\sin(\alpha+\beta)}{\cos\alpha \cdot \cos\beta}$	$\sin\alpha - \sin\beta = 2 \cdot \cos\frac{\alpha+\beta}{2}\sin\frac{\alpha-\beta}{2}$ $\cos\alpha - \cos\beta = -2 \cdot \sin\frac{\alpha+\beta}{2}\sin\frac{\alpha-\beta}{2}$ $\tan\alpha - \tan\beta = \frac{\sin(\alpha-\beta)}{\cos\alpha \cdot \cos\beta}$
$\sin 2\alpha = 2 \cdot \sin\alpha\cos\alpha = \frac{2 \cdot \tan\alpha}{1 + \tan^2\alpha}$ $\cos 2\alpha = \cos^2\alpha - \sin^2\alpha = 1 - 2 \cdot \sin^2\alpha$ $= 2 \cdot \cos^2\alpha - 1$ $\tan 2\alpha = \frac{2 \cdot \tan\alpha}{1 - \tan^2\alpha}$ $(\tan^2\alpha \neq 1)$ $\sin 3\alpha = 3 \cdot \sin\alpha - 4 \cdot \sin^3\alpha$	$\sin\frac{\alpha}{2} = \sqrt{\frac{1 - \cos\alpha}{2}}$ $\quad \tan\frac{\alpha}{2} = \sqrt{\frac{1 - \cos\alpha}{1 + \cos\alpha}}$ $\cos\frac{\alpha}{2} = \sqrt{\frac{1 + \cos\alpha}{2}}$ $\quad = \frac{\sin\alpha}{1 + \cos\alpha}$ $= \frac{1 - \cos\alpha}{\sin\alpha}$ $\cos 3\alpha = 4 \cdot \cos^3\alpha - 3 \cdot \cos\alpha$

Die Funktion $y = a \cdot \sin(bx + c)$ $(a \neq 0; b \neq 0)$

	$y = \sin x$	$y = a \cdot \sin x$	$y = \sin(bx)$	$y = \sin(x + c)$	$y = a \cdot \sin(bx + c)$
kleinste Periode	2π bzw. 360°	2π bzw. 360°	$\frac{2\pi}{\lvert b \rvert}$ bzw. $\frac{360°}{\lvert b \rvert}$	2π bzw. 360°	$\frac{2\pi}{\lvert b \rvert}$ bzw. $\frac{360°}{\lvert b \rvert}$
Nullstellen	$k \cdot \pi, k \in \mathbb{Z}$	$k \cdot \pi, k \in \mathbb{Z}$	$k \cdot \frac{\pi}{b}, k \in \mathbb{Z}$	$k\pi - c, k \in \mathbb{Z}$	$\frac{k\pi - c}{b}, k \in \mathbb{Z}$
Auswirkung des Parameters		Streckung ($\lvert a \rvert > 1$) bzw. Stauchung ($\lvert a \rvert < 1$) in y-Richtung	Streckung ($\lvert b \rvert < 1$) bzw. Stauchung ($\lvert b \rvert > 1$) in x-Richtung	Verschiebung in positive ($c < 0$) bzw. negative ($c > 0$) x-Richtung	Kombination der entsprechenden Streckungen, Stauchungen bzw. Verschiebungen

Winkelmaße

Gradmaß Beim Gradmaß wird dem Vollwinkel die Zahl 360 zugeordnet.

Einheit: 1 Grad (1°)
(360ster Teil des Vollwinkel)

Weitere Einheiten: 1′; 1″
1° = 60′ = 60 Winkelminuten

Taschenrechner: Taste DEG

Bogenmaß

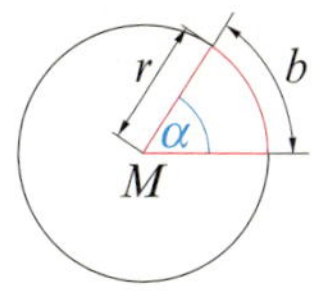

$\alpha = 1$ rad
$\approx 57{,}296°$

Beim Bogenmaß wird jedem Winkel das Verhältnis $\frac{b}{r}$ von Bogenlänge und Radius zugeordnet.

Einheit: 1 Radiant
(wenn Bogenlänge b = Radius r)

Taschenrechner: Taste RAD

Umrechnungstafel: Grad in Radiant

Grad	Rad.	Grad	Rad.	Grad	Rad.
1	0,017	31	0,541	61	1,065
2	035	32	559	62	082
3	052	33	576	63	100
4	070	34	593	64	117
5	087	35	611	65	134
6	105	36	628	66	152
7	122	37	646	67	169
8	140	38	663	68	187
9	157	39	681	69	204
10	0,175	40	0,698	70	1,222
11	0,192	41	0,716	71	1,239
12	209	42	733	72	257
13	227	43	750	73	274
14	244	44	768	74	292
15	262	45	785	75	309
16	279	46	803	76	326
17	297	47	820	77	344
18	314	48	838	78	361
19	332	49	855	79	379
20	0,349	50	0,873	80	1,396
21	0,367	51	0,890	81	1,414
22	384	52	908	82	431
23	401	53	925	83	449
24	419	54	942	84	466
25	436	55	960	85	484
26	454	56	977	86	501
27	471	57	995	87	518
28	489	58	1,012	88	536
29	506	59	030	89	553
30	0,524	60	1,047	90	1,571
Grad	Rad.	Grad	Rad.	Grad	Rad.

Umrechnungstafel: Radiant in Grad

Rad.	Grad	Rad.	Grad	Rad.	Grad
0,02	1,1	0,62	35,5	1,22	69,9
0,04	2,3	0,64	36,7	1,24	71,0
0,06	3,4	0,66	37,8	1,26	72,2
0,08	4,6	0,68	39,0	1,28	73,3
0,10	5,7	0,70	40,1	1,30	74,5
0,12	6,9	0,72	41,3	1,32	75,6
0,14	8,0	0,74	42,4	1,34	76,8
0,16	9,2	0,76	43,5	1,36	77,9
0,18	10,3	0,78	44,7	1,38	79,1
0,20	11,5	0,80	45,8	1,40	80,2
0,22	12,6	0,82	47,0	1,42	81,4
0,24	13,8	0,84	48,1	1,44	82,5
0,26	14,9	0,86	49,3	1,46	83,7
0,28	16,0	0,88	50,4	1,48	84,8
0,30	17,2	0,90	51,6	1,50	85,9
0,32	18,3	0,92	52,7	1,52	87,1
0,34	19,5	0,94	53,9	1,54	88,2
0,36	20,6	0,96	55,0	1,56	89,4
0,38	21,8	0,98	56,1	1,58	90,5
0,40	22,9	1,00	57,3	1,60	91,7
0,42	24,1	1,02	58,4	1,62	92,8
0,44	25,2	1,04	59,6	1,64	94,0
0,46	26,4	1,06	60,7	1,66	95,1
0,48	27,5	1,08	61,9	1,68	96,3
0,50	28,6	1,10	63,0	1,70	97,4
0,52	29,8	1,12	64,2	1,72	98,5
0,54	30,9	1,14	65,3	1,74	99,7
0,56	32,1	1,16	66,5	1,76	100,8
0,58	33,2	1,18	67,6	1,78	102,0
0,60	34,4	1,20	68,8	1,80	103,1
Rad.	Grad	Rad.	Grad	Rad.	Grad

Umrechnungsgleichungen: Bezeichnet man die Winkelgröße im Gradmaß mit α und die Winkelgröße im Bogenmaß mit arc α (*lat.* arcus = Bogen), so gilt:

$$\operatorname{arc}\alpha = \frac{\pi}{180°} \cdot \alpha \approx 0{,}01745 \cdot \alpha \quad \text{und} \quad \alpha = \frac{180°}{\pi} \cdot \operatorname{arc}\alpha \approx 57{,}29578° \cdot \operatorname{arc}\alpha$$

Geometrie

Einteilung der Dreiecke

<table>
<tr><th colspan="3">Einteilung der Dreiecke nach den Seiten</th></tr>
<tr><td rowspan="2">unregelmäßig
(alle Seiten sind paarweise verschieden lang)</td><td colspan="2">gleichschenklig (ein Paar gleich langer Seiten)</td></tr>
<tr><td>nicht gleichseitig
(genau zwei Seiten sind gleich lang)</td><td>gleichseitig
(alle Seiten sind gleich lang)</td></tr>
<tr><td>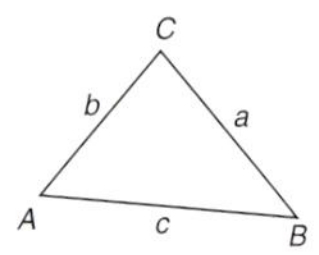
$a \neq b \neq c \neq a$</td><td>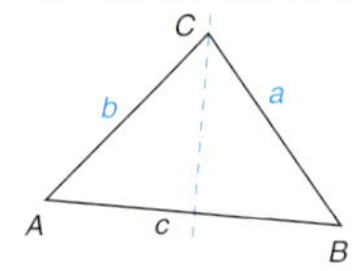
$a = b \neq c$</td><td>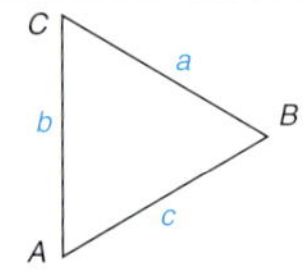
$a = b = c$</td></tr>
<tr><th colspan="3">Einteilung der Dreiecke nach den Innenwinkeln</th></tr>
<tr><td>spitzwinklig
(alle Innenwinkel sind spitz)</td><td>rechtwinklig
(es gibt einen rechten Winkel)</td><td>stumpfwinklig
(ein Innenwinkel ist stumpf)</td></tr>
<tr><td>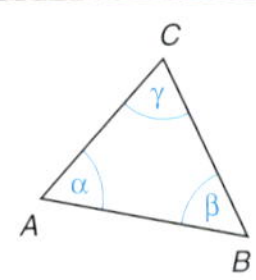
$\alpha < 90°$
$\beta < 90°$
$\gamma < 90°$</td><td>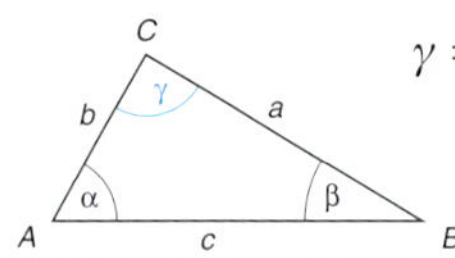
$\gamma = 90°$</td><td>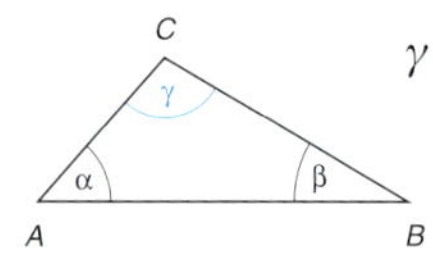
$\gamma > 90°$</td></tr>
</table>

Ebene Figuren (u – Umfang; A – Flächeninhalt)

Allgemeines Dreieck

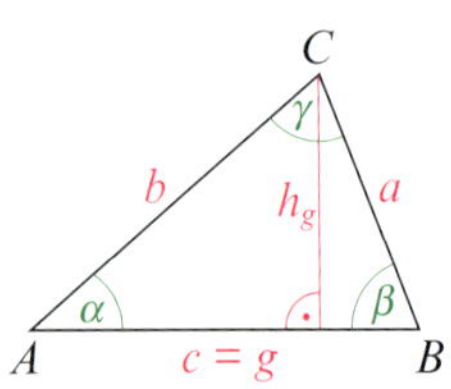

$u = a + b + c$

$A = \frac{1}{2}\, g \cdot h_g = \frac{1}{2}\, ab \cdot \sin \gamma$

$\alpha + \beta + \gamma = 180°$

$\frac{a}{\sin \alpha} = \frac{b}{\sin \beta} = \frac{c}{\sin \gamma}$

$c^2 = a^2 + b^2 - 2ab \cdot \cos \gamma$

Rechtwinkliges Dreieck ($\gamma = 90°$)

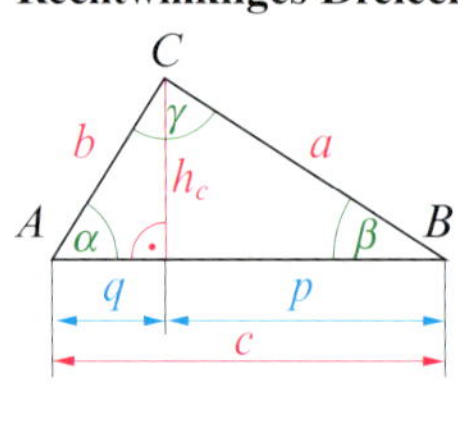

$A = \frac{1}{2}\, ab$

$a^2 + b^2 = c^2;\ h_c^2 = p \cdot q$

$a^2 = p \cdot c;\ b^2 = q \cdot c$

$\sin \alpha = \frac{a}{c};\ \cos \alpha = \frac{b}{c};$

$\tan \alpha = \frac{a}{b};\ \cot \alpha = \frac{b}{a}$

Gleichschenkliges Dreieck

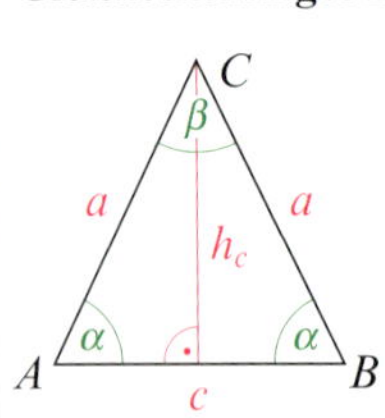

$u = 2a + c;$

$\beta = 180° - 2\alpha$

$h_c = \sqrt{a^2 - \frac{1}{4}\, c^2}$

$A = \frac{1}{2}\, c \cdot h_c$

1 Symmetrieachse

Gleichseitiges Dreieck

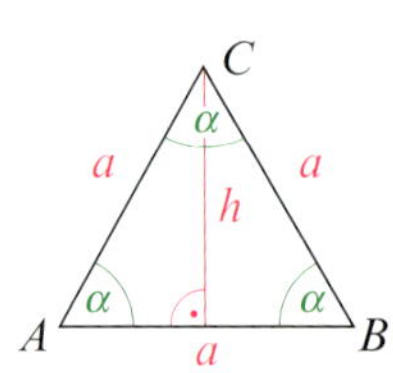

$u = 3a$

$A = \frac{a^2}{4}\sqrt{3}$ mit $h = \frac{a}{2}\sqrt{3}$

$\alpha = 60°$

3 Symmetrieachsen

Allgemeines Viereck

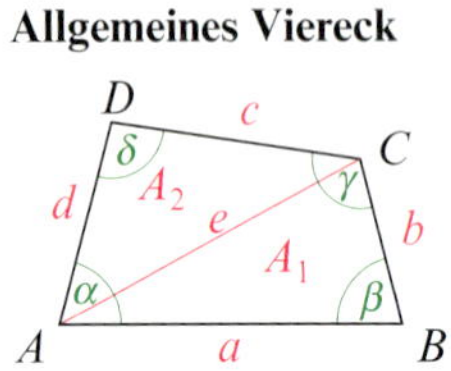

$u = a + b + c + d$

$A = A_1 + A_2$

$\alpha + \beta + \gamma + \delta = 360°$

Trapez ($a \parallel c$)

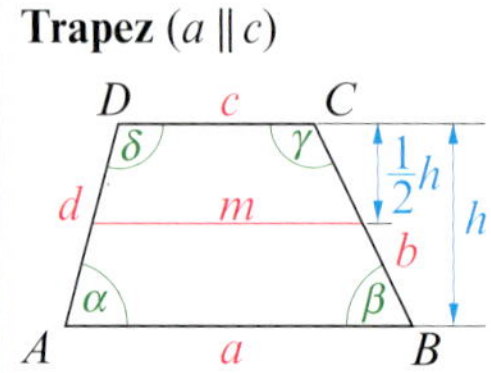

$A = \frac{1}{2}\,(a + c) \cdot h = m \cdot h$

$m = \frac{1}{2}\,(a + c)$

$\alpha + \delta = 180°;\ \beta + \gamma = 180°$

Parallelogramm ($a \parallel c$; $b \parallel d$)

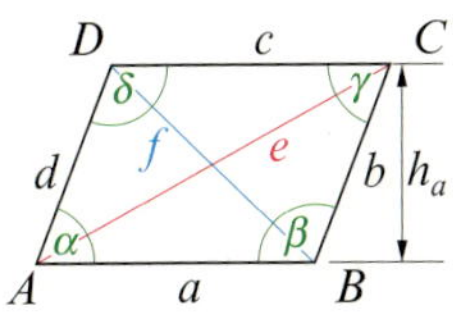

$u = 2(a + b)$
$A = a \cdot h_a = b \cdot h_b$
$A = ab \cdot \sin \alpha$
$ = ab \cdot \sin \beta$
$a = c; b = d$
$\beta = \delta; \alpha + \beta = 180°$
$\alpha = \gamma; \alpha + \delta = 180°$

Die Diagonalen halbieren einander. Es gibt keine Symmetrieachse.

Rhombus – Raute ($a \parallel c$; $b \parallel d$)

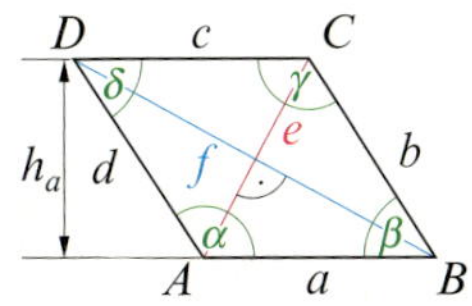

$u = 4a$
$A = a \cdot h_a$
$A = \frac{1}{2} e \cdot f; \quad e \perp f$
$A = a^2 \cdot \sin \alpha = a^2 \cdot \sin \beta$
$a = b = c = d$
$\alpha = \gamma; \beta = \delta$
$\alpha + \beta = 180°$

Die Diagonalen halbieren einander und sie stehen senkrecht aufeinander. Es gibt 2 Symmetrieachsen.

Drachenviereck ($a = b$; $c = d$)

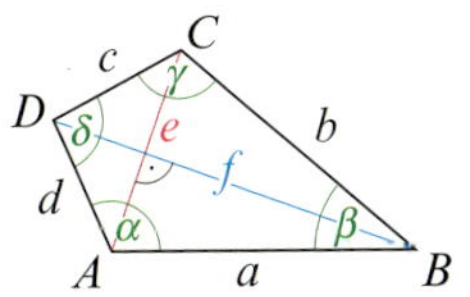

$u = 2(a + d)$
$A = \frac{1}{2} e \cdot f$
$\alpha = \gamma; \quad e \perp f$
1 Symmetrieachse

Die Diagonalen stehen senkrecht aufeinander; eine Diagonale wird halbiert.

Rechteck ($a \parallel c$; $b \parallel d$; $a \perp b$)

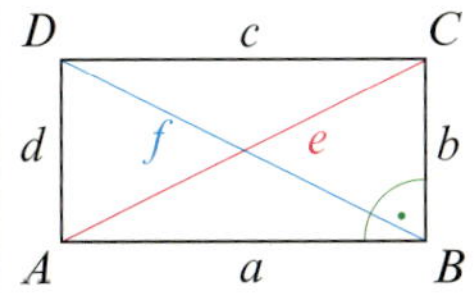

$u = 2(a + b)$
$A = ab$
$a = c; b = d; e = f$
$e = \sqrt{a^2 + b^2}$
$\alpha = \beta = \gamma = \delta = 90°$

Die Diagonalen sind gleich lang und sie halbieren einander. Es gibt 2 Symmetrieachsen.

Quadrat ($a \parallel c$; $b \parallel d$; $a \perp b$)

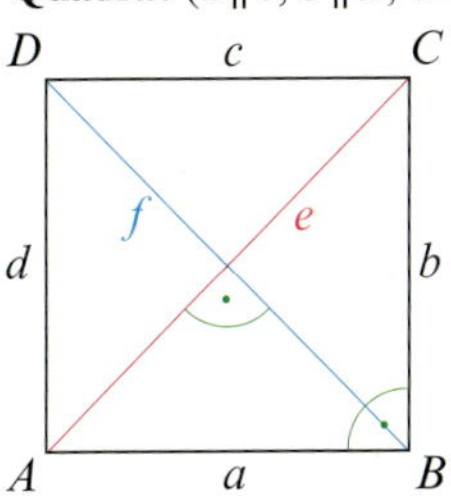

$u = 4a$
$A = a^2$
$a = b = c = d$
$\alpha = \beta = \gamma = \delta = 90°$
$e = f; e \perp f; e = a\sqrt{2}$
4 Symmetrieachsen

Die Diagonalen sind gleich lang, sie halbieren einander und stehen senkrecht aufeinander.

Kreis (r – Radius)

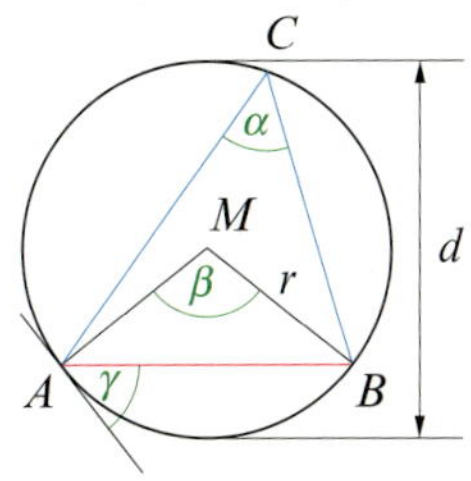

$u = 2\pi r = \pi d$
$A = \pi r^2 = \frac{1}{4} \pi d^2$
$\alpha = \frac{\beta}{2}; \alpha = \gamma$
α Peripheriewinkel
β Zentriwinkel über $\overset{\frown}{AB}$
γ Sehnen-Tangenten-Winkel

Kreisbogen $b : u = \alpha : 360°$

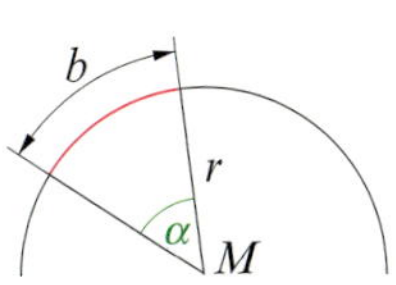

$b = \frac{\pi r}{180°} \alpha$
$b = r \cdot \text{arc}\, \alpha$ (↗ S. 23)

Kreisausschnitt (Sektor) $A_\alpha : A = \alpha : 360°$
$ = \text{arc}\, \alpha : 2\pi$

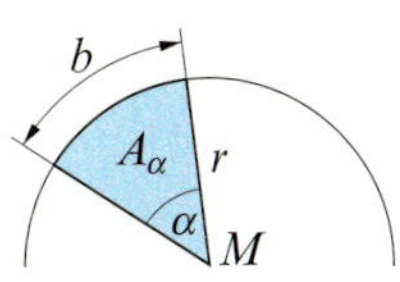

$A_\alpha = \frac{\pi}{360°} \alpha r^2$
$A_\alpha = \frac{1}{2} b \cdot r = \frac{1}{2} r^2 \,\text{arc}\, \alpha$

Kreisring ($r_1 > r_2$)

$A = \pi \left(r_1^2 - r_2^2\right)$

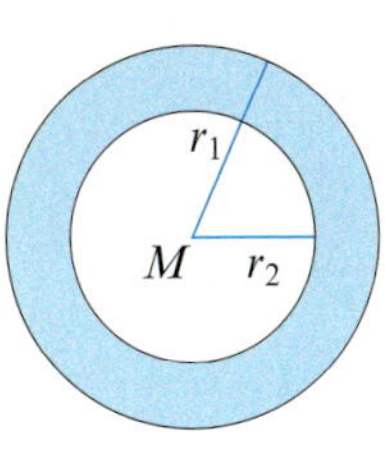

Regelmäßiges *n*-Eck

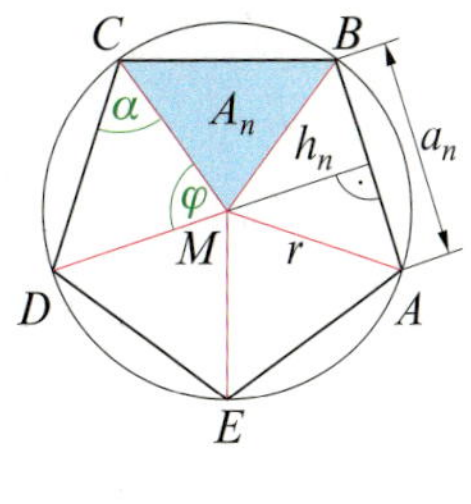

$u = n \cdot a_n; \; A = n \cdot A_n$
$\varphi = \frac{360°}{n}; \; \alpha = \frac{180° - \varphi}{2}$
$h_n^2 = r^2 - \left(\frac{1}{2} a_n\right)^2$
$a_n = 2r \cdot \sin \frac{\varphi}{2}$
$A_n = \frac{1}{2} r^2 \cdot \sin \varphi$

Körper (A_O – Oberflächeninhalt; A_M – Mantelflächeninhalt; V – Volumen)

Würfel

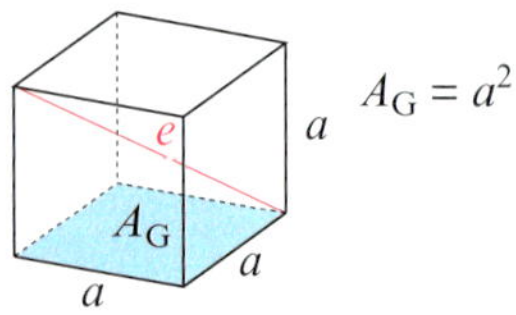

$A_G = a^2$

$V = a^3$; $e = a \cdot \sqrt{3}$
$A_O = 6a^2$

Netz:

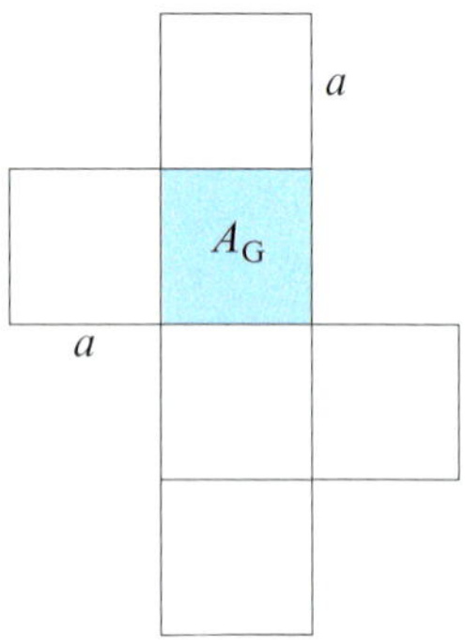

Quader

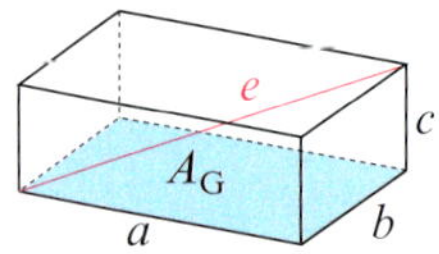

$A_G = ab$

$V = abc$; $e = \sqrt{a^2 + b^2 + c^2}$
$A_O = 2\,(ab + ac + bc)$

Netz:

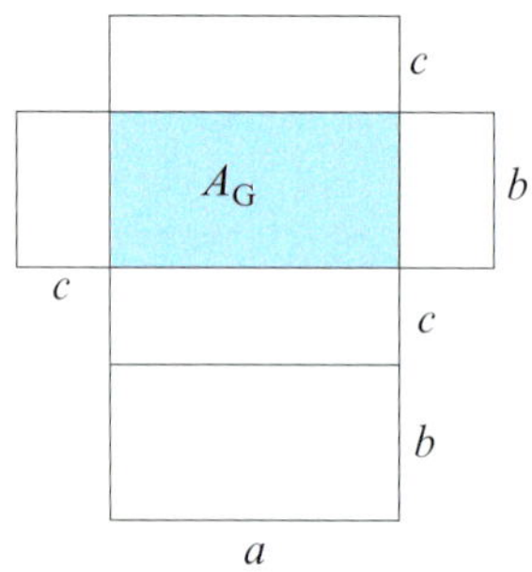

Prisma

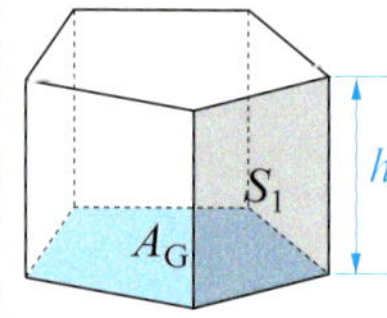

$V = A_G \cdot h$
$A_O = 2A_G + S_1 + S_2 + \ldots + S_n$

Netz:

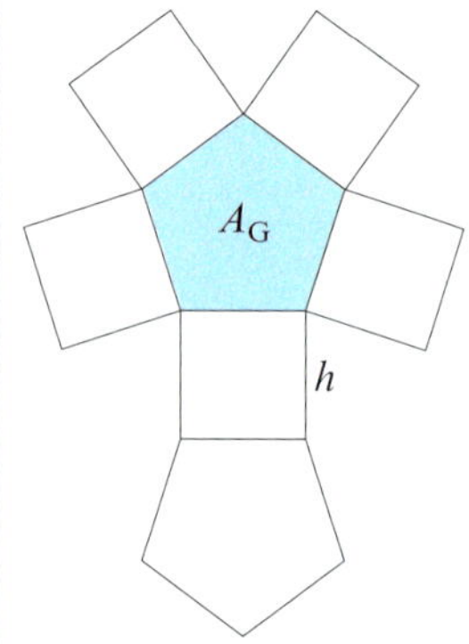

Kreiszylinder

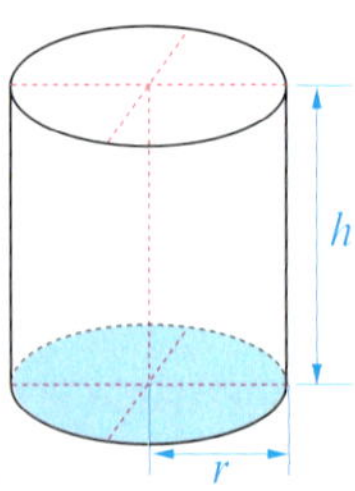

$V = \pi r^2 h$; $A_M = 2\pi r h$
$A_O = 2\pi r\,(r + h)$

Netz:

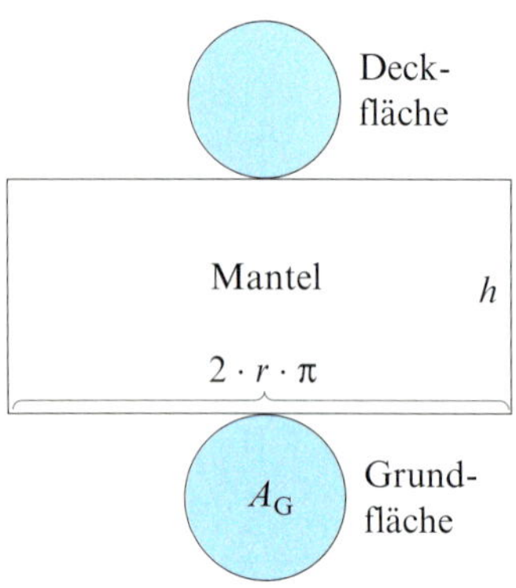

Pyramide

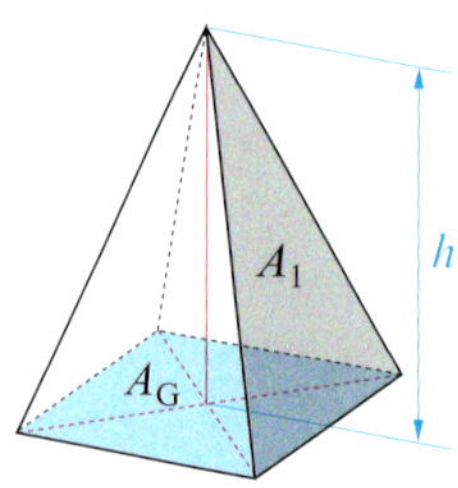

$V = \frac{1}{3} A_G \cdot h$
$A_O = A_G + A_1 + A_2 + \ldots + A_n$

Netz:

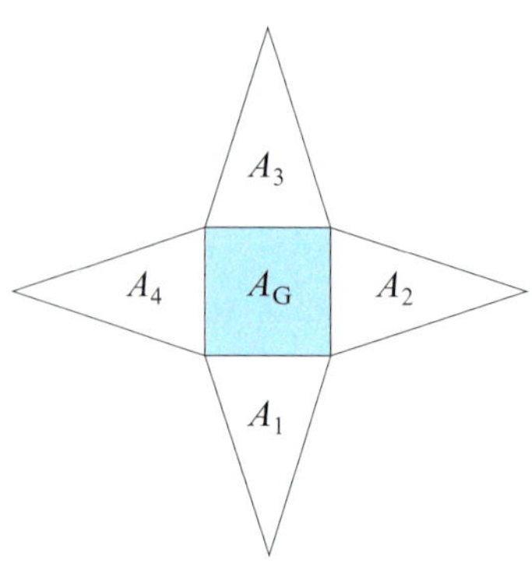

Kreiskegel

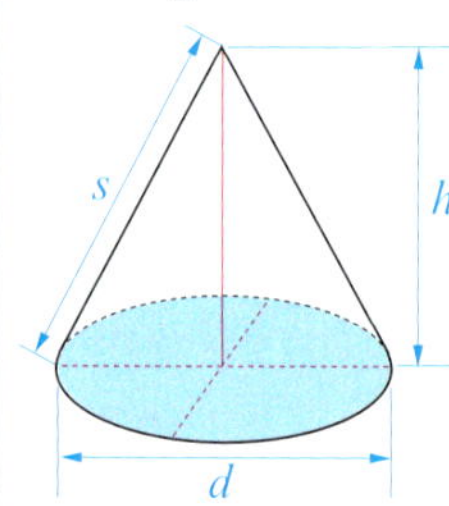

$V = \frac{1}{3} \pi r^2 h$; $s^2 = r^2 + h^2$
$A_O = \pi r\,(r + s)$; $A_M = \pi r s$

Netz:

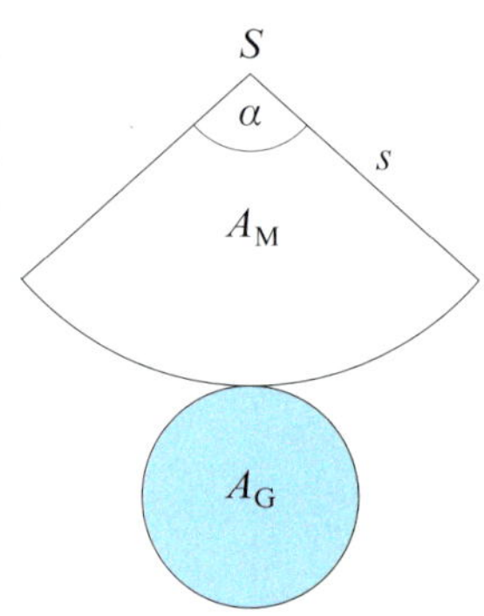

Kreiskegelstumpf ($r_1 > r_2$)

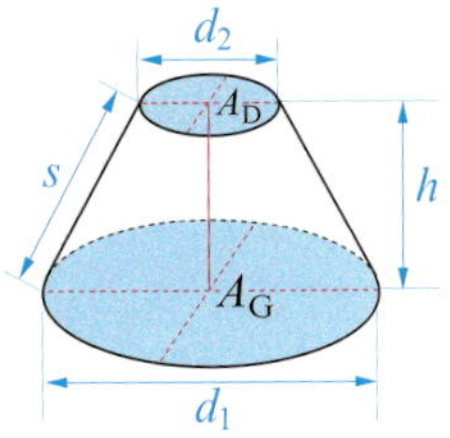

$$V = \frac{1}{3}\,\pi h\,(r_1^2 + r_2^2 + r_1 r_2)$$
$$A_O = \pi r_1^2 + \pi r_2^2 + \pi s\,(r_1 + r_2)$$
$$s^2 = (r_1 - r_2)^2 + h^2$$

Pyramidenstumpf

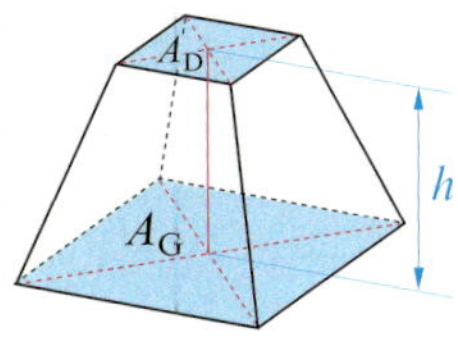

$$V = \frac{1}{3}\,h\left(A_G + \sqrt{A_G A_D} + A_D\right)$$
$$A_O = A_G + A_D + A_M$$

Kugel

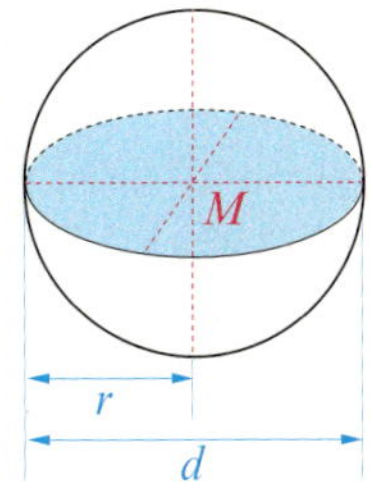

$$V = \frac{4}{3}\,\pi r^3$$
$$A_O = 4\pi r^2$$

Kugelabschnitt

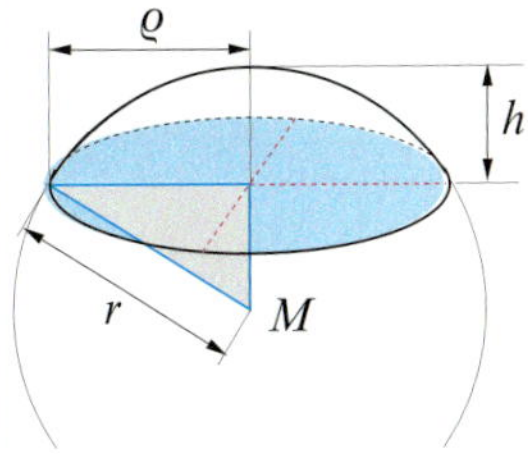

$$V = \frac{1}{6}\,\pi h\,(3\varrho^2 + h^2)$$
$$A_O = 2\pi r h + \varrho^2 \pi$$
$$\varrho = \sqrt{h\,(2r - h)}$$

Kugelschicht

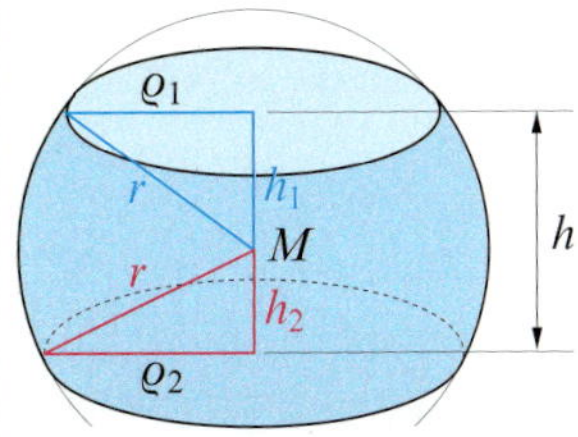

$$V = \frac{\pi h}{6}\,(3\varrho_1^2 + 3\varrho_2^2 + h^2)$$
$$A_O = 2\pi r h + \pi(\varrho_1^2 + \varrho_2^2)$$
$$\varrho_1^2 = r^2 - h_1^2$$

Kugelausschnitt (Kugelsektor)

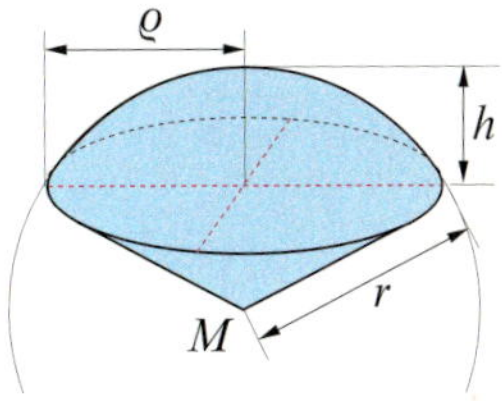

$$V = \frac{2\pi}{3}\,r^2 h$$
$$A_O = \pi \varrho r + 2\pi r h$$
$$\varrho = \sqrt{h\,(2r - h)}$$

Regelmäßige Polyeder

Tetraeder

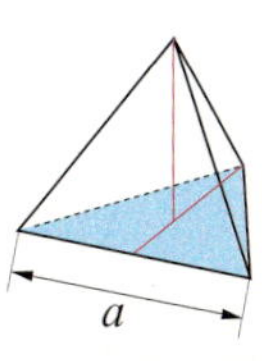

Oktaeder

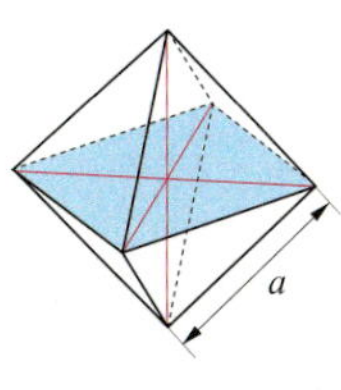

Hexaeder

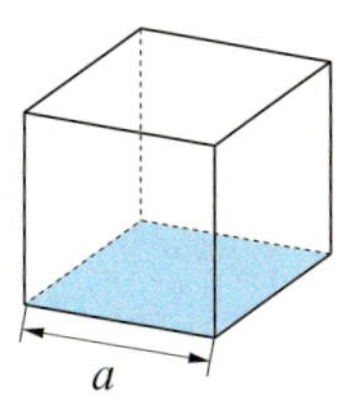

Ikosaeder

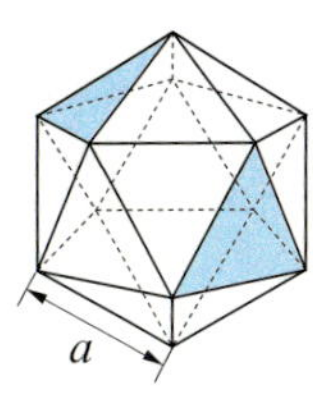

Dodekaeder

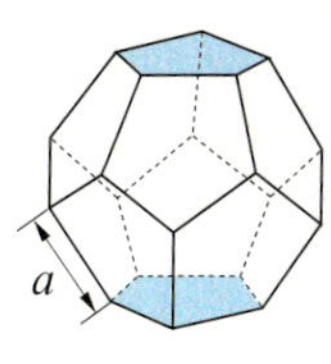

	Seitenflächen	Volumen	Oberfläche
Tetraeder	4 gleichseitige Dreiecke	$V = \frac{\sqrt{2}}{12}\,a^3 \approx 0{,}1179a^3$	$A_o = \sqrt{3} \cdot a^2 \approx 1{,}7321a^2$
Oktaeder	8 gleichseitige Dreiecke	$V = \frac{\sqrt{2}}{3}\,a^3 \approx 0{,}4714a^3$	$A_o = 2\sqrt{3} \cdot a^2 \approx 3{,}4641a^2$
Hexaeder (Würfel)	6 Quadrate	$V = a^3$	$A_o = 6a^2$
Ikosaeder	20 gleichseitige Dreiecke	$V \approx 2{,}1817a^3$	$A_o \approx 8{,}6603a^2$
Dodekaeder	12 regelmäßige Fünfecke	$V \approx 7{,}6631a^3$	$A_o \approx 20{,}6457a^2$

Winkelpaare

Winkelpaare an sich schneidenden Geraden:			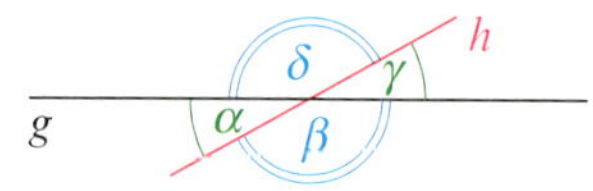
Nebenwinkel	$\alpha + \beta = 180°$; $\gamma + \delta = 180°$;	$\alpha + \delta = 180°$ $\beta + \gamma = 180°$	
Scheitelwinkel	$\alpha = \gamma$;	$\beta = \delta$	
Winkelpaare an geschnittenen Parallelen:			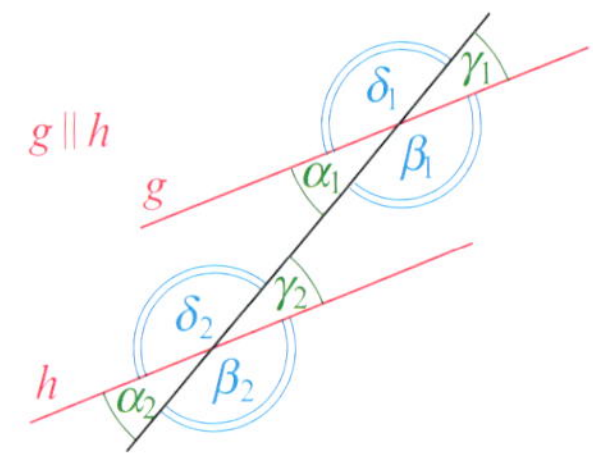
Stufenwinkel	$\alpha_1 = \alpha_2$; $\beta_1 = \beta_2$;	$\gamma_1 = \gamma_2$; $\delta_1 = \delta_2$	
Wechselwinkel	$\alpha_1 = \gamma_2$; $\beta_1 = \delta_2$;	$\gamma_1 = \alpha_2$; $\delta_1 = \beta_2$	
Entgegengesetzt liegende Winkel	$\alpha_1 + \delta_2 = 180°$; $\beta_1 + \gamma_2 = 180°$;	$\gamma_1 + \beta_2 = 180°$ $\delta_1 + \alpha_2 = 180°$	

Sätze im allgemeinen Dreieck

Summe der Innenwinkel	$\alpha + \beta + \gamma = 180°$	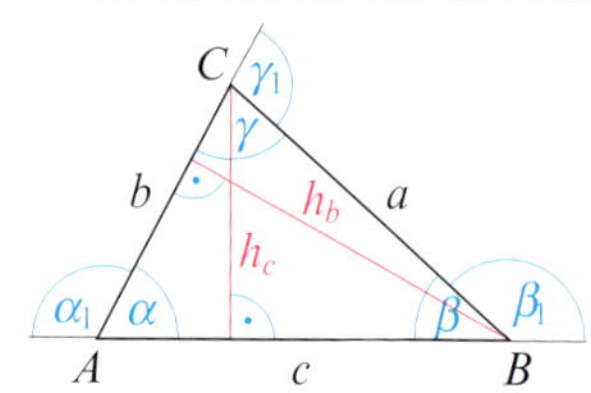
Summe der Außenwinkel	$\alpha_1 + \beta_1 + \gamma_1 = 360°$	
Außenwinkelsatz	$\alpha_1 = \beta + \gamma$; $\beta_1 = \alpha + \gamma$; $\gamma_1 = \alpha + \beta$	
Dreiecksungleichung	$a + b > c$; $b + c > a$; $a + c > b$	
Höhen	Je zwei Höhen verhalten sich im Verhältnis umgekehrt wie die zugehörigen Seiten des Dreiecks: $\frac{h_c}{h_b} = \frac{b}{c}$.	
Seitenhalbierende	Die Seitenhalbierenden im Dreieck schneiden einander im Schwerpunkt. Sie teilen einander im Verhältnis 2 : 1. $\frac{\overline{AM}}{\overline{ME}} = \frac{\overline{BM}}{\overline{MF}} = \frac{\overline{CM}}{\overline{MD}} = \frac{2}{1}$	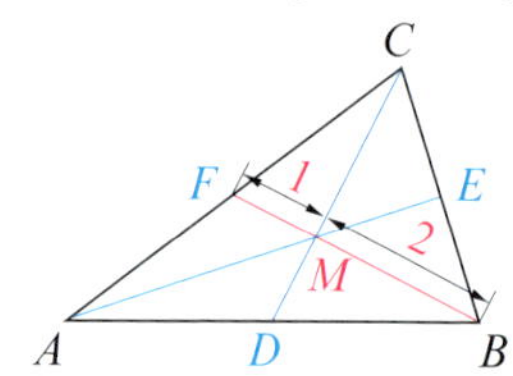
Winkelhalbierende	Die Winkelhalbierenden schneiden einander im Mittelpunkt M_i des Inkreises.	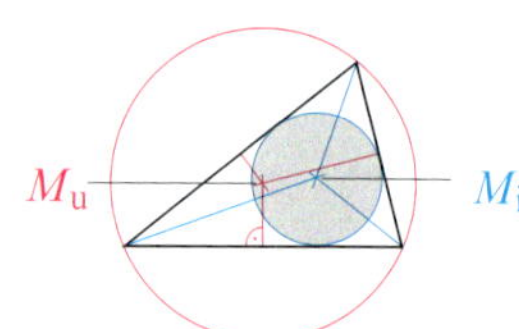
Mittelsenkrechte	Die Mittelsenkrechten schneiden einander im Mittelpunkt M_u des Umkreises	

Kongruenzsätze	Ähnlichkeitssätze
Dreiecke sind kongruent, • wenn sie in den drei Seiten übereinstimmen (sss), • wenn sie in einer Seite und den dieser Seite anliegenden Winkeln übereinstimmen (wsw), • wenn sie in zwei Seiten und dem von diesen Seiten eingeschlossenen Winkel übereinstimmen (sws), • wenn sie in zwei Seiten und dem der größeren Seite gegenüberliegenden Winkel übereinstimmen (SsW).	Dreiecke sind zueinander ähnlich, • wenn jede Seite des einen Dreiecks mit je einer Seite des anderen Dreiecks das gleiche Verhältnis bildet, • wenn sie in zwei Winkeln übereinstimmen **(Hauptähnlichkeitssatz)**, • wenn sie in einem Winkel übereinstimmen und die dem Winkel anliegenden Seiten gleiche Verhältnisse bilden, • wenn zwei Seiten des einen Dreiecks mit je einer Seite des anderen Dreiecks das gleiche Verhältnis bilden und wenn sie in dem Winkel übereinstimmen, der jeweils der größeren Seite gegenüberliegt.

Satzgruppe des Pythagoras – Flächensätze am rechtwinkligen Dreieck

Satz des Pythagoras	Kathetensatz	Höhensatz
$a^2 + b^2 = c^2$ In jedem rechtwinkligen Dreieck ist das Hypotenusenquadrat flächengleich mit der Summe der Kathetenquadrate.	$b^2 = q \cdot c;\ a^2 = p \cdot c$ In jedem rechtwinkligen Dreieck ist ein Kathetenquadrat flächengleich zu dem Rechteck aus Hypotenuse und dem entsprechenden Hypotenusenabschnitt.	$h^2 = p \cdot q$ In jedem rechtwinkligen Dreieck ist das Quadrat über der Höhe flächengleich zu dem Rechteck aus den beiden Hypotenusenabschnitten.
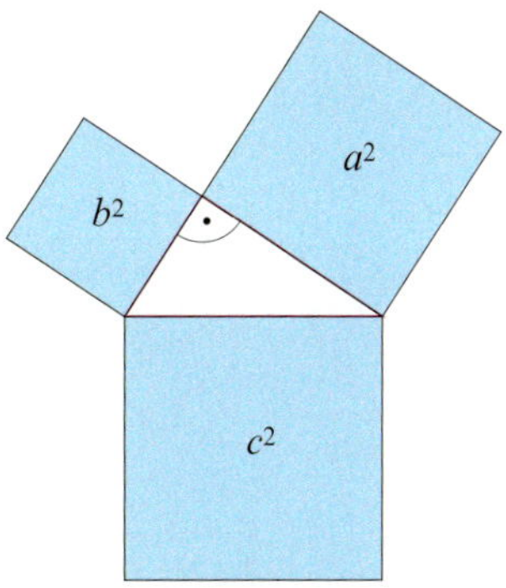	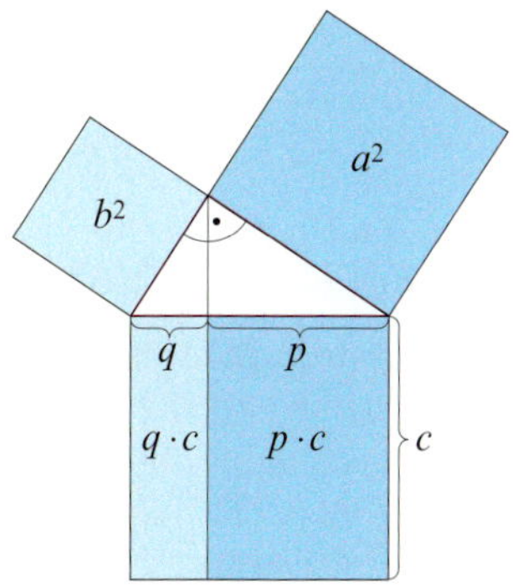	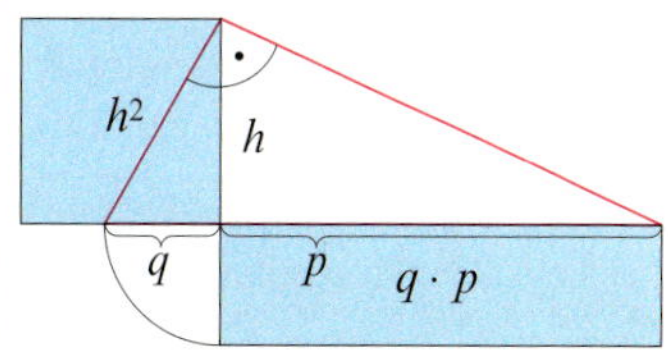

Sätze über Winkel am Kreis

Satz des Thales	Mittelpunktswinkelsatz	Umfangswinkelsatz Sehnensatz	Sekantensatz
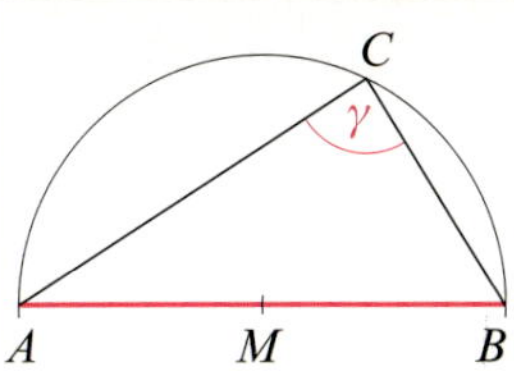	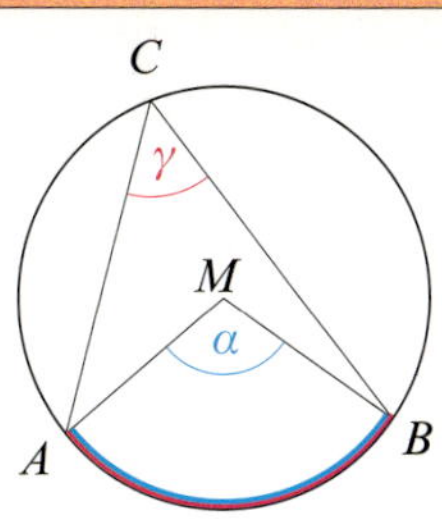	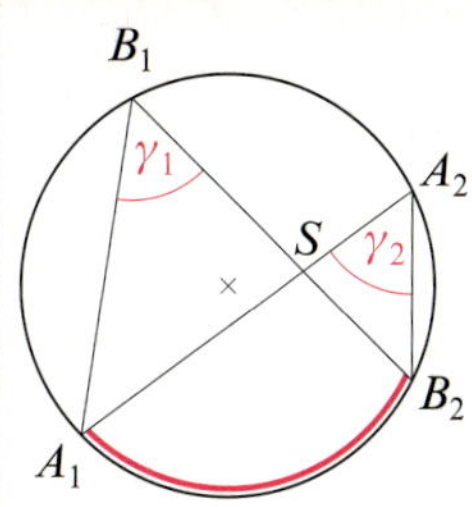	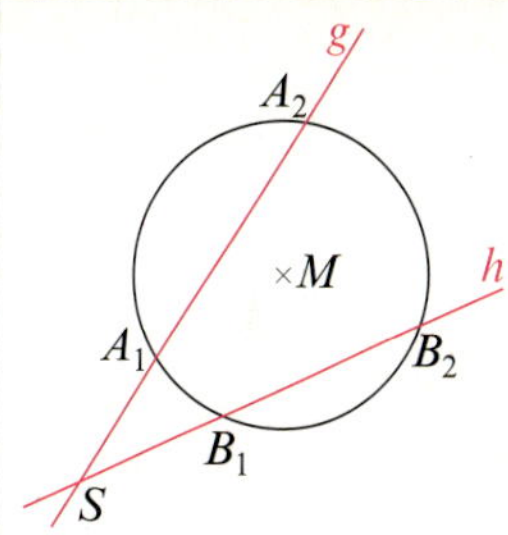
$\gamma = 90°$	$\gamma = \frac{\alpha}{2}$	$\gamma_1 = \gamma_2$; $\lvert\overline{SA_1}\rvert \cdot \lvert\overline{SA_2}\rvert = \lvert\overline{SB_1}\rvert \cdot \lvert\overline{SB_2}\rvert$	$\lvert\overline{SA_1}\rvert \cdot \lvert\overline{SA_2}\rvert = \lvert\overline{SB_1}\rvert \cdot \lvert\overline{SB_2}\rvert$

Sehnenviereck/Tangentenviereck

Sehnenviereck		Tangentenviereck	
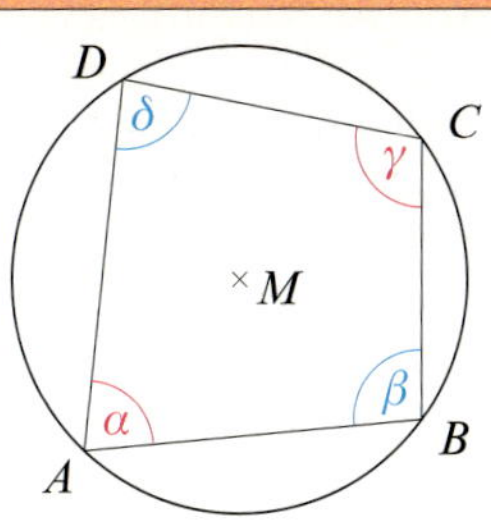	Die Summe der Gegenwinkel im Sehnenviereck ist stets 180°. Es gibt einen Umkreis. $\alpha + \gamma = 180°$ $\beta + \delta = 180°$	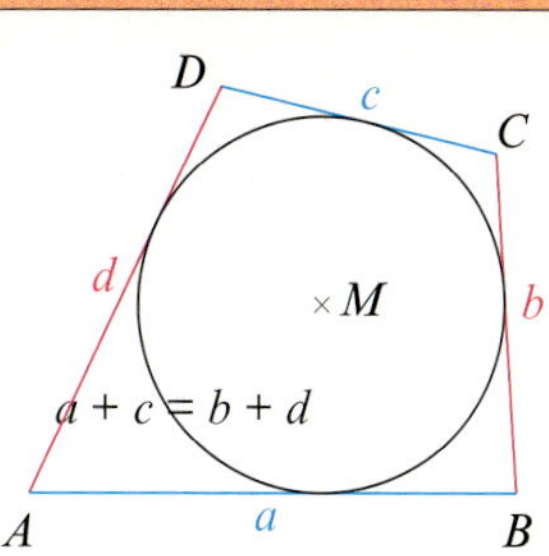	Die Summe der Gegenseiten im Tangentenviereck ist jeweils gleich groß. Es gibt einen Inkreis.

Strahlensätze

Wenn zwei Strahlen mit einem gemeinsamen Anfangspunkt von zwei Parallelen geschnitten werden, dann gelten für die dabei entstehenden Teilstrecken folgende Sätze:

1. Strahlensatz
$|\overline{ZA}| : |\overline{ZB}| = |\overline{ZC}| : |\overline{ZD}|$ bzw. $|\overline{ZA}| : |\overline{AB}| = |\overline{ZC}| : |\overline{CD}|$

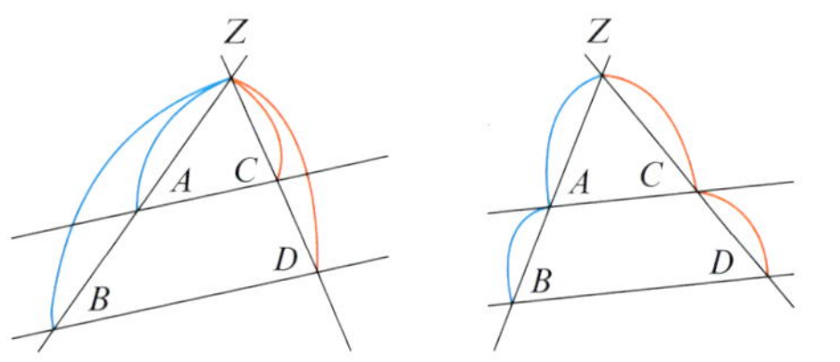

2. Strahlensatz
$|\overline{AC}| : |\overline{BD}| = |\overline{ZA}| : |\overline{ZB}|$ bzw. $|\overline{AC}| : |\overline{BD}| = |\overline{ZC}| : |\overline{ZD}|$

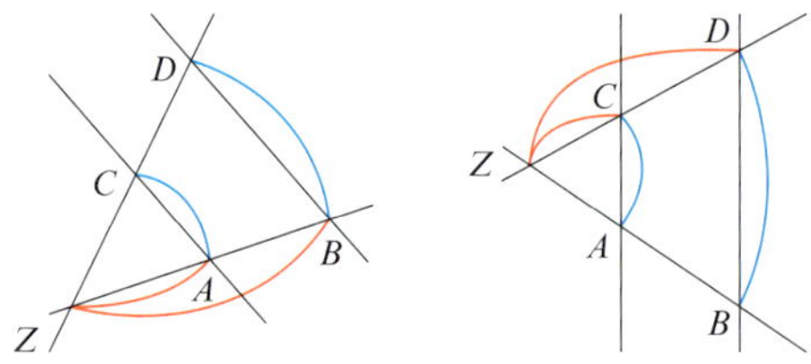

Umkehrung des 1. Strahlensatzes
Zwei Strahlen mit einem gemeinsamen Anfangspunkt werden von zwei Geraden geschnitten.
Wenn für die Teilstrecken $|\overline{ZA}| : |\overline{ZB}| = |\overline{ZC}| : |\overline{ZD}|$ gilt, so sind die beiden Geraden parallel zueinander.

Achtung: Die Umkehrung des zweiten Strahlensatzes gilt nicht.

Zentrische Streckung

Eine **zentrische Streckung** $(Z; k)$ mit dem **Streckungszentrum** Z und dem **Streckungsfaktor** k ist eine Abbildung, die jedem Punkt A einen Punkt A' zuordnet, der auf der Geraden ZA liegt und für den gilt: $|\overline{ZA'}| = |k| \cdot |\overline{ZA}|$.

Ist $k < 0$, liegt Z zwischen A und A', ist $0 < k < 1$, liegt A' zwischen Z und A, ist $k > 1$, liegt A zwischen Z und A'.

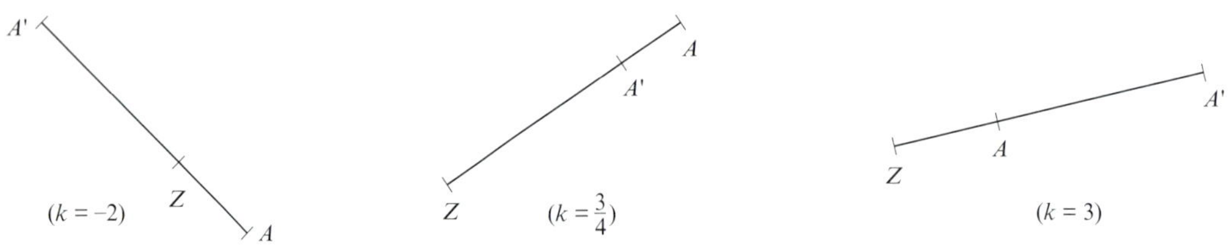

Bei einer zentrischen Streckung $(Z; k)$ sind die Originalfigur und die Bildfigur zueinander ähnlich. Für das Originalviereck $ABCD$ und das Bildviereck $A'B'C'D'$ gilt:

$|\overline{A'B'}| = k \cdot |\overline{AB}|$; $|\overline{B'C'}| = k \cdot |\overline{BC}|$ usw.

$\overline{A'B'} \parallel \overline{AB}$; $\overline{B'C'} \parallel \overline{BC}$ usw. sowie $\alpha' = \alpha$ usw.

Für die Umfänge gilt: $u' = k \cdot u$
Für die Flächeninhalte gilt: $A_{A'B'C'D'} = k^2 \cdot A_{ABCD}$
Für die Rauminhalte gilt: $V_{K'} = k^3 \cdot V_K$

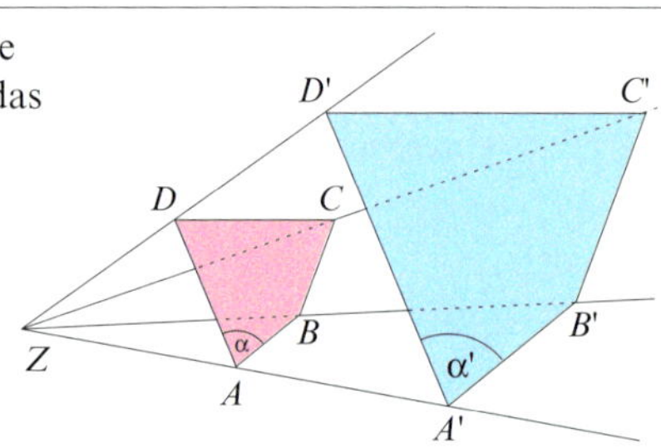

Goldener Schnitt

Wird eine Strecke $\overline{AB}$ in zwei Teilstrecken $\overline{AC}$ und $\overline{CB}$ geteilt und steht die größere Teilstrecke zur kleineren im gleichen Verhältnis wie die Gesamtstrecke zur größeren Teilstrecke, so spricht man vom Goldenen Schnitt:

$|\overline{AC}| : |\overline{CB}| = |\overline{AB}| : |\overline{AC}|$ bzw. $\frac{a}{b} = \frac{a+b}{a}$

Konstruktion:

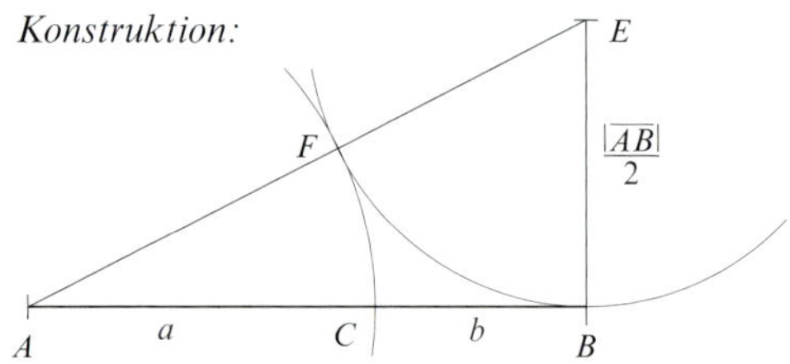

Darstellende Geometrie (Konstruktionsschritte)

Schrägbild bei Quader und quadratischer Pyramide ($\alpha = 45°$; $q = 0{,}5$)

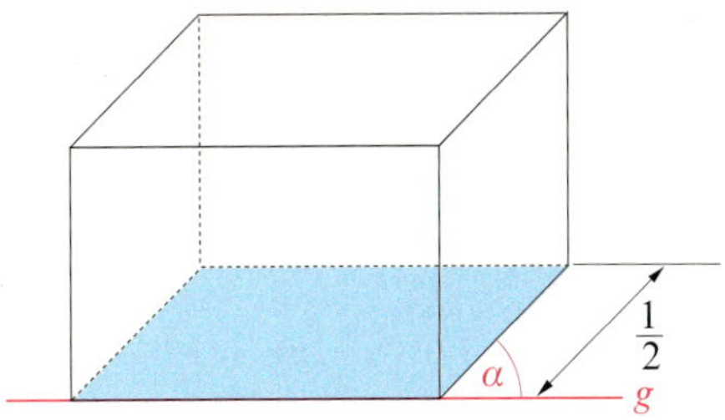

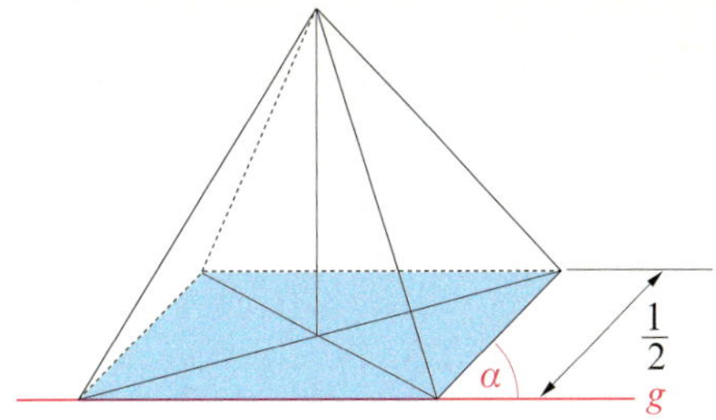

① Die Strecken, die parallel zur Zeichenebene verlaufen, werden in wahrer Länge gezeichnet. Parallele Strecken bleiben parallel.
② In die Tiefe gehende Strecken werden im Winkel von $\alpha = 45°$ an die Horizontale g angetragen und auf die Hälfte verkürzt.
③ Punkte werden verbunden, nicht sichtbare Strecken werden gestrichelt gezeichnet.

Schrägbild (andere Verzerrungen)

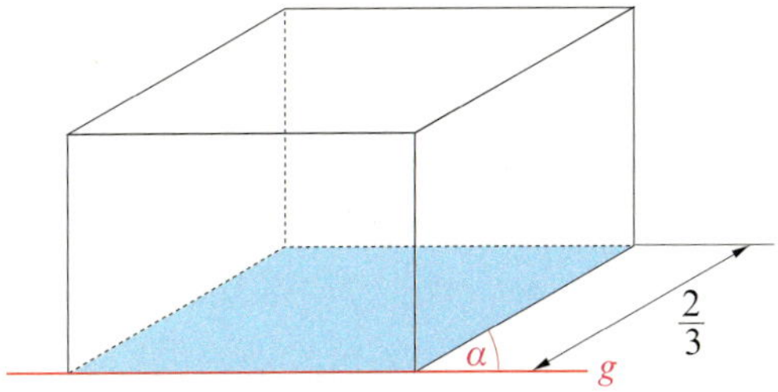

Verzerrungswinkel $\alpha = 30°$
Verkürzungsfaktor $q = \frac{2}{3}$

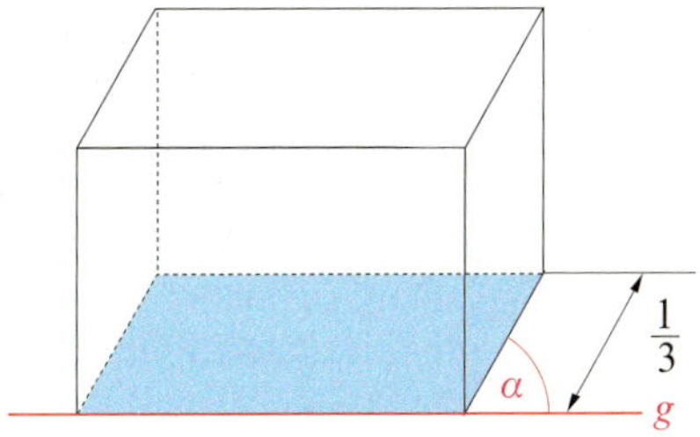

Verzerrungswinkel $\alpha = 60°$
Verkürzungsfaktor $q = \frac{1}{3}$

Senkrechte Dreitafelprojektion – Ansichten

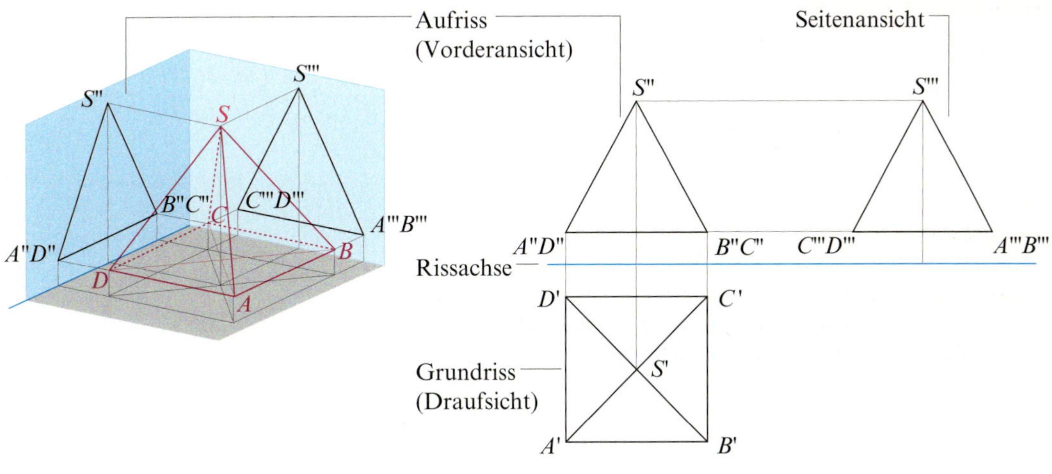

Kongruenz

Definition	Zwei Figuren heißen zueinander kongruent oder deckungsgleich, wenn man sie durch eine Verschiebung, Spiegelung oder Drehung zur Deckung bringen kann.
Eigenschaften	Einander entsprechende Strecken sind gleich lang (Längenerhaltung). Einander entsprechende Winkel sind gleich groß (Winkelerhaltung).

Parallelverschiebung

Konstruktion	Eine Parallelverschiebung wird durch die Länge und die Richtung eines Verschiebungspfeils $\overrightarrow{AB}$ angegeben. 1. Durch den gegebenen Punkt P wird eine Gerade g parallel zu $\overrightarrow{AB}$ gezeichnet. 2. Die Länge von $\overrightarrow{AB}$ wird von P aus auf der Gerade g abgetragen. Dabei muss die Richtung des Pfeils beachtet werden. 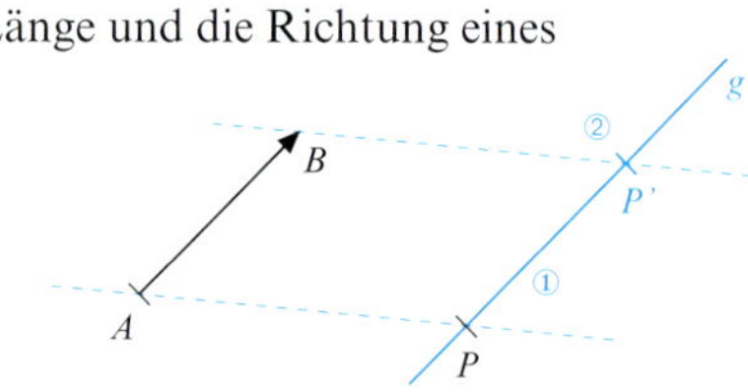
Eigenschaften	Es gilt Längen- und Winkelerhaltung (siehe Eigenschaften der Kongruenz). Die Bilder zueinander paralleler bzw. senkrechter Geraden sind wieder zueinander parallele bzw. senkrechte Geraden (Erhaltung der Lagebeziehungen).

Spiegelung

Konstruktion einer Achsenspiegelung	Eine Achsenspiegelung kann durch eine Spiegelachse g oder durch ein Punktepaar $(P;\ P')$ angegeben werden. 1. Durch den Punkt P wird die Senkrechte zur Spiegelachse g gezeichnet. Diese Senkrechte schneidet g im Punkt S. 2. Die Länge der Strecke $\overline{SP}$ wird von S aus in entgegengesetzter Richtung auf der Senkrechten abgetragen. 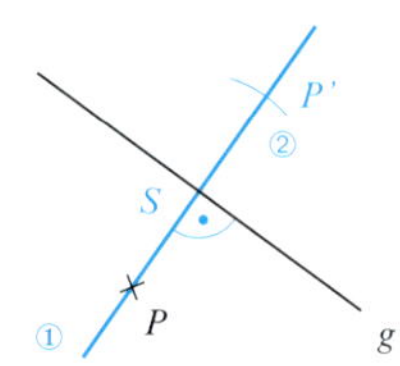
Konstruktion einer Punktspiegelung	Eine Punktspiegelung wird durch ein Zentrum Z vorgegeben. 1. Durch Z und P wird eine Gerade gezeichnet. 2. Die Länge der Strecke $\overline{ZP}$ wird von Z aus in entgegengesetzter Richtung abgetragen. 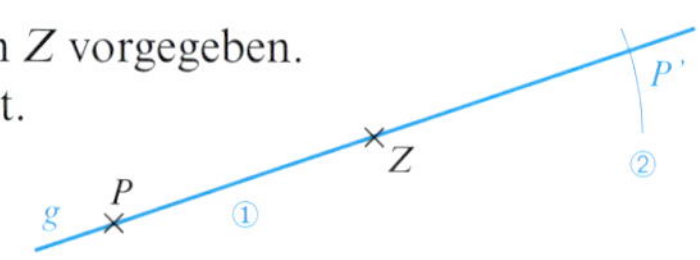
Eigenschaften von Spiegelungen	Längen, Winkel und Lagebeziehungen bleiben erhalten. Der Umlaufsinn von Figuren ändert sich bei einer Achsenspiegelung. Liegt P auf g, so ist $P = P'$.

Drehung

Konstruktion	Eine Drehung wird durch ein Drehzentrum Z und einen Drehwinkel α bestimmt. 1. Ein Strahl durch P und beginnend in Z wird gezeichnet. 2. Der Winkel α wird in Z an den Strahl angetragen. Dabei muss die Drehrichtung des Winkels α beachtet werden. 3. Die Länge der Strecke $\overline{ZP}$ wird auf dem zweiten Schenkel abgetragen. 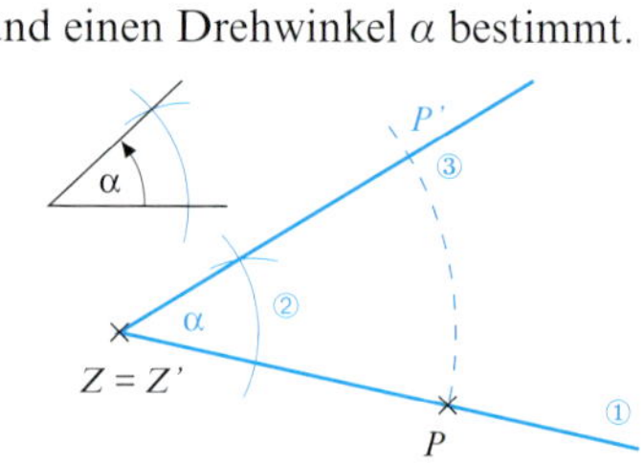
Eigenschaften	Längen, Winkel und Lagebeziehungen bleiben erhalten.

Koordinatensysteme

Kartesische Koordinatensysteme

Koordinaten eines Punktes in einer Ebene

$P(x_P;\, y_P)$
$Q(x_Q;\, y_Q)$

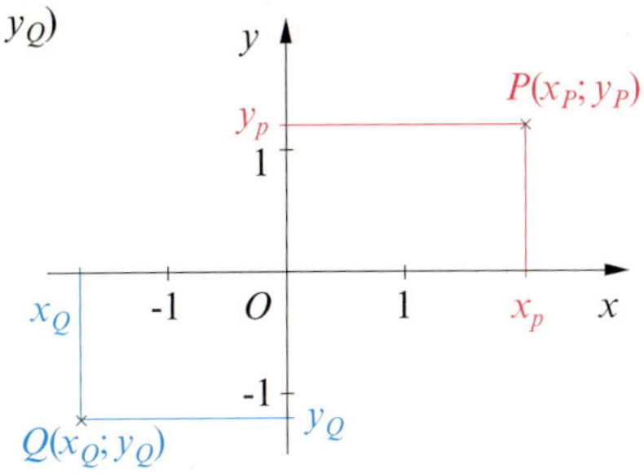

Koordinaten eines Punktes im Raum

$P(x_P;\, y_P;\, z_P)$

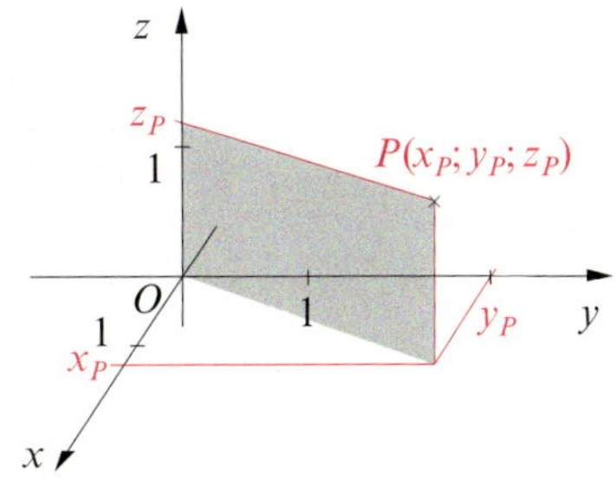

Polarkoordinaten

Koordinaten eines Punktes in einer Ebene

$P(r;\, \varphi)$ mit $0 < r < \infty$ und $0 \le \varphi < 360°$

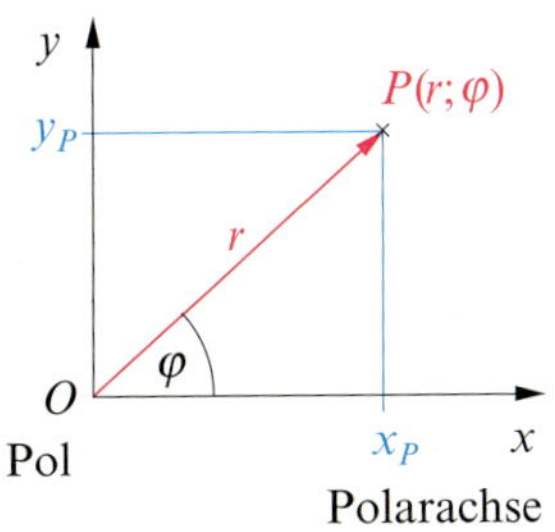

Zur Umrechnung von kartesischen Koordinaten in Polarkoordinaten gilt:

$x = r \cdot \cos\varphi$
$y = r \cdot \sin\varphi$ $\qquad r = \sqrt{x^2 + y^2}$

Koordinaten eines Punktes im Raum

$P(r;\, \lambda;\, \varphi)$ mit $0 < r < \infty$; $-180° \le \lambda < 180°$; $-90° < \varphi < 90°$

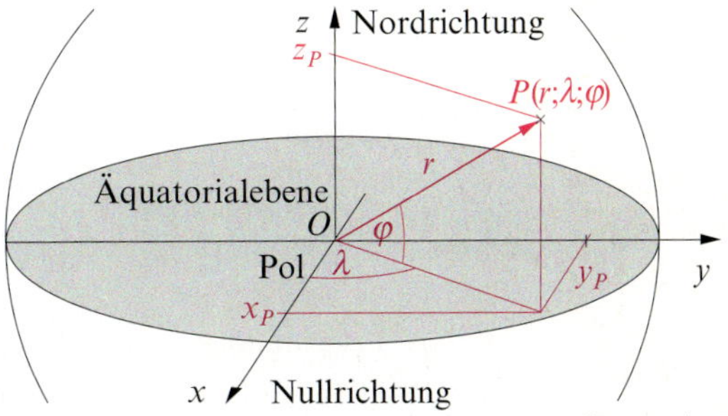

Zur Umrechnung von kartesischen Koordinaten in Polarkoordinaten gilt:

$x = r \cdot \cos\varphi \cos\lambda$
$y = r \cdot \sin\lambda \cos\varphi$ $\qquad r = \sqrt{x^2 + y^2 + z^2}$
$z = r \cdot \sin\varphi$

Transformation eines kartesischen Koordinatensystems in der Ebene

Wenn x, y die Koordinaten eines Punktes P im x, y-Koordinatensystem mit dem Ursprung O sind und x', y' die Koordinaten von P in Bezug auf das x', y'-Koordinatensystem mit dem Ursprung O', so gilt:

im Falle einer **Translation** mit $\overrightarrow{OO'}$ und $O'(c;\, d)$ bezüglich dem ersten System:

$x = x' + c$, $y = y' + d$ bzw. $x' = x - c$, $y' = y - d$

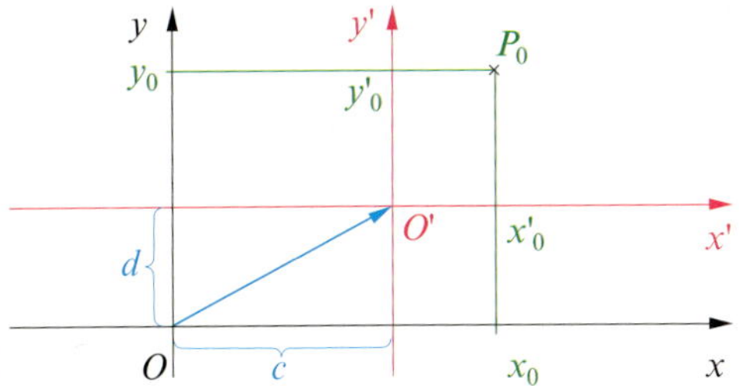

im Falle einer **Rotation** mit $O = O'$ und dem Drehwinkel $\sphericalangle(x, x') = \alpha$:

$x = x' \cdot \cos\alpha - y' \cdot \sin\alpha$, $y = x' \cdot \sin\alpha + y' \cdot \cos\alpha$ bzw. $x' = x \cdot \cos\alpha + y \cdot \sin\alpha$, $y' = (-x) \cdot \sin\alpha + y \cdot \cos\alpha$

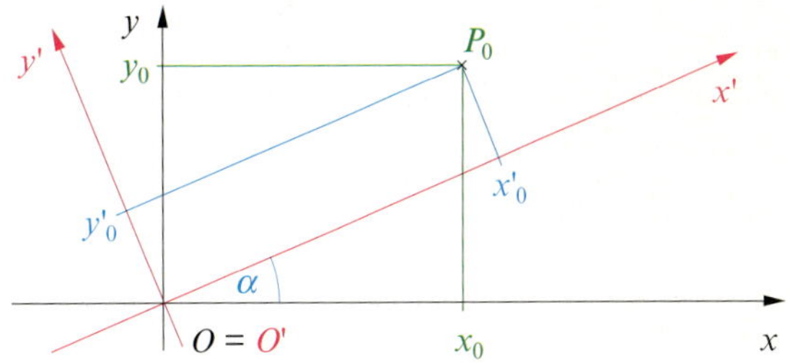

Stochastik

Kombinatorik

Potenzen von Binomen	Wenn $a, b \in \mathbb{R}$ und $n \in \mathbb{N}$, so gilt: $(a \pm b)^0 = 1$ $(a \pm b)^1 = a \pm b$ $(a \pm b)^2 = a^2 \pm 2ab + b^2$ $(a \pm b)^3 = a^3 \pm 3a^2b + 3ab^2 \pm b^3$ $(a \pm b)^4 = a^4 \pm 4a^3b + 6a^2b^2 \pm 4ab^3 + b^4$ $(a \pm b)^5 = a^5 \pm 5a^4b + 10a^3b^2 \pm 10a^2b^3 + 5ab^4 \pm b^5$ Pascal'sches Dreieck 1 1 1 1 2 1 1 3 3 1 1 4 6 4 1 1 5 10 10 5 1
Binomial-koeffizienten	$\binom{n}{k} = \frac{n(n-1)\ldots[n-(k-1)]}{k!} = \frac{n!}{k!\,(n-k)!}$ $(n, k \in \mathbb{N};\ 0 < k \leq n)$; $\binom{n}{0} = 1$ $\binom{n}{k} = \binom{n}{n-k}$; $\binom{n}{k} + \binom{n}{k+1} = \binom{n+1}{k+1}$
Binomischer Satz	$(a+b)^n = \binom{n}{0}a^n + \binom{n}{1}a^{n-1}b + \binom{n}{2}a^{n-2}b^2 + \ldots + \binom{n}{n-1}ab^{n-1} + \binom{n}{n}b^n = \sum\limits_{k=0}^{n}\binom{n}{k}a^{n-k}b^k$
Fakultät	$a! = 1 \cdot 2 \cdot 3 \cdot 4 \cdot \ldots \cdot (a-1) \cdot a$ $(a \in \mathbb{N}, a \geq 2)$; $0! = 1$; $1! = 1$; $(a+1)! = a!\,(a+1)$
Permutationen	Ist eine Menge mit n Elementen gegeben, so bezeichnet man die möglichen Anordnungen aller dieser n Elemente als Permutationen. Anzahl der Permutationen, wenn die n Elemente untereinander verschieden sind: $n!$ Anzahl der Permutationen, wenn es unter den n Elementen $r, s, \ldots, t$ gleiche Elemente gibt: $\frac{n!}{r! \cdot s! \cdot \ldots \cdot t!}$
Variationen	Ist eine Menge mit n verschiedenen Elementen gegeben, so bezeichnet man die möglichen Anordnungen aus je k Elementen dieser Menge in jeder möglichen Reihenfolge als Variationen (Variationen von n Elementen zur k-ten Klasse). Anzahl der Variationen aus je k Elementen, wenn jedes Element in einer Variation jeweils nur einmal vorkommen kann (Anzahl der Variationen ohne Zurücklegen der Elemente): $\frac{n!}{(n-k)!}$ Anzahl der Variationen aus je k Elementen, wenn jedes Element in einer Variation beliebig oft vorkommen kann (Anzahl der Variationen mit Zurücklegen der Elemente): n^k
Kombinationen	Ist eine Menge mit n verschiedenen Elementen gegeben, so bezeichnet man die möglichen Anordnungen aus je k Elementen dieser Menge ohne Berücksichtigung ihrer Reihenfolge als Kombinationen. Variationen sind also Kombinationen mit Berücksichtigung der Reihenfolge der Elemente. (Kombinationen von n Elementen zur k-ten Klasse) Anzahl der Kombinationen aus je k Elementen, wenn jedes Element in einer Kombination jeweils nur einmal vorkommen kann: $\binom{n}{k}$ bzw. $\frac{n!}{k!\,(n-k)!}$ Anzahl der Kombinationen aus je k Elementen, wenn jedes Element in einer Kombination beliebig oft vorkommen kann: $\binom{n+k-1}{k}$

Grundbegriffe der Stochastik

Ergebnisse/ Ereignisse	Ein **Vorgang mit zufälligem Ergebnis** (ein Zufallsversuch) hat mehrere mögliche Ergebnisse, von denen nicht vorausgesagt werden kann, welches eintritt. Die Menge aller möglichen Ergebnisse ist die **Ergebnismenge Ω**. Jede Teilmenge A von Ω heißt ein zu diesem Zufallsversuch gehörendes **Ereignis** ($A \subseteq \Omega$). Das Ereignis A tritt ein, wenn bei dem Zufallsversuch ein Ergebnis aus A eintritt. Das **Gegenereignis $\bar{A}$** zu einem Ereignis A ist die Menge aller Ergebnisse, die nicht zu A gehören. **Sicheres Ereignis:** Alle möglichen Ergebnisse sind günstig für das Ereignis. **Unmögliches Ereignis:** Keines der möglichen Ergebnisse ist günstig für das Ereignis.	
Absolute Häufigkeit	Anzahl des Auftretens des Ergebnisses x_i bei n Beobachtungen des Zufallsversuches bzw. bei der Überprüfung einer Stichprobe vom Umfang n:	$H_n(x_i)$
Relative Häufigkeit	Relative Häufigkeit des Ergebnisses x_i bei n Beobachtungen eines Zufallsversuches (bei einer Stichprobe vom Umfang n): Relative Häufigkeit des Ereignisses A bei n Beobachtungen eines Zufallsversuches (bei einer Stichprobe vom Umfang n), wobei insgesamt k-mal für das Ereignis A günstige Ergebnisse aufgetreten sind:	$h_n(x_i) = \frac{H_n(x_i)}{n}$ $h_n(A) = \frac{k}{n}$
	Die relative Häufigkeit des Ereignisses A ist gleich der Summe der relativen Häufigkeiten der Ergebnisse, die für das Ereignis A günstig sind. Für $A = \{x_1, x_2, \ldots, x_r\}$ gilt: $h_n(A) = h_n(x_1) + h_n(x_2) + \ldots + h_n(x_r)$	
Wahrscheinlichkeit	Die beobachtete relative Häufigkeit $h_n(A)$ des Eintretens von A nähert sich mit wachsender Beobachtungszahl n dem stabilen Wert $P(A)$, der **Wahrscheinlichkeit des Ereignisses**. *Grundeigenschaften:* Es gilt $0 \le P(A) \le 1$ und ferner ist: $P(A) = P(x_1) + P(x_2) + \ldots + P(x_r)$, falls $A = \{x_1, x_2, \ldots, x_r\}$ $P(\Omega) = 1$ Wahrscheinlichkeit des sicheren Ereignisses Ω (Axiomensystem von Kolmogorow) $P(\emptyset) = 0$ Wahrscheinlichkeit des unmöglichen Ereignisses $\emptyset$ $P(\bar{A}) = 1 - P(A)$ Wahrscheinlichkeit des zu A entgegengesetzten Ereignisses $\bar{A}$ **Laplace-Wahrscheinlichkeit (klassische Wahrscheinlichkeit)**: Sind alle Ergebnisse bei einem Vorgang mit zufälligem Ergebnis gleich wahrscheinlich, so gilt: $P(A) = \frac{\text{Anzahl der für } A \text{ günstigen Ergebnisse}}{\text{Anzahl der möglichen Ergebnisse}}$	

Kenngrößen der Häufigkeitsverteilung einer Datenreihe

Arithmetisches Mittel $\bar{x}$ (↗ Seite 8)	Berechnung von $\bar{x}$ aus der Summe aller Ergebnisse $x_1, x_2, \ldots, x_n$:	$\bar{x} = \frac{x_1 + x_2 + \ldots + x_n}{n}$
	Treten bei den n Ergebnissen r verschiedene Ergebnisse auf, so berechnet man $\bar{x}$ unter Hinzuziehung • der absoluten Häufigkeiten der Ergebnisse:	$\bar{x} = \frac{x_1 \cdot H_n(x_1) + x_2 \cdot H_n(x_2) + \ldots + x_r \cdot H_n(x_r)}{n}$
	• der relativen Häufigkeiten der Ergebnisse:	$\bar{x} = x_1 \cdot h_n(x_1) + x_2 \cdot h_n(x_2) + \ldots + x_r \cdot h_n(x_r)$
Zentralwert $\tilde{x}$ (Median)	$\tilde{x}$ halbiert die der Größe nach geordnete Datenreihe. Für $2n + 1$ Daten ist es der $(n + 1)$-te Wert, für $2n$ Daten ist es das arithmetische Mittel aus n-tem und $(n + 1)$-tem Wert.	
Modalwert m	m ist der am häufigsten beobachtete Wert. (Eine Datenreihe kann mehrere Modalwerte haben.)	

Kenngrößen zur Charakterisierung der Streuung

Spannweite d	d ist die Differenz zwischen dem größten und dem kleinsten Wert einer Datenreihe:	$d = x_{\max} - x_{\min}$
Halbweite H	H ist die Differenz zwischen dem oberen Viertelwert $x_{3/4}$ und dem unteren Viertelwert $x_{1/4}$ einer Datenreihe: (Der Viertelwert $x_{1/4}$ halbiert die untere Hälfte der Datenreihe, $x_{3/4}$ halbiert die obere Hälfte der Datenreihe.)	$H = x_{3/4} - x_{1/4}$
Mittlere quadratische Abweichung (empirische Varianz) s^2	s^2 ist ein Maß für die Streuung der Beobachtungswerte um den Mittelwert $\bar{x}$. Berechnung der mittleren quadratischen Abweichung der Beobachtungswerte vom Mittelwert $\bar{x}$ der Beobachtungswerte • unter Hinzuziehung der absoluten Häufigkeiten $H_n(x_1), H_n(x_2), \ldots, H_n(x_r)$: $s^2 = \frac{(x_1 - \bar{x})^2 \cdot H_n(x_1) + (x_2 - \bar{x})^2 \cdot H_n(x_2) + \ldots + (x_r - \bar{x})^2 \cdot H_n(x_r)}{n}$ • unter Hinzuziehung der relativen Häufigkeiten $h_n(x_1), h_n(x_2), \ldots, h_n(x_r)$: $s^2 = (x_1 - \bar{x})^2 \cdot h_n(x_1) + (x_2 - \bar{x})^2 \cdot h_n(x_2) + \ldots + (x_r - \bar{x})^2 \cdot h_n(x_r) = \sum_{i=1}^{r} (x_i - \bar{x})^2 \cdot h_n(x_i)$	
Standardabweichung s	Ein weiteres Maß für die Streuung um den Mittelwert $\bar{x}$ ist die Standardabweichung s: $s = \sqrt{s^2} = \sqrt{(x_1 - \bar{x})^2 \cdot h_n(x_1) + (x_2 - \bar{x})^2 \cdot h_n(x_2) + \ldots + (x_r - \bar{x})^2 \cdot h_n(x_r)}$	
Regressionsgerade (Ausgleichsgerade)	$y = \frac{s_{xy}}{s_x^2}(x - \bar{x}) + \bar{y}$ (Ausgleichsgerade für die Messpunkte $(x_1; y_1), (x_2; y_2), \ldots, (x_n; y_n)$) Dabei gelten: $s_{xy} = \frac{1}{n} \cdot [(y_1 - \bar{y})(x_1 - \bar{x}) + (y_2 - \bar{y})(x_2 - \bar{x}) + \ldots + (y_n - \bar{y})(x_n - \bar{x})]$ und $s_x^2 = \frac{1}{n} \cdot [(x_1 - \bar{x})^2 + (x_2 - \bar{x})^2 + \ldots + (x_n - \bar{x})^2]$. 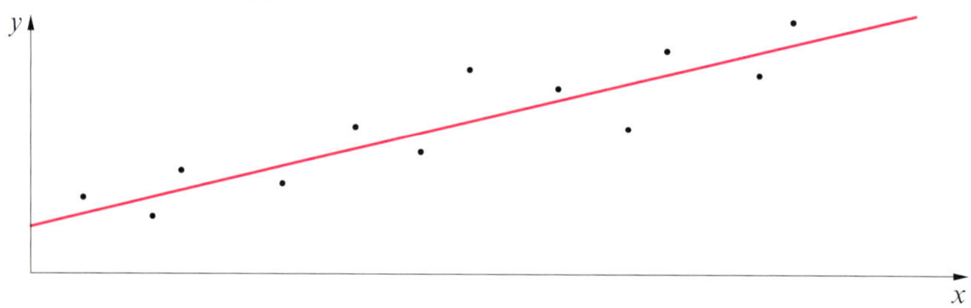	
Korrelationskoeffizient r_{xy}	$r_{xy} := \frac{s_{xy}}{s_x s_y} = \frac{(x_1 - \bar{x})(y_1 - \bar{y}) + (x_2 - \bar{x})(y_2 - \bar{y}) + \ldots + (x_n - \bar{x})(y_n - \bar{y})}{\sqrt{(x_1 - \bar{x})^2 + (x_2 - \bar{x})^2 + \ldots + (x_n - \bar{x})^2} \cdot \sqrt{(y_1 - \bar{y})^2 + (y_2 - \bar{y})^2 + \ldots + (y_n - \bar{y})^2}}$	

Mehrstufige Zufallsversuche

1. Pfadregel	**Produktregel:** Die Wahrscheinlichkeit eines Ergebnisses ist gleich dem Produkt der Wahrscheinlichkeiten entlang des jeweiligen Pfades im Baumdiagramm. (Im Bild gilt: $P(AD) = p_1 \cdot p_4$)	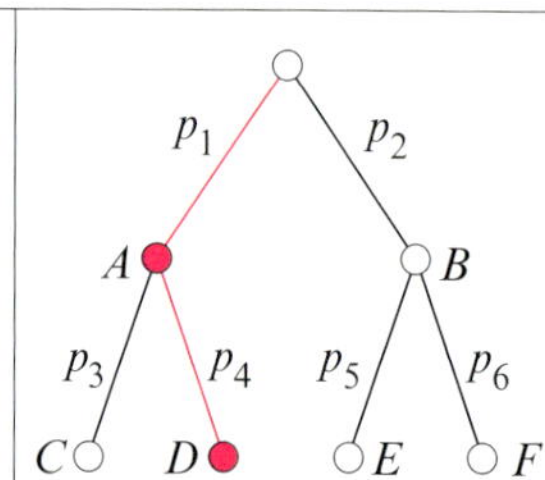
2. Pfadregel	**Summenregel:** Die Wahrscheinlichkeit eines Ereignisses ist gleich der Summe der Wahrscheinlichkeiten aller der Pfade, die für dieses Ereignis günstig sind.	

Rechnen mit Wahrscheinlichkeiten

<table>
<tr><td>Additionssatz</td><td>Für die Wahrscheinlichkeit des Eintretens des Ereignisses A oder des Ereignisses B gilt:
$P(A \cup B) = P(A) + P(B) - P(A \cap B)$

Falls A und B unvereinbar sind, gilt:
$P(A \cup B) = P(A) + P(B)$</td></tr>
<tr><td>Bedingte Wahrscheinlichkeit</td><td>Für die Wahrscheinlichkeit des Eintretens von A unter der Bedingung, dass das Ereignis B eingetreten ist, gilt:
$P(A \mid B) = \frac{P(A \cap B)}{P(B)}$

Diese Wahrscheinlichkeiten kann man übersichtlich in einer Vier-Felder-Tafel darstellen:
<table>
<tr><td></td><td>A</td><td>$\bar{A}$</td><td>Summen</td></tr>
<tr><td>B</td><td>$P(A \cap B)$</td><td>$P(\bar{A} \cap B)$</td><td>$P(B)$</td></tr>
<tr><td>$\bar{B}$</td><td>$P(A \cap \bar{B})$</td><td>$P(\bar{A} \cap \bar{B})$</td><td>$P(\bar{B})$</td></tr>
<tr><td>Summen</td><td>$P(A)$</td><td>$P(\bar{A})$</td><td>$P(\Omega) = 1$</td></tr>
</table></td></tr>
<tr><td>Multiplikationssatz</td><td>Für die Wahrscheinlichkeit des Eintretens sowohl des Ereignisses A als auch des Ereignisses B gilt:
$P(A \cap B) = P(A) \cdot P(B \mid A) = P(B) \cdot P(A \mid B)$

Allgemein gilt für die Ereignisse $A_1, A_2, \ldots, A_n$:
$P(A_1 \cap A_2 \cap \ldots \cap A_n) = P(A_1) \cdot P(A_2 \mid A_1) \cdot P(A_3 \mid A_1 \cap A_2) \cdot \ldots \cdot P(A_n \mid A_1 \cap A_2 \cap \ldots \cap A_{n-1})$</td></tr>
<tr><td>Unabhängigkeit</td><td>A und B heißen voneinander unabhängig genau dann, wenn gilt:
$P(A \cap B) = P(A) \cdot P(B)$

Für voneinander unabhängige Ereignisse $A_1, A_2, \ldots, A_n$ gilt:
$P(A_1 \cap A_2 \cap \ldots \cap A_n) = P(A_1) \cdot P(A_2) \cdot \ldots \cdot P(A_n)$</td></tr>
<tr><td>Formel für die totale Wahrscheinlichkeit</td><td>Bilden die Ereignisse B_1 und B_2 eine Zerlegung, d. h. gilt $B_1 \cup B_2 = \Omega$ und $B_1 \cap B_2 = \emptyset$, so gilt für jedes Ereignis A die Formel $P(A) = P(A \mid B_1) \cdot P(B_1) + P(A \mid B_2) \cdot P(B_2)$.

Allgemein gilt für jedes Ereignis A im Falle einer Zerlegung von Ω in die Ereignisse $B_1, B_2, \ldots, B_n$, also mit $B_1 \cup B_2 \cup \ldots \cup B_n = \Omega$ und $B_i \cap B_j = \emptyset$ für $i \neq j$, die Formel $P(A) = P(A \mid B_1) \cdot P(B_1) + P(A \mid B_2) \cdot P(B_2) + \ldots + P(A \mid B_n) \cdot P(B_n)$.

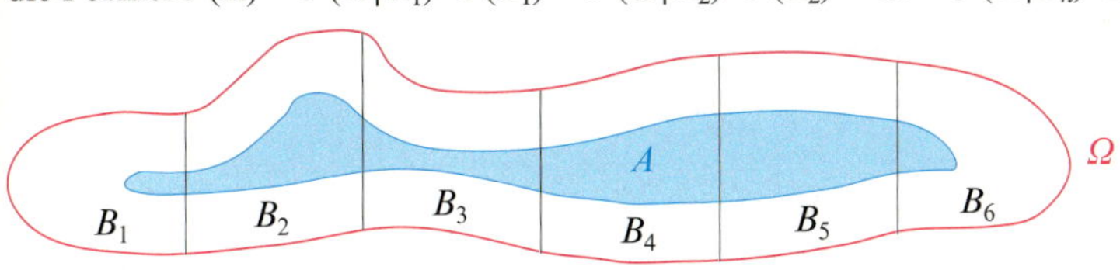
</td></tr>
<tr><td>Bayes'sche Formel</td><td>Bilden die Ereignisse B_1 und B_2 eine Zerlegung, gilt also $B_1 \cup B_2 = \Omega$ und $B_1 \cap B_2 = \emptyset$, und ist A ein Ereignis mit $P(A) > 0$, so gilt
$P(B_1 \mid A) = \frac{P(A \mid B_1) \cdot P(B_1)}{P(A \mid B_1) \cdot P(B_1) + P(A \mid B_2) \cdot P(B_2)}$ und
$P(B_2 \mid A) = \frac{P(A \mid B_2) \cdot P(B_2)}{P(A \mid B_1) \cdot P(B_1) + P(A \mid B_2) \cdot P(B_2)}$.

Allgemein gilt für jedes Ereignis A mit $P(A) > 0$ im Falle einer Zerlegung von Ω in die Ereignisse $B_1, B_2, \ldots, B_n$, also mit $B_1 \cup B_2 \cup \ldots \cup B_n = \Omega$ und $B_i \cap B_j = \emptyset$ für $i \neq j$ und alle $k = 1, 2, \ldots, n$ die Formel
$P(B_k \mid A) = \frac{P(A \mid B_k) \cdot P(B_k)}{P(A \mid B_1) \cdot P(B_1) + P(A \mid B_2) \cdot P(B_2) + \ldots + P(A \mid B_n) \cdot P(B_n)}$.</td></tr>
</table>

Zufallsgrößen und ihre Wahrscheinlichkeitsverteilung

Wahrscheinlichkeitsverteilung einer diskreten Zufallsgröße X	Es seien x_i ($i = 1, 2, 3, \ldots, k$) die Werte, die eine diskrete Zufallsgröße X annehmen kann und p_i die zugeordneten Wahrscheinlichkeiten für das Eintreten der x_i. Es ist $E(X) = \sum_{i=1}^{k} x_i \cdot p_i = \mu$ der **Erwartungswert** (Mittelwert) der Zufallsgröße X, $V(X) = \sum_{i=1}^{k} (x_i - \mu)^2 \cdot p_i$ die **Varianz** der Zufallsgröße X und $\sigma(X) = \sqrt{V(X)}$ die **Standardabweichung** von X.
Bernoulli-Versuch	Ein **Bernoulli-Versuch** ist ein Zufallsversuch, bei dem man sich nur dafür interessiert, ob ein bestimmtes Ereignis eintritt oder nicht. Eine **Bernoulli-Kette** ist eine Serie unabhängiger Bernoulli-Versuche. Wenn p die Wahrscheinlichkeit für das Eintreten eines bestimmten Ereignisses (Treffer) ist und der Zufallsversuch n-mal wiederholt wird, dann gilt: • Die Wahrscheinlichkeit für genau k Treffer ist: $P(X = k) = \binom{n}{k} p^k \cdot (1 - p)^{n-k}$ • Die Wahrscheinlichkeit für mindestens einen Treffer ist: $P(X \geq 1) = 1 - (1 - p)^n$ • Soll die Wahrscheinlichkeit für mindestens einen Treffer größer oder gleich a ($0 < a < 1$) sein, so gilt für die Länge n der Kette: $n \geq \frac{\ln(1 - a)}{\ln(1 - p)}$
Binomialverteilung	Eine Zufallsgröße heißt **binomialverteilt** mit den Parametern n und p, wenn für alle k ($k = 0, 1, \ldots, n$) gilt: $P(X = k) = \binom{n}{k} p^k \cdot (1 - p)^{n-k}$ Erwartungswert $E(X) = n \cdot p$ Varianz $V(X) = n \cdot p \cdot (1 - p)$ Standardabweichung $\sigma(X) = \sqrt{n \cdot p \cdot (1 - p)}$

Gestalt der Binomialverteilung in Abhängigkeit von den Parametern n und p (P_k steht für $P(X = k)$)

n fest, p ändert sich: $p_1 < p_2 < p_3$	p fest, n ändert sich: $n_1 < n_2 < n_3$

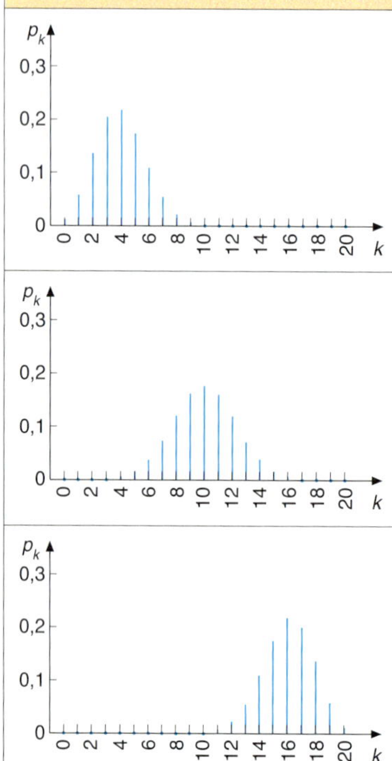

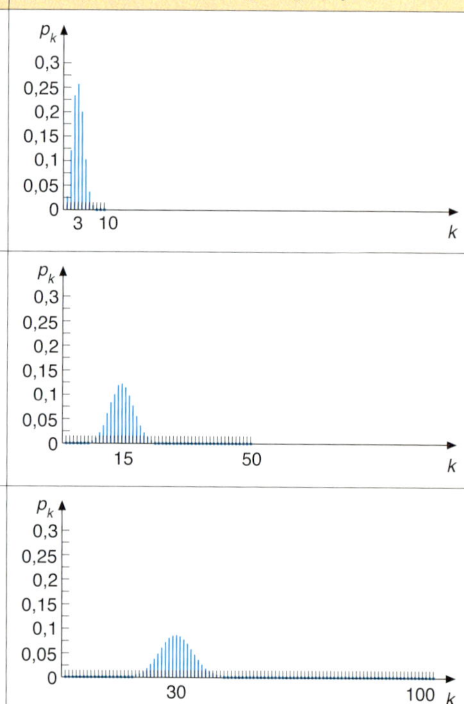

Summierte Binomialverteilung (*n* = 12, 14, 16, 18)

$$P(X \leq k) = \sum_{i=0}^{k} \binom{n}{i} p^i \cdot (1-p)^{n-i}$$

n	k	p	0,02	0,03	0,04	0,05	0,10	1/6	0,20	0,30	2/3	0,40	0,50	k	n
	0		0,7847	6938	6127	5404	2824	1122	0687	0138	0077	0022	0002	11	
	1		9769	9514	9191	8816	6590	3813	2749	0850	0540	0196	0032	10	
	2		9985	9952	9893	9804	8891	6774	5583	2528	1811	0834	0193	9	
	3		9999	9997	9990	9978	9744	8748	7946	4925	3931	2253	0730	8	
	4				9999	9998	9957	9637	9274	7237	6315	4382	1938	7	
12	5						9995	9921	9806	8822	8223	6652	3872	6	
	6						9999	9987	9961	9614	9336	8418	6128	5	12
	7							9998	9994	9905	9812	9427	8062	4	
	8								9999	9983	9961	9847	9270	3	
	9									9998	9995	9972	9807	2	
	10											9997	9968	1	
	11												9998	0	
	0		0,7536	6528	5647	4877	2288	0779	0440	0068	0034	0008	0001	13	
	1		9690	9355	8941	8470	5846	2960	1979	0475	0274	0081	0009	12	
	2		9975	9923	9833	9699	8416	5795	4481	1608	1053	0398	0065	11	
	3		9999	9994	9981	9958	9559	8063	6982	3552	2612	1243	0287	10	
	4				9998	9996	9908	9310	8702	5842	4755	2793	0898	9	
	5						9985	9809	9561	7805	6898	4859	2120	8	
14	6						9998	9959	9884	9067	8505	6925	3953	7	
	7							9993	9976	9685	9424	8499	6047	6	14
	8							9999	9996	9917	9826	9417	7880	5	
	9									9983	9960	9825	9102	4	
	10									9998	9993	9961	9713	3	
	11										9999	9994	9935	3	
	12											9999	9991	1	
	13												9999	0	
	0		0,7238	6143	5204	4401	1853	0541	0281	0033	0015	0003	0000	15	
	1		9601	9182	8673	8108	5147	2272	1407	0261	0137	0033	0003	14	
	2		9963	9887	9758	9571	7892	4868	3518	0994	0594	0183	0021	13	
	3		9998	9989	9968	9930	9316	7291	5981	2459	1659	0651	0106	12	
	4			9999	9997	9991	9830	8866	7982	4499	3391	1666	0384	11	
	5					9999	9967	9622	9183	6598	5469	3288	1051	10	
	6						9995	9899	9733	8247	7374	5272	2272	9	
	7						9999	9979	9930	9256	8735	7161	4018	8	
16	8							9996	9985	9743	9500	8577	5982	7	16
	9								9998	9929	9841	9417	7728	6	
	10									9984	9960	9809	8949	5	
	11									9997	9992	9951	9616	4	
	12										9999	9991	9894	3	
	13											9999	9979	2	
	14												9997	1	
	15													0	
	0		0,6951	5780	4796	3972	1501	0376	0180	0016	0007	0001	0000	17	
	1		9505	8997	8393	7735	4503	1728	0991	0142	0068	0013	0001	16	
	2		9948	9843	9667	9419	7338	4027	2713	0600	0326	0082	0007	15	
	3		9996	9982	9950	9891	9018	6479	5010	1646	1017	0328	0038	14	
	4			9998	9994	9985	9718	8318	7164	3327	2311	0942	0154	13	
	5				9999	9998	9936	9347	8671	5344	4122	2088	0481	12	
	6						9988	9794	9487	7217	6085	3743	1189	11	
	7						9998	9947	9837	8593	7767	5634	2403	10	
18	8							9989	9957	9404	8924	7368	4073	9	18
	9							9998	9991	9790	9567	8653	5927	8	
	10								9998	9939	9856	9424	7597	7	
	11									9986	9961	9797	8811	6	
	12									9997	9991	9943	9519	5	
	13										9999	9987	9846	4	
	14											9998	9962	3	
	15												9993	2	
	16												9999	1	
n	k	p	0,98	0,97	0,96	0,95	0,90	5/6	0,80	0,70	2/3	0,60	0,50	k	n

Alle freien Plätze dieser Seite würden durch das Runden auf 4 Dezimalen den Wert 1,0000 enthalten.

Beachte! Wenn Werte über den zweiten, gelb unterlegten Eingang der Tabelle abgelesen werden sollen, d. h. $p \geq 0{,}5$, muss die Differenz 1 – (abgelesener Wert) ermittelt werden.
Beispiel: $n = 12$; $k = 9$; $p = 0{,}95$: $P(X \leq 9) = 1{,}0000 - 0{,}9804 = 0{,}0196$

Wertetafel zur Binomialverteilung (n = 25, 50) $P(X = k) = \binom{n}{k} p^k \cdot (1 - p)^{n-k}$

n	k	p 0,02	0,03	0,04	0,05	0,10	1/6	0,20	0,30	2/3	0,40	0,50	k	n
25	0	0,6034	4670	3604	2774	0718	0105	0038	0001	0000			25	25
	1	3079	3611	3754	3650	1994	0524	0236	0014	0005	0000		24	
	2	0754	1340	1877	2305	2659	1258	0708	0074	0030	0004	0000	23	
	3	0118	0318	0600	0930	2265	1929	1358	0243	0114	0019	0001	22	
	4	0013	0054	0137	0269	1384	2122	1867	0572	0313	0071	0004	21	
	5	0001	0007	0024	0060	0646	1782	1960	1030	0658	0199	0016	20	
	6	0000	0001	0003	0010	0239	1188	1633	1472	1096	0442	0053	19	
	7		0000	0000	0001	0072	0645	1108	1712	1487	0800	0143	18	
	8				0000	0018	0290	0623	1651	1673	1200	0322	17	
	9					0004	0110	0294	1336	1580	1511	0609	16	
	10					0001	0035	0118	0916	1264	1612	0974	15	
	11					0000	0010	0040	0536	0862	1465	1328	14	
	12						0002	0012	0268	0503	1140	1550	13	
	13						0000	0003	0115	0251	0760	1550	12	
	14							0001	0042	0108	0434	1328	11	
	15							0000	0013	0040	0212	0974	10	
	16								0004	0012	0088	0609	9	
	17								0001	0003	0031	0322	8	
	18								0000	0001	0009	0143	7	
	19									0000	0002	0053	6	
	20										0000	0016	5	
	21											0004	4	
	22											0001	3	
	23											0000	2	
50	0	0,3642	2181	1299	0769	0052	0001	0000					50	50
	1	3716	3372	2706	2025	0286	0011	0002					49	
	2	1858	2555	2762	2611	0779	0054	0011					48	
	3	0607	1264	1842	2199	1386	0172	0044	0000				47	
	4	0145	0459	0902	1360	1809	0405	0128	0001	0000			46	
	5	0027	0131	0346	0658	1849	0745	0295	0006	0001			45	
	6	0004	0030	0108	0260	1541	1118	0554	0018	0004			44	
	7	0001	0006	0028	0086	1076	1405	0870	0048	0012	0000		43	
	8	0000	0001	0006	0024	0643	1510	1169	0110	0033	0002		42	
	9		0000	0001	0006	0333	1410	1364	0220	0077	0005		41	
	10			0000	0001	0152	1156	1398	0386	0157	0014		40	
	11				0000	0061	0841	1271	0602	0286	0035	0000	39	
	12					0022	0546	1033	0838	0465	0076	0001	38	
	13					0007	0319	0755	1050	0679	0147	0003	37	
	14					0002	0169	0499	1189	0898	0260	0008	36	
	15					0001	0081	0299	1223	1077	0415	0020	35	
	16					0000	0035	0164	1147	1178	0606	0044	34	
	17						0014	0082	0983	1178	0808	0087	33	
	18						0005	0037	0772	1080	0987	0160	32	
	19						0002	0016	0558	0910	1109	0270	31	
	20						0001	0006	0370	0705	1146	0419	30	
	21						0000	0002	0227	0503	1091	0598	29	
	22							0001	0128	0332	0959	0788	28	
	23							0000	0067	0202	0778	0960	27	
	24								0032	0114	0584	1080	26	
	25								0014	0059	0405	1123	25	
	26								0006	0028	0259	1080	24	
	27								0002	0013	0154	0960	23	
	28								0001	0005	0084	0788	22	
	29								0000	0002	0043	0598	21	
	30									0001	0020	0419	20	
	31									0000	0009	0270	19	
	32										0003	0160	18	
	33										0001	0087	17	
	34										0000	0044	16	
	35											0020	15	
	36											0008	14	
	37											0003	13	
	38											0001	12	
	39											0000	11	
n	k	p 0,98	0,97	0,96	0,95	0,90	5/6	0,80	0,70	2/3	0,60	0,50	k	n

Summierte Binomialverteilung (n = 25, 50)

$$P(X \le k) = \sum_{i=0}^{k} \binom{n}{i} p^i \cdot (1-p)^{n-i}$$

n	k	p	0,02	0,03	0,04	0,05	0,10	1/6	0,20	0,30	1/3	0,40	0,50	k	n
25	0		0,6034	4670	3604	2774	0718	0105	0038	0001	0000	0000		24	25
	1		9114	8280	7358	6424	2712	0629	0274	0016	0005	0001		23	
	2		9868	9620	9235	8729	5371	1887	0982	0090	0035	0004	0000	22	
	3		9986	9938	9835	9659	7636	3816	2340	0332	0149	0024	0001	21	
	4		9999	9992	9972	9928	9020	5937	4207	0905	0462	0095	0005	20	
	5			9999	9996	9988	9666	7720	6167	1935	1120	0294	0020	19	
	6					9998	9905	8908	7800	3407	2215	0736	0073	18	
	7						9977	9553	8909	5118	3703	1536	0216	17	
	8						9995	9843	9532	6769	5376	2735	0539	16	
	9						9999	9953	9827	8106	6956	4246	1148	15	
	10							9988	9944	9022	8220	5858	2122	14	
	11							9997	9985	9558	9082	7323	3450	13	
	12							9999	9996	9825	9585	8462	5000	12	
	13								9999	9940	9836	9222	6550	11	
	14									9982	9944	9656	7878	10	
	15									9995	9984	9868	8852	9	
	16									9999	9996	9957	9461	8	
	17										9999	9988	9784	7	
	18											9997	9927	6	
	19											9999	9980	5	
	20												9995	4	
	21												9999	3	
50	0		0,3642	2181	1299	0769	0052	0001	0000					49	50
	1		7358	5553	4005	2794	0338	0012	0002					48	
	2		9216	8108	6767	5405	1117	0066	0013					47	
	3		9822	9372	8609	7604	2503	0238	0057	0000				46	
	4		9968	9832	9510	8964	4312	0643	0185	0002	0000			45	
	5		9995	9963	9856	9622	6161	1388	0480	0007	0001			44	
	6		9999	9993	9964	9882	7702	2506	1034	0025	0005			43	
	7			9999	9992	9968	8779	3911	1904	0073	0017	0000		42	
	8				9999	9992	9421	5421	3073	0183	0050	0002		41	
	9					9998	9755	6830	4437	0402	0127	0008		40	
	10						9906	7986	5836	0789	0284	0022		39	
	11						9968	8827	7107	1390	0570	0057	0000	38	
	12						9990	9373	8139	2229	1035	0133	0002	37	
	13						9997	9693	8894	3279	1715	0280	0005	36	
	14						9999	9862	9393	4468	2612	0540	0013	35	
	15							9943	9692	5692	3690	0955	0033	34	
	16							9978	9856	6839	4868	1561	0077	33	
	17							9992	9937	7822	6046	2369	0164	32	
	18							9998	9975	8594	7126	3356	0325	31	
	19							9999	9991	9152	8036	4465	0595	30	
	20								9997	9522	8741	5610	1013	29	
	21								9999	9749	9244	6701	1611	28	
	22									9877	9576	7660	2399	27	
	23									9944	9778	8438	3359	26	
	24									9976	9892	9022	4439	25	
	25									9991	9951	9427	5561	24	
	26									9997	9979	9686	6641	23	
	27									9999	9992	9840	7601	22	
	28										9997	9924	8389	21	
	29										9999	9966	8987	20	
	30											9986	9405	19	
	31											9995	9675	18	
	32											9998	9836	17	
	33											9999	9923	16	
	34												9967	15	
	35												9987	14	
	36												9995	13	
	37												9998	12	
n	k	p	0,98	0,97	0,96	0,95	0,90	5/6	0,80	0,70	2/3	0,60	0,50	k	n

Alle freien Plätze dieser Seite, die unterhalb der Zahlenkolonnen liegen, würden durch das Runden auf 4 Dezimalen den Wert 1,0000 enthalten.

Beachte! Wenn Werte über den zweiten, gelb unterlegten Eingang der Tabelle abgelesen werden sollen, d. h. $p \ge 0{,}5$, muss die Differenz 1 – (abgelesener Wert) ermittelt werden.
Beispiel: $n = 50$; $k = 44$; $p = 0{,}97$: $P(X \le 44) = 1{,}0000 - 0{,}9963 = 0{,}0037$

Standardnormalverteilung

Die Binomialverteilung kann für große n durch die **Normalverteilung** angenähert werden. Wählt man dabei für die Parameter μ und σ^2 die Werte 0 bzw. 1, so nimmt die Dichtefunktion (↗ S. 39) folgende Gestalt an:

$$f(x) = \frac{1}{\sqrt{2\pi}}\, e^{-0{,}5x^2} \quad \text{mit} \quad x \in \mathbb{R} \;\text{ und }\; e \approx 2{,}7183$$

Zur Berechnung von Intervallwahrscheinlichkeiten wird das jeweilige Integral in den Grenzen des betrachteten Intervalls gebildet:

$$\Phi(x) = \frac{1}{\sqrt{2\pi}} \int_{-\infty}^{x} e^{-0{,}5t^2}\, dt$$

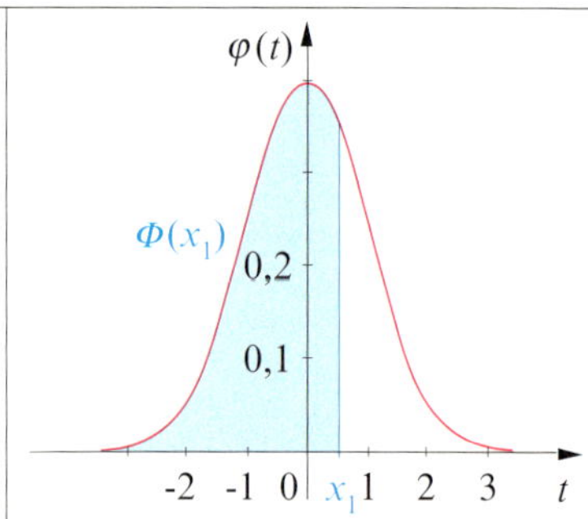

x	0	1	2	3	4	5	6	7	8	9
0,0	0,5000	5040	5080	5120	5160	5199	5239	5279	5319	5359
0,1	0,5398	5438	5478	5517	5557	5596	5636	5675	5714	5753
0,2	5793	5832	5871	5910	5948	5987	6026	6064	6103	6141
0,3	6179	6217	6255	6293	6331	6368	6406	6443	6480	6517
0,4	0,6554	6591	6628	6664	6700	6736	6772	6808	6844	6879
0,5	6915	6950	6985	7019	7054	7088	7123	7157	7190	7224
0,6	7257	7291	7324	7357	7389	7422	7454	7486	7517	7549
0,7	0,7580	7611	7642	7673	7703	7734	7764	7794	7823	7852
0,8	7881	7910	7939	7967	7995	8023	8051	8078	8106	8133
0,9	8159	8186	8212	8238	8264	8289	8315	8340	8365	8389
1,0	0,8413	8438	8461	8485	8508	8531	8554	8577	8599	8621
1,1	0,8643	8665	8686	8708	8729	8749	8770	8790	8810	8830
1,2	8849	8869	8888	8907	8925	8944	8962	8980	8997	9015
1,3	9032	9049	9066	9082	9099	9115	9131	9147	9162	9177
1,4	0,9192	9207	9222	9236	9251	9265	9279	9292	9306	9319
1,5	9332	9345	9357	9370	9382	9394	9406	9418	9429	9441
1,6	9452	9463	9474	9484	9495	9505	9515	9525	9535	9545
1,7	0,9554	9564	9573	9582	9591	9599	9608	9616	9625	9633
1,8	9641	9649	9656	9664	9671	9678	9686	9693	9699	9706
1,9	9713	9719	9726	9732	9738	9744	9750	9756	9761	9767
2,0	0,9772	9778	9783	9788	9793	9798	9803	9808	9812	9817
2,1	0,9821	9826	9830	9834	9838	9842	9846	9850	9854	9857
2,2	9861	9864	9868	9871	9875	9878	9881	9884	9887	9890
2,3	9893	9896	9898	9901	9904	9906	9909	9911	9913	9916
2,4	0,9918	9920	9922	9925	9927	9929	9931	9932	9934	9936
2,5	9938	9940	9941	9943	9945	9946	9948	9949	9951	9952
2,6	9953	9955	9956	9957	9959	9960	9961	9962	9963	9964
2,7	0,9965	9966	9967	9968	9969	9970	9971	9972	9973	9974
2,8	9974	9975	9976	9977	9977	9978	9979	9979	9980	9981
2,9	9981	9982	9982	9983	9984	9984	9985	9985	9986	9986
3,0	0,9987	9987	9987	9988	9988	9989	9989	9989	9990	9990
3,1	0,9990	9991	9991	9991	9992	9992	9992	9992	9993	9993
3,2	9993	9993	9994	9994	9994	9994	9994	9995	9995	9995
3,3	9995	9995	9996	9996	9996	9996	9996	9996	9996	9997
3,4	9997	9997	9997	9997	9997	9997	9997	9997	9997	9998

Beachte! $\Phi(-x) = 1 - \Phi(x)$
Beispiel: $\Phi(0{,}45) = 0{,}6736 \quad \Phi(-0{,}45) = 1 - 0{,}6736 = 0{,}3264$

Zufallsziffern

Zeile	Spalte 1	6	11	16	21	26	31	36	41	46
1	40653	82715	29835	27852	32191	08941	50090	61628	65483	68626
	20388	02169	45693	90569	04706	17889	05236	26044	69228	97623
	57375	04758	13200	06366	26794	80210	12428	97669	38347	14644
	29285	35386	06306	17756	01889	46567	63690	63322	01017	61988
	83962	35849	08903	05793	96942	95658	46987	27525	65613	52743
6	66069	77855	15735	32548	10974	45251	05650	48448	07123	91208
	88181	96842	04303	54328	24074	47946	86171	07035	01102	13039
	95048	96876	80669	11018	41785	59413	13462	77991	67173	67110
	54896	29949	98441	20674	21872	37943	19470	94930	49602	60368
	67330	86909	12329	30622	48336	40615	89047	01519	28522	10795
11	46523	20927	02553	56011	73696	58072	52382	93454	68062	04286
	02349	65756	96906	12472	63225	76378	70719	86979	79069	87335
	41171	30721	67419	01523	62544	90206	01661	40897	04276	12350
	47476	71046	59731	53044	38860	51080	25567	28590	42538	24039
	80949	37558	59607	86281	78195	34547	64538	55686	17243	14952
16	42544	61262	61917	67009	02129	53738	78084	39678	11714	75672
	78525	59155	17681	27377	53521	87219	21689	38698	36575	38855
	85123	05896	67580	83757	16462	97117	80214	35832	22654	97535
	55625	54556	34184	37696	49685	52220	12043	43907	34623	09100
	32886	56880	00664	92270	95370	68380	40080	88305	32970	27418
21	90245	78149	75928	56698	30673	17850	90999	83915	83790	51120
	95852	27875	23509	08221	78018	33343	78167	44176	43353	20759
	58523	59268	46692	65717	46108	43848	44345	02564	98770	04382
	02091	44328	69638	24757	07074	53044	55039	29285	06272	65713
	45386	46823	39271	56819	57679	82300	44452	38678	08782	40501
26	63403	45072	53838	64968	38927	58665	82977	45721	47508	16489
	91764	22041	14681	13412	90484	32597	61926	62937	70314	09562
	84775	96110	74931	78038	45171	77311	39051	50771	24411	05340
	00684	72931	20561	98505	85582	88178	13299	85881	93058	82880
	74419	83717	02176	91077	22202	26631	62100	41765	24536	24967
31	61317	29832	55744	31002	94051	95486	38471	01157	24471	78669
	41977	67597	56282	17431	57695	67395	68436	90916	09096	93813
	10214	70778	62085	37554	69699	89270	67972	60884	69308	57300
	59174	66491	35653	17796	86621	07090	80557	82156	68647	67575
	40972	92317	37287	92170	45520	85312	15886	00166	91310	20742
36	50859	98860	73847	93671	75457	84486	17553	24646	70496	92346
	80182	46662	49420	21032	31032	95462	29379	28618	60379	87240
	44530	85870	07606	76299	65612	23594	28940	64327	34674	12644
	13869	49069	45952	88431	20573	38782	45150	18252	50247	54242
	30038	56122	13554	03554	22104	47212	21491	45984	44902	53207
41	90616	89917	71773	64981	85522	23626	55851	57164	69873	23091
	41820	68749	22163	40313	09859	23212	06345	07204	57710	53547
	59653	83841	82064	76753	22364	96886	17853	00664	99338	92784
	70559	89219	44858	66573	97933	08784	49282	97784	31554	96917
	12222	04150	30928	08237	16014	68122	98054	95004	94713	41249
46	00862	80639	03290	48441	74768	40968	33732	59771	63843	69580
	28361	92650	64922	29306	59084	73676	64468	49862	91288	13219
	61043	46009	56209	12845	47235	75884	75720	57387	60512	35296
	11048	25187	58211	89139	05366	10889	47076	54450	77124	78444
	98629	82125	41154	99335	77586	16905	34048	38516	40653	30500

Analysis

Folgen und Reihen

Definition Folge	Eine reelle **Zahlenfolge** (a_n) besteht aus unendlich vielen reellen Zahlen $a_1, a_2, a_3, \ldots$, die in einer festen Reihenfolge angeordnet sind. Die Zahl a_1 steht an erster, die Zahl a_n an n-ter Stelle in der Reihenfolge der Folgenglieder.	
Partialsummenfolge	Werden aus den Gliedern einer Zahlenfolge (a_n) die Summen $s_1 = a_1$, $s_2 = a_1 + a_2$, … $s_n = a_1 + a_2 + \ldots + a_n = \sum_{k=1}^{n} a_k$ usw. gebildet, so entsteht eine neue Folge (s_n), die **Partialsummenfolge**.	
Definition Reihe	Die Partialsummenfolge (s_n) zu einer gegebenen Folge (a_n) heißt die zu (a_n) gehörende (unendliche) **Reihe**.	
Monotone Zahlenfolgen (a_n)	• monoton steigend (wachsend): • monoton fallend (abnehmend): • streng monoton steigend: • streng monoton fallend:	Für alle $n \in \mathbb{N}$ $(n > 0)$ gilt $a_{n+1} \geq a_n$. Für alle $n \in \mathbb{N}$ $(n > 0)$ gilt $a_{n+1} \leq a_n$. Für alle $n \in \mathbb{N}$ $(n > 0)$ gilt $a_{n+1} > a_n$. Für alle $n \in \mathbb{N}$ $(n > 0)$ gilt $a_{n+1} < a_n$.
Arithmetische Folge $(k = 1, 2, 3, \ldots)$	$(a_k) = (a_1;\ a_1 + d;\ \ldots;\ a_1 + (k-1)\,d, \ldots)$ $a_k = a_1 + (k-1)\,d;\quad a_{k+1} = a_k + d$	$s_n = \sum_{k=1}^{n} a_k = \frac{n}{2}(a_1 + a_n) = n \cdot a_1 + \frac{(n-1) \cdot n}{2} \cdot d$
Geometrische Folge $(k = 1, 2, 3, \ldots)$	$(a_k) = (a_1;\ a_1 q;\ a_1 q^2;\ \ldots;\ a_1 q^{k-1};\ \ldots)$ $(a_1 \neq 0;\ q \neq 0)$ $a_k = a_1 \cdot q^{k-1};\quad a_{k+1} = a_k \cdot q$ Spezialfall $a_1 = 1$ $(q \neq 0)$: $(a_k) = (1;\ q;\ q^2;\ \ldots,\ q^{k-1}, \ldots)$ $a_k = q^{k-1};\ a_{k+1} = a_k \cdot q$	$s_n = \sum_{k=1}^{n} a_k = a_1 \frac{q^n - 1}{q - 1} = \frac{a_n q - a_1}{q - 1}$ (falls $q \neq 1$) $s_n = a_1 n$ (falls $q = 1$) $s_n = \sum_{k=1}^{n} a_k = \frac{q^n - 1}{q - 1} = \frac{a_n q - 1}{q - 1}$ (falls $q \neq 1$) $s_n = n$ (falls $q = 1$)
Unendliche geometrische Reihe	$s = \sum_{i=1}^{\infty} a_1 q^{i-1} = a_1 + a_1 q + \ldots + a_1 q^{n-1} + \ldots = \frac{a_1}{1-q}$ $(a_1 \neq 0;\ q \neq 0;\ \lvert q \rvert < 1)$ Spezialfall $a_1 = 1$ $(q \neq 0;\ \lvert q \rvert < 1)$ $s = \sum_{i=1}^{\infty} q^{i-1} = 1 + q + q^2 + q^3 + \ldots = \frac{1}{1-q}$	
Spezielle Partialsummen	Summen der ersten n Glieder der Folge der • natürliche Zahlen $1 + 2 + 3 + \ldots + n = \sum_{i=1}^{n} i = \frac{n}{2}(n+1)$ • geraden Zahlen $2 + 4 + 6 + \ldots + 2n = \sum_{i=1}^{n} 2i = n\,(n+1)$ • ungeraden Zahlen $1 + 3 + 5 + \ldots + (2n-1) = \sum_{i=1}^{n} (2i-1) = n^2$ • Quadratzahlen $1^2 + 2^2 + 3^2 + \ldots + n^2 = \sum_{i=1}^{n} i^2 = \frac{n\,(n+1)\,(2n+1)}{6}$ • Kubikzahlen $1^3 + 2^3 + 3^3 + \ldots + n^3 = \sum_{i=1}^{n} i^3 = \left[\frac{n\,(n+1)}{2}\right]^2$	arithmetische Reihen (natürliche, gerade, ungerade Zahlen) Potenzsummenformeln (Quadrat-, Kubikzahlen)

Grenzwerte

Grenzwerte ε-Umgebung	Die Menge aller reellen Zahlen x, für die $\lvert x - a \rvert < \varepsilon$ gilt, wobei ε eine positive reelle Zahl ist, heißt ε-Umgebung der Zahl a. Andere Schreibweise: $a - \varepsilon < x < a + \varepsilon$
Grenzwert einer Zahlenfolge	Die Zahl g heißt Grenzwert der Folge (a_n) genau dann, wenn es für jedes $\varepsilon > 0$ eine natürliche Zahl n_0 gibt, sodass für alle $n \geq n_0$ gilt: $\lvert a_n - g \rvert < \varepsilon$ Man schreibt: $\lim\limits_{n \to \infty} a_n = g$ 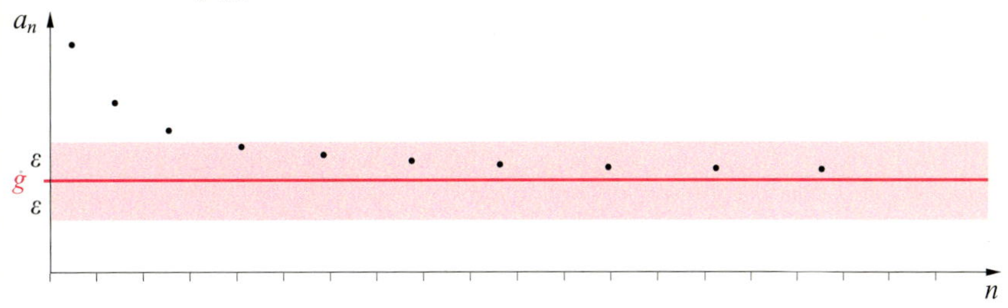
Grenzwertsätze für unendliche konvergente Zahlenfolgen	Falls die Grenzwerte $\lim\limits_{n\to\infty} a_n = a$ und $\lim\limits_{n\to\infty} b_n = b$ existieren, gilt: • $\lim\limits_{n\to\infty} (a_n \pm b_n) = \lim\limits_{n\to\infty} a_n \pm \lim\limits_{n\to\infty} b_n = a \pm b$ • $\lim\limits_{n\to\infty} (a_n \cdot b_n) = \lim\limits_{n\to\infty} a_n \cdot \lim\limits_{n\to\infty} b_n = a \cdot b$ • $\lim\limits_{n\to\infty} \frac{a_n}{b_n} = \frac{\lim\limits_{n\to\infty} a_n}{\lim\limits_{n\to\infty} b_n} = \frac{a}{b}$, falls $b_n \neq 0$ für alle n und $\lim\limits_{n\to\infty} b_n \neq 0$
Einige wichtige Grenzwerte	**Nullfolgen:** $\lim\limits_{n\to\infty} \frac{1}{n} = 0$ $\quad \lim\limits_{n\to\infty} a^n = 0$ für $\lvert a \rvert < 1$ $\quad \lim\limits_{n\to\infty} \frac{a^n}{n!} = 0$ $\lim\limits_{n\to\infty} a^n = 1$ für $a = 1$ $\quad \lim\limits_{n\to\infty} \sqrt[n]{a} = 1$ für $a > 0$ $\quad \lim\limits_{x\to 0} \frac{\sin x}{x} = 1$ $\lim\limits_{n\to\infty} \left(1 + \frac{1}{n}\right)^n = \mathrm{e} \approx 2{,}718\,281\,828\,4\ldots$
Grenzwert einer Funktion	Eine Funktion f hat an der Stelle x_0 den **Grenzwert** g genau dann, wenn für jede Folge (x_n) mit $x_n \neq x_0$, die gegen x_0 konvergiert, die Folge $(f(x_n))$ der zugehörigen Funktionswerte gegen g konvergiert.
Stetigkeit von Funktionen an einer Stelle $x_0 \in D_f$	Die Funktion f ist an der Stelle x_0 **stetig** genau dann, wenn (1) $\lim\limits_{x\to x_0} f(x)$ existiert und (2) $\lim\limits_{x\to x_0} f(x) = f(x_0)$. Faustregel: Eine Funktion ist stetig, wenn man ihren Graphen in einem Zug zeichnen kann. 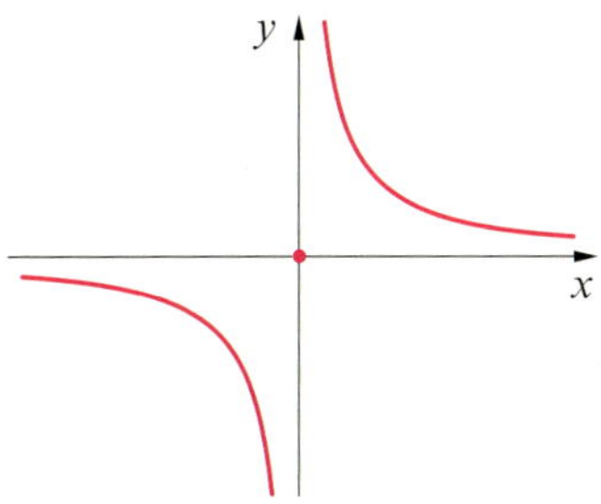 Die Funktion $f(x) = \begin{cases} \frac{1}{x} & \text{für } x \neq 0 \\ 0 & \text{für } x = 0 \end{cases}$ ist an der Stelle $x_0 = 0$ nicht stetig.
Grenzwertsätze für Funktionen	Falls $\lim\limits_{x\to x_0} f_1(x) = g_1$ und $\lim\limits_{x\to x_0} f_2(x) = g_2$ ist, gilt: $\lim\limits_{x\to x_0} [f_1(x) \pm f_2(x)] = g_1 \pm g_2$ $\lim\limits_{x\to x_0} [f_1(x) \cdot f_2(x)] = g_1 \cdot g_2$ $\lim\limits_{x\to x_0} \frac{f_1(x)}{f_2(x)} = \frac{g_1}{g_2}$ falls $g_2 \neq 0$

Differenzialrechnung

Differenzen- quotient	Sei f eine Funktion, die in einer Umgebung U von x_0 definiert ist. Dann nennt man $\frac{f(x_0+h)-f(x_0)}{h}$ mit $h \in \mathbb{R}$; $h \neq 0$ und $x_0 + h \in D(f)$ den zu h gehörigen Differenzenquotient der Funktion f an der Stelle x_0.
Differenzial- quotient	Der Differenzialquotient (oder die **Ableitung**) der Funktion f an der Stelle x_0 ist der Grenzwert $\lim\limits_{h\to 0} \frac{f(x_0+h)-f(x_0)}{h}$, falls er existiert. Man schreibt auch: $f'(x_0)$ oder $\left.\frac{\mathrm{d}y}{\mathrm{d}x}\right\|_{x=x_0}$ 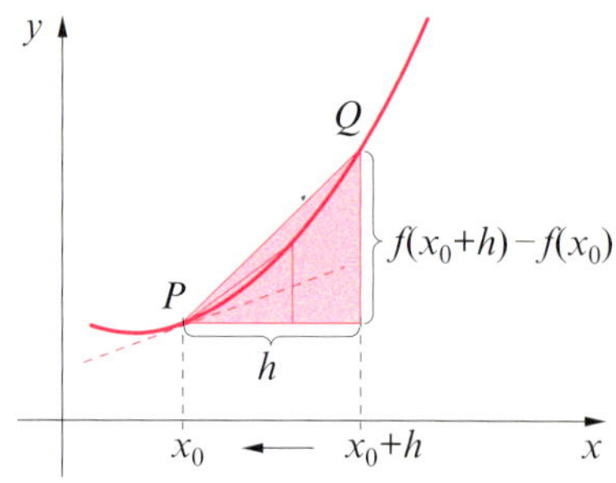
Differenzier- barkeit	Die Funktion f ist an der Stelle $x = x_0$ differenzierbar, wenn (1) $f(x)$ in einer Umgebung von x_0 definiert ist und (2) der Grenzwert $\lim\limits_{h\to 0} \frac{f(x_0+h)-f(x_0)}{h}$ existiert.
Differen- ziationsregeln	Falls die Funktionen u und v differenzierbar sind, so gilt für • eine konstante Funktion (c eine Konstante): $y = c$; $y' = 0$ • einen konstanten Faktor: $y = c \cdot v$; $y' = c \cdot v'$ • eine Potenzfunktion: $y = x^n$; $y' = n \cdot x^{n-1}$ **(Potenzregel)**; $y'' = n \cdot (n-1) \cdot x^{n-2}$; … $y^{(k)} = \begin{cases} \frac{n!}{(n-k)!} \cdot x^{n-k} & (\text{für } k \leq n) \\ 0 & (\text{für } k > n) \end{cases}$ • eine Summe/Differenz: $y = u \pm v$; $y' = u' \pm v'$ **(Summenregel)** • ein Produkt: $y = uv$; $y' = u'v + uv'$ **(Produktregel)** • einen Quotienten: $y = \frac{u}{v}$ $(v \neq 0)$; $y' = \frac{u'v - uv'}{v^2}$ **(Quotientenregel)** **Kettenregel:** Sind u und v differenzierbare Funktionen, dann ist die Funktion $f(x) = u(v(x))$ differenzierbar. $f'(x) = u'(v(x)) \cdot v'(x)$ oder mit $y = u(z)$ und $z = v(x)$: $\frac{\mathrm{d}y}{\mathrm{d}x} = \frac{\mathrm{d}y}{\mathrm{d}z} \cdot \frac{\mathrm{d}z}{\mathrm{d}x}$ Differenziation einer Umkehrfunktion $\bar{f}$: Ist f eine eineindeutige Funktion, die in einer Umgebung der Stelle x_0 differenzierbar ist, und gilt $f'(x_0) \neq 0$, so ist die zu f inverse Funktion $\bar{f}$ an der Stelle $y_0 = f(x_0)$ differenzierbar und es gilt: $\bar{f}'(y_0) = \frac{1}{f'(x_0)}$

Ableitung spezieller Funktionen	Funktion	1. Ableitung	2. (und k-te) Ableitung
	$y = e^x$	$y' = e^x$	$y'' = e^x;\ y^{(k)} = e^x$
	$y = a^x\ (a > 0, a \neq 1)$	$y' = a^x \cdot \ln a = \dfrac{a^x}{\log_a e}$	$y'' = a^x \cdot \ln a \cdot \ln a$
	$y = \ln x\ (x > 0)$	$y' = \dfrac{1}{x}$	$y'' = -\dfrac{1}{x^2}$
	$y = \log_a x$ $(a > 0, a \neq 1; x > 0)$	$y' = \dfrac{1}{x \cdot \ln a}$	$y'' = -\dfrac{1}{x^2 \cdot \ln a}$
	$y = \sin x$	$y' = \cos x$	$y'' = -\sin x$
	$y = \cos x$	$y' = -\sin x$	$y'' = -\cos x$
	$y = \tan x$	$y' = \dfrac{1}{\cos^2 x} = 1 + \tan^2 x$	$y'' = 2 \cdot \tan x\,(1 + \tan^2 x)$
	$y = \arcsin x$	$y' = \dfrac{1}{\sqrt{1-x^2}}$	$y'' = \dfrac{x}{(1-x^2) \cdot \sqrt{1-x^2}}$
	$y = \arccos x$	$y' = \dfrac{-1}{\sqrt{1-x^2}}$	$y'' = \dfrac{-x}{(1-x^2) \cdot \sqrt{1-x^2}}$
	$y = \arctan x$	$y' = \dfrac{1}{1+x^2}$	$y'' = \dfrac{-2x}{(1+x^2)^2}$

Mittelwertsatz der Differenzialrechnung

Wenn eine Funktion f im Intervall $[a, b]$ stetig und in (a, b) differenzierbar ist, so gibt es eine Zahl ξ mit $a < \xi < b$ und

$$\frac{f(b) - f(a)}{b - a} = f'(\xi).$$

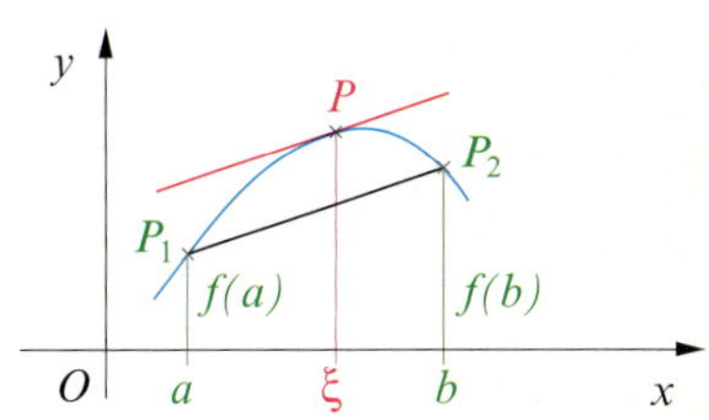

Faustregel:
Im Intervall $(a; b)$ gibt es eine Stelle ξ mit der Eigenschaft: Die Tangente an f im Punkt $P(\xi; f(\xi))$ hat die gleiche Steigung wie die Sekante durch $P_1(a; f(a))$ und $P_2(b; f(b))$.

Näherungsverfahren zur Berechnung von Nullstellen

Newton'sches Näherungsverfahren
Falls x_n eine erste Näherung für x_0 ist, so gilt:

$$x_{n+1} = x_n - \frac{f(x_n)}{f'(x_n)} \qquad f'(x_n) \neq 0$$

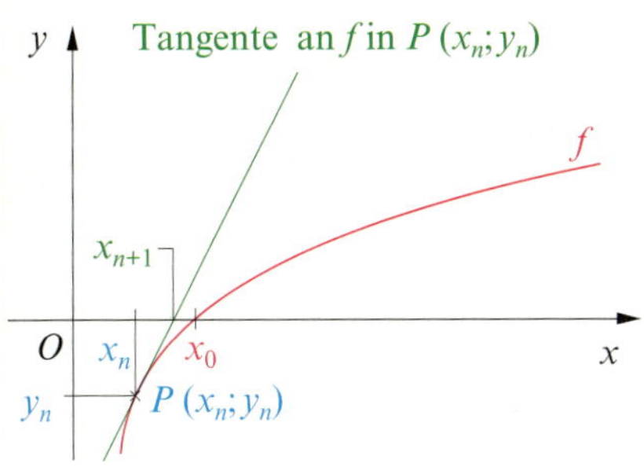

Regula falsi
Falls a und b Näherungswerte für x_0 sind, wobei $f(a) < 0$ und $f(b) > 0$ sind, so erhält man eine bessere Näherung mit

$$x_s = a - \frac{f(a) \cdot (b - a)}{f(b) - f(a)}$$

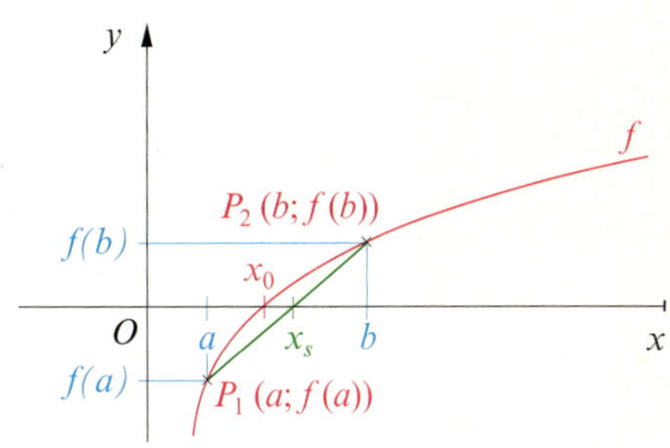

Schrittfolge einer Kurvendiskussion

Schnittpunkte des Graphen mit der x-Achse (Nullstellen)	Im Falle ganzrationaler Funktionen $y = f(x)$ setzt man $f(x) = 0$ und löst die Gleichung. Handelt es sich um Gleichungen dritten oder höheren Grades, wird die erste Nullstelle x_{01} durch Probieren oder mithilfe von Näherungsverfahren (↗ S. 51) ermittelt und die Gleichung schrittweise unter Nutzung von $f(x)$: $(x - x_{01}) = f_1(x)$ reduziert. Im Falle gebrochenrationaler Funktionen $y = \frac{u(x)}{v(x)}$ setzt man $u(x) = 0$, ermittelt die Lösungen $x_{01}, x_{02}, \ldots$ und prüft dann für jede Lösung der Gleichung $u(x) = 0$, ob $v(x_0) \neq 0$ ist.
Schnittpunkt mit der y-Achse	$x = 0$ setzen und $f(0)$ berechnen.
Definitionslücken von gebrochenrationalen Funktionen	$f(x) = \frac{u(x)}{v(x)}$ daraufhin untersuchen, ob es x_i gibt, für die $v(x_i) = 0$ und $u(x_i) \neq 0$. Diese Stellen müssen aus der Definitionsmenge ausgeschlossen werden. Wächst $\lvert f(x) \rvert$ an einer Definitionslücke über alle Grenzen, so liegt dort eine **Polstelle** vor. Es gibt Polstellen mit Vorzeichenwechsel (rechts- und linksseitiger Grenzwert sind verschieden) und ohne Vorzeichenwechsel (rechts- und linksseitiger Grenzwert sind gleich). Hat eine rationale Funktion in Zähler und Nenner eine Nullstelle gleicher Ordnung, so liegt an dieser Stelle eine **stetig hebbare Definitionslücke** vor.
Monotonie von Funktionen	Ist eine Funktion $y = f(x)$ in einem Intervall I differenzierbar und gilt: für alle $x \in I$ die Beziehung $f'(x) < 0$, so ist f über I streng monoton fallend, für alle $x \in I$ die Beziehung $f'(x) > 0$, so ist f über I streng monoton wachsend.
Symmetrien	Gilt für alle x der Definitionsmenge • $f(-x) = f(x)$, so ist der Graph von f achsensymmetrisch bzgl. der y-Achse; • $f(-x) = -f(x)$, so ist der Graph von f punktsymmetrisch bzgl. des Ursprungs (0; 0).
Lokale Extrema	Für den Fall, dass $f(x)$ mindestens zweimal differenzierbar ist, gilt: $f(x)$ hat an der Stelle $x = x_E$ ein lokales Maximum, wenn $f'(x_E) = 0$ und $f''(x_E) < 0$, $f(x)$ hat an der Stelle $x = x_E$ ein lokales Minimum, wenn $f'(x_E) = 0$ und $f''(x_E) > 0$. (Ist $f''(x_E) = 0$, kann vielfach durch weitere Ableitungen festgestellt werden, ob ein lokales Extremum oder ein Wendepunkt vorliegt. Das Ergebnis $f'''(x_E) \neq 0$ weist auf einen Wendepunkt hin. Mitunter muss das Monotonieverhalten der Funktion zur Entscheidungsfindung hinzugezogen werden.)
Wendepunkte, Wendetangente	Für den Fall, dass $f(x)$ mindestens dreimal differenzierbar ist, setzt man $f''(x_W) = 0$, löst diese Gleichung und erhält mit $x_{W1}, x_{W2}, \ldots$ die x-Werte (Abszissen) der eventuellen Wendepunkte und mit $f(x_{W1}), f(x_{W2}), \ldots$ die zugehörigen y-Werte (Ordinaten) der Wendepunkte. Gewissheit erhält man erst, wenn jeweils $f'''(x_W) \neq 0$ gesichert ist. Die Gleichung der zugehörigen Wendetangente lautet: $y - y_W = f'(x_W) \cdot (x - x_W)$
Verhalten im Unendlichen	$\lim\limits_{x \to +\infty} f(x)$ und $\lim\limits_{x \to -\infty} f(x)$ berechnen und Asymptoten bestimmen. Für gebrochenrationale Funktionen gilt: Ist der Zählergrad kleiner als der Nennergrad, so ist die x-Achse Asymptote. Ist der Zählergrad gleich dem Nennergrad, so ist eine Parallele zur x-Achse Asymptote. Ist der Zählergrad größer als der Nennergrad, so muss der Funktionsterm mittels Polynomdivision in einen ganzrationalen und einen echt gebrochenen Term zerlegt werden, der ganzrationale Term liefert die Gleichung für die Asymptote.
Graph zeichnen	Die Ergebnisse der Kurvendiskussion werden für die Zeichnung der Graphen in einem geeigneten Koordinatensystem genutzt.

Integralrechnung

Stammfunktion	Eine Funktion F heißt Stammfunktion von f genau dann, wenn F und f in einem Intervall I definiert sind, wenn F in I differenzierbar ist und wenn $F'(x) = f(x)$ für alle $x \in I$.
Unbestimmtes Integral	Das unbestimmte Integral der Funktion f ist die Menge aller Stammfunktionen von $f(x)$. Es gilt $\int f(x)\,\mathrm{d}x = F(x) + c \quad (c \in \mathbb{R})$.
Bestimmtes Integral	Das bestimmte Integral der Funktion f auf dem abgeschlossenen Intervall $[a; b]$ ist die reelle Zahl $\int_a^b f(x)\,\mathrm{d}x$.
Hauptsatz der Differenzial- und Integralrechnung	Ist f eine im Intervall $[a; b]$ stetige Funktion und F irgendeine Stammfunktion von f, so ist $\int_a^b f(x)\,\mathrm{d}x = F(b) - F(a)$.
Eigenschaften	(1) $\int_a^a f(x)\,\mathrm{d}x := 0$ (falls f in a definiert ist) (2) $\int_b^a f(x)\,\mathrm{d}x := -\int_a^b f(x)\,\mathrm{d}x$ (3) $\int_a^b f(x)\,\mathrm{d}x = \int_a^c f(x)\,\mathrm{d}x + \int_c^b f(x)\,\mathrm{d}x$ (falls f in $[a, b]$ stetig und $a \le c \le b$)
Integrationsregeln	• Für einen konstanten Faktor gilt: $\int k \cdot f(x)\,\mathrm{d}x = k \cdot \int f(x)\,\mathrm{d}x$ • Für eine Summe/Differenz gilt: $\int [f(x) \pm g(x)]\,\mathrm{d}x = \int f(x)\,\mathrm{d}x \pm \int g(x)\,\mathrm{d}x$ • Substitutionsregel: $\int f[\varphi(t)] \cdot \varphi'(t)\,\mathrm{d}t = \int f(x)\,\mathrm{d}x$ mit $x = \varphi(t)$ und $\mathrm{d}x = \varphi'(t)\,\mathrm{d}t$ • Partielle Integration (Produktintegration): $\int uv'\mathrm{d}x = uv - \int vu'\mathrm{d}x$
Näherungsweise Berechnung von Integralen	Wenn man für die Berechnung des gesuchten Flächeninhalts keine Stammfunktion oder nur einzelne Werte des Integranden kennt, kann man das **Trapezverfahren** anwenden. Im folgenden Bild erhält man mit $d = \frac{b-a}{n}$ für den Flächeninhalt A folgende Näherung: $A \approx \sum_{k=1}^{n} \frac{1}{2}\left(f(x_{k-1}) + f(x_k)\right) \cdot d = \left(\frac{1}{2} f(x_0) + f(x_1) + f(x_2) + \ldots + f(x_{n-1}) + \frac{1}{2} f(x_n)\right) \cdot d$ und weiter: $A = \int_a^b f(x)\,\mathrm{d}x \approx \left(\frac{f(x_0) + f(x_n)}{2} + \sum_{k=1}^{n-1} f(x_k)\right) \cdot d$ 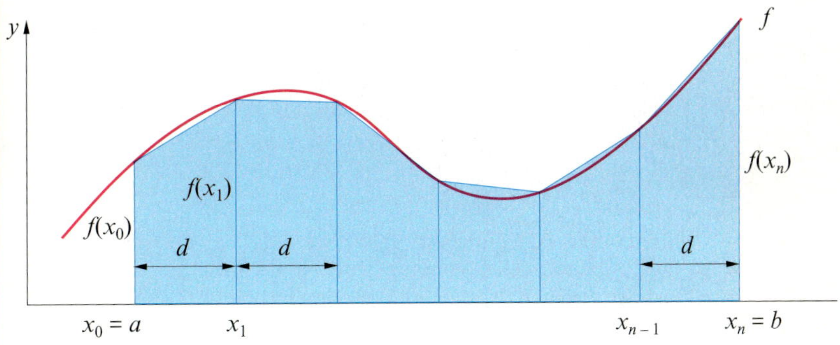

▶

Grundintegrale und weitere spezielle Integrale	$\int a \cdot \mathrm{d}x = ax + c \quad (a \in \mathbb{R})$ $\int x \mathrm{d}x = 0{,}5 \cdot x^2 + c$ $\int x^n \mathrm{d}x = \frac{x^{n+1}}{n+1} + c$ mit $n \in \mathbb{Z}, n \neq -1$ und $\begin{cases} x \in \mathbb{R}, \text{ falls } n \geq 0 \\ x \in \mathbb{R}, x \neq 0 \text{ falls } n < 0 \end{cases}$ $\int x^{-1} \mathrm{d}x = \int \frac{\mathrm{d}x}{x} = \ln \lvert x \rvert + c = \begin{cases} \ln x + c, \text{ falls } x > 0 \\ \ln(-x) + c, \text{ falls } x < 0 \end{cases}$ $\int x^r \mathrm{d}x = \frac{x^{r+1}}{r+1} + c$ mit $r \in \mathbb{Q}, r \neq -1, x \in \mathbb{R}$ und $x > 0$ $\int a^x \mathrm{d}x = \frac{1}{\ln a} a^x + c = a^x \cdot \log_a e + c$ mit $a \in \mathbb{R}, a > 0, a \neq 1$ und $x \in \mathbb{R}$ $\int e^x \mathrm{d}x = e^x + c \quad (x \in \mathbb{R})$ $\int \ln x \mathrm{d}x = x \cdot \ln \lvert x \rvert - x + c \quad (x \neq 0)$ $\int x \cdot \ln x \mathrm{d}x = x^2 \left(\frac{\ln x}{2} - \frac{1}{4} \right) + c \quad (x \neq 0)$ $\int \frac{\mathrm{d}x}{a^2 + x^2} = \frac{1}{a} \arctan \frac{x}{a} + c \quad (a \neq 0)$ $\int \frac{\mathrm{d}x}{ax + b} = \frac{1}{a} \ln \lvert ax + b \rvert + c$ $\int \sin x \mathrm{d}x = -\cos x + c \quad (x \in \mathbb{R})$ $\int \cos x \mathrm{d}x = \sin x + c \quad (x \in \mathbb{R})$ $\int \frac{\mathrm{d}x}{\cos^2 x} = \tan x + c$ mit $x \neq (2k+1) \frac{\pi}{2}, \quad k \in \mathbb{Z}$ $\int \tan x \mathrm{d}x = -\ln \lvert \cos x \rvert + c$ mit $x \neq (2k+1) \cdot \frac{\pi}{2}$, wobei $k \in \mathbb{Z}$ $\int \cot x \mathrm{d}x = \ln \lvert \sin x \rvert + c$ mit $x \neq k \cdot \pi$, wobei $k \in \mathbb{Z}$ $\int \frac{\mathrm{d}x}{\sqrt{a^2 - x^2}} = \arcsin \frac{x}{a} + c$, wenn $\lvert x \rvert < \lvert a \rvert$; $a \neq 0$ $\int (ax+b)^n \mathrm{d}x = \frac{(ax+b)^{n+1}}{a(n+1)} + c \; (n \neq -1)$
Mittelwertsatz der Integralrechnung	Wenn eine Funktion $f(x)$ im Intervall $[a, b]$ stetig ist, so gibt es wenigstens eine Zahl ξ mit $a \leq \xi \leq b$, für die gilt: $\frac{\int_a^b f(x) \mathrm{d}x}{b-a} = f(\xi)$ bzw. $\int_a^b f(x) \mathrm{d}x = f(\xi) \cdot (b-a)$ 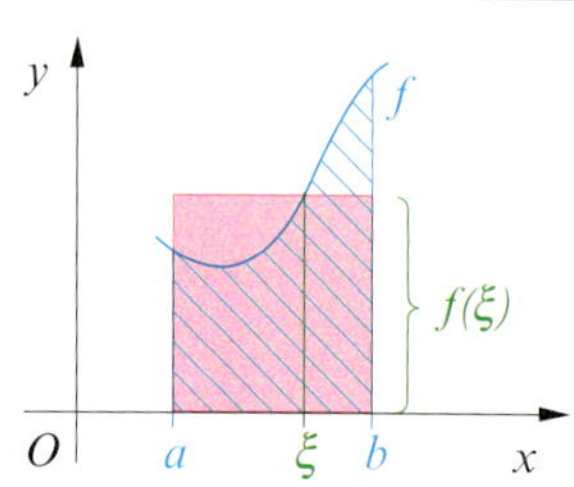 Faustregel: Im Intervall $(a; b)$ gibt es eine Stelle ξ, so dass das Rechteck mit den Seitenlängen $f(\xi)$ und $(b-a)$ den gleichen Flächeninhalt besitzt wie die Fläche unter dem Graphen von f in den Grenzen a und b.

Flächeninhaltsberechnung durch Integration

Fläche oberhalb bzw. unterhalb der x-Achse

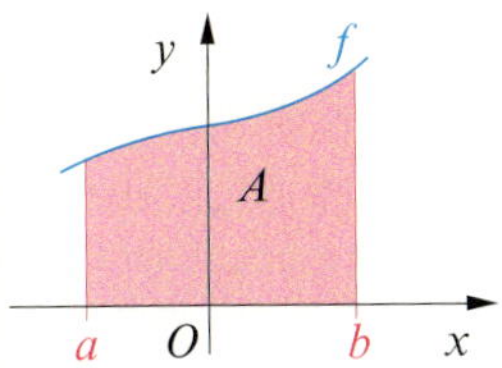

$$A = \int_a^b f(x)\,dx$$

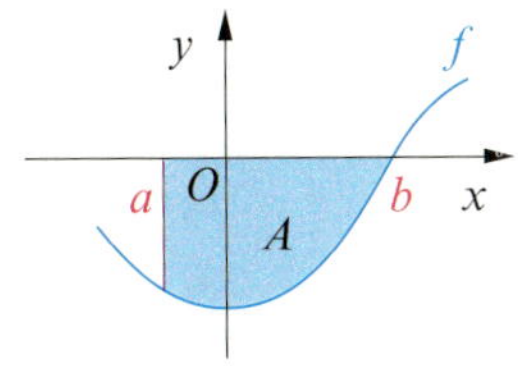

$$A = \left| \int_a^b f(x)\,dx \right|$$

Fläche oberhalb und unterhalb der x-Achse

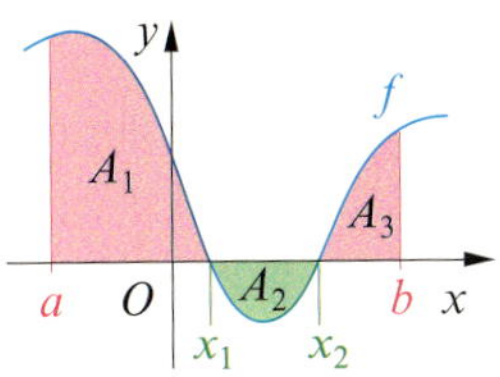

Achtung: zuerst Nullstellen bestimmen.

$$A = A_1 + A_2 + A_3$$

$$A = \int_a^{x_1} f(x)\,dx + \left| \int_{x_1}^{x_2} f(x)\,dx \right| + \int_{x_2}^{b} f(x)\,dx$$

Fläche zwischen zwei Graphen

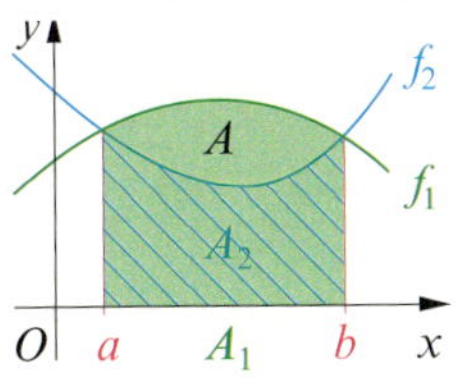

$$A = A_1 - A_2$$

$$A = \int_a^b [f_1(x) - f_2(x)]\,dx$$

von zwei sich schneidenden Graphen eingeschlossene Fläche

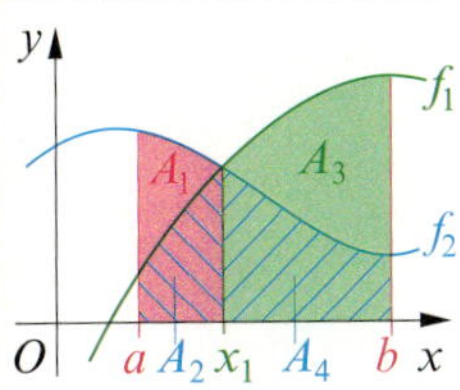

$$A = A_1 - A_2 + A_3 - A_4$$

$$A = \int_a^{x_1} [f_2(x) - f_1(x)]\,dx + \int_{x_1}^{b} [f_1(x) - f_2(x)]\,dx$$

Volumenberechnung durch Integration

Rotation

Lässt man den Graphen einer Funktion f um die x-Achse bzw. um die y-Achse rotieren, so entsteht ein Rotationskörper.

Rotation um die x-Achse

$$V_x = \pi \int_{x_1}^{x_2} [f(x)]^2\,dx \quad (\text{falls } x_1 < x_2)$$

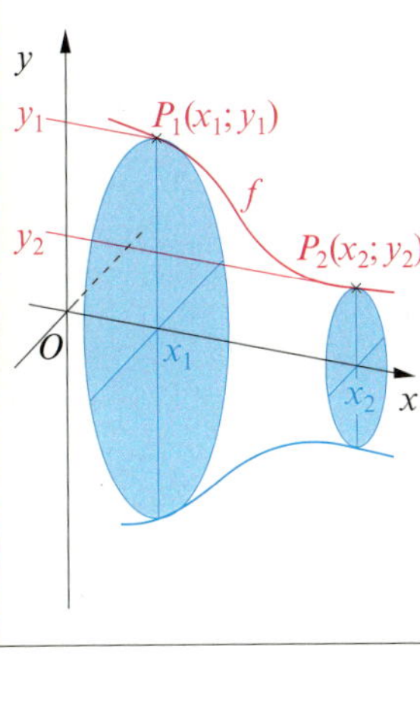

Rotation um die y-Achse

$$V_y = \pi \int_{y_1}^{y_2} [g(y)]^2\,dy \quad (\text{falls } y_1 < y_2)$$

Dabei ist g die Umkehrfunktion von f.

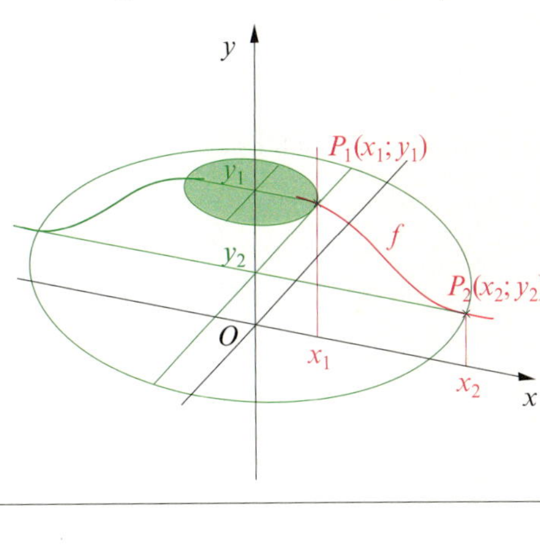

Vektorrechnung und analytische Geometrie

Vektoren

Definition eines Vektors

Eine Klasse paralleler Pfeile mit gleicher Länge und gleichem Richtungssinn heißt Vektor. Die Länge eines Repräsentanten des Vektors $\vec{a}$ bezeichnet man als **Betrag des Vektors** und schreibt: $|\vec{a}|$.
Als **Nullvektor** $\vec{o}$ bezeichnet man einen Vektor mit dem Betrag 0: $\vec{o} = \overrightarrow{AA} = \overrightarrow{BB} \ldots$
Zwei Vektoren $\vec{a} \neq 0$ und $\vec{b} \neq 0$ sind gleich genau dann, wenn gilt:
$\vec{a} \parallel \vec{b}$ (Parallelität),
$\vec{a} \uparrow\uparrow \vec{b}$ (gleiche Orientierung) und
$|\vec{a}| = |\vec{b}|$ (gleiche Länge).

Beschreibung von Vektoren durch Koordinaten

Koordinaten eines Vektors in einer Ebene
$\vec{a} = \overrightarrow{PQ}$ mit $P(x_P; y_P)$ und $Q(x_Q; y_Q)$:

$$\vec{a} = \overrightarrow{PQ} = \begin{pmatrix} x_Q - x_P \\ y_Q - y_P \end{pmatrix}$$

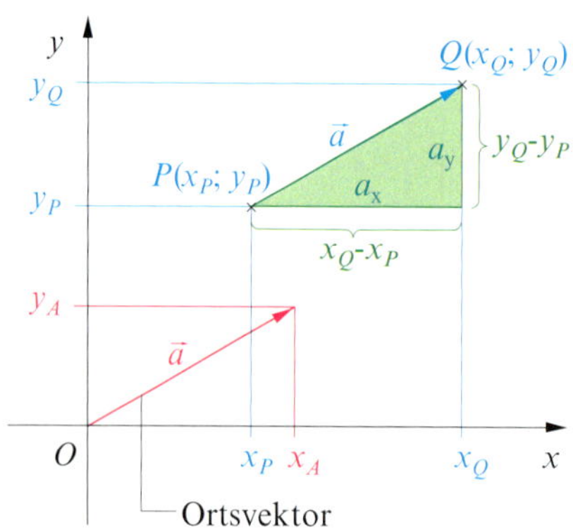

Koordinaten eines Vektors im Raum
$\vec{a} = \overrightarrow{PQ}$ mit $P(x_P; y_P; z_P)$ und $Q(x_Q; y_Q; z_Q)$:

$$\vec{a} = \overrightarrow{PQ} = \begin{pmatrix} x_Q - x_P \\ y_Q - y_P \\ z_Q - z_P \end{pmatrix}$$

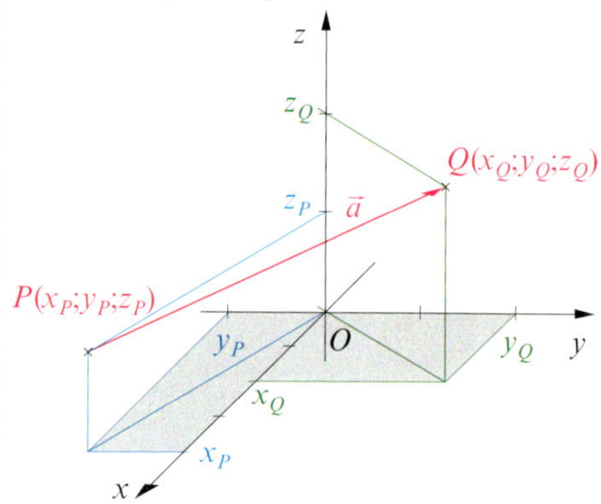

Vektoren in Komponentendarstellung

$\vec{i} = \overrightarrow{OE_1}$, $\vec{j} = \overrightarrow{OE_2}$ bzw. $\vec{i} = \overrightarrow{OE_1}$, $\vec{j} = \overrightarrow{OE_2}$, $\vec{k} = \overrightarrow{OE_3}$ sind die in einem Koordinatensystem paarweise senkrecht aufeinander stehende Einheitsvektoren der Länge 1.

Komponentendarstellung in einer Ebene

- Ortsvektor $\vec{p}$ eines Punktes $P(x_P; y_P)$:
  $\overrightarrow{OP} = \vec{p} = x_P\vec{i} + y_P\vec{j}$
- Vektor $\vec{a} = \overrightarrow{P_1P_2}$
  mit $P_1(x_1; y_1)$ und $P_2(x_2; y_2)$:
  $\overrightarrow{P_1P_2} = (x_2 - x_1)\,\vec{i} + (y_2 - y_1)\,\vec{j}$ oder
  $\overrightarrow{P_1P_2} = \vec{a} = a_x\vec{i} + a_y\vec{j}$

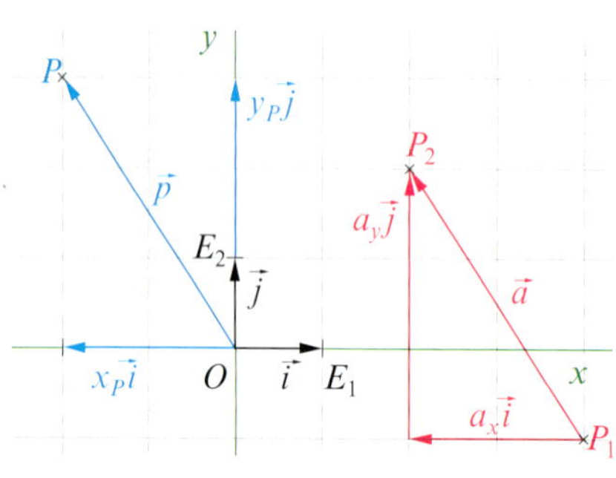

Komponentendarstellung im Raum

- Ortsvektor $\vec{p}$ eines Punktes $P(x_P; y_P; z_P)$:
  $\overrightarrow{OP} = x_P\vec{i} + y_P\vec{j} + z_P\vec{k}$
- Vektor $\vec{a} = \overrightarrow{P_1P_2}$
  mit $P_1(x_1; y_1; z_1)$ und $P_2(x_2; y_2; z_2)$:
  $\overrightarrow{P_1P_2} = (x_2 - x_1)\,\vec{i} + (y_2 - y_1)\,\vec{j} + (z_2 - z_1)\,\vec{k}$
  gegebenenfalls auch
  $\overrightarrow{P_1P_2} = \vec{a} = a_x\vec{i} + a_y\vec{j} + a_z\vec{k}$

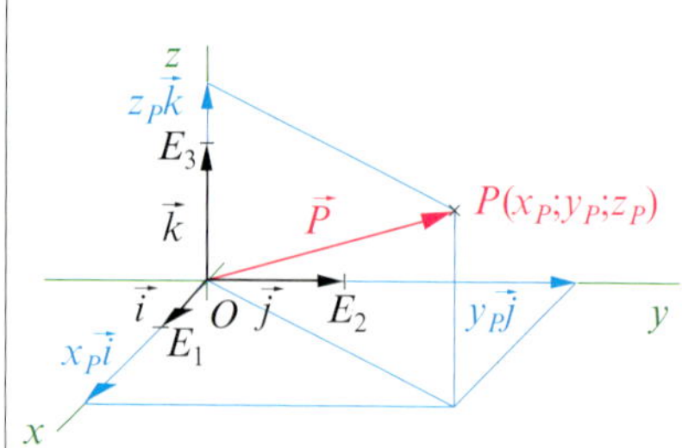

Länge eines Vektors; Betrag eines Vektors	**in einer Ebene** • Länge des Vektors $\vec{a}$ mit $\vec{a} = \begin{pmatrix} a_x \\ a_y \end{pmatrix}$: $\lvert\vec{a}\rvert = \sqrt{a_x^2 + a_y^2}$ • Länge des Vektors $\overrightarrow{PQ}$: $\lvert\overrightarrow{PQ}\rvert = \sqrt{(x_Q - x_P)^2 + (y_Q - y_P)^2}$	**im Raum** • Länge des Vektors $\vec{a}$ mit $\vec{a} = \begin{pmatrix} a_x \\ a_y \\ a_z \end{pmatrix}$: $\lvert\vec{a}\rvert = \sqrt{a_x^2 + a_y^2 + a_z^2}$ • Länge des Vektors $\overrightarrow{PQ}$: $\lvert\overrightarrow{PQ}\rvert = \sqrt{(x_Q - x_P)^2 + (y_Q - y_P)^2 + (z_Q - z_P)^2}$

Einfache Operationen mit Vektoren

Addition und Subtraktion von Vektoren	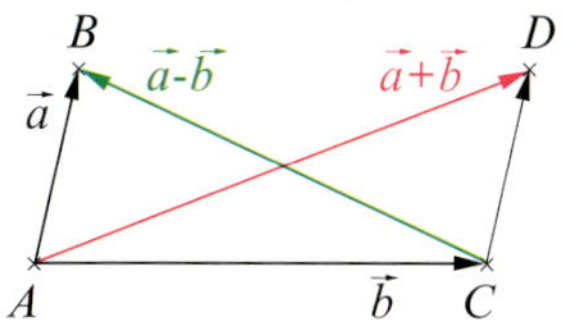	$\vec{a} \pm \vec{o} = \vec{a}$, $\quad \vec{o} - \vec{a} = -\vec{a}$, $\quad \vec{a} + (-\vec{a}) = \vec{o}$ $\vec{a} + \vec{b} = \vec{b} + \vec{a}$ $(\vec{a} + \vec{b}) + \vec{c} = \vec{a} + (\vec{b} + \vec{c})$ $-(\vec{a} + \vec{b}) = -\vec{a} - \vec{b}$ Wenn $\vec{a} = \begin{pmatrix} a_x \\ a_y \\ a_z \end{pmatrix}$ und $\vec{b} = \begin{pmatrix} b_x \\ b_y \\ b_z \end{pmatrix}$, so $\vec{a} \pm \vec{b} = \begin{pmatrix} a_x \pm b_x \\ a_y \pm b_y \\ a_z \pm b_z \end{pmatrix}$.
Multiplikation eines Vektors mit einer reellen Zahl	$\vec{b} = r\vec{a} \qquad \vec{b} \uparrow\uparrow r\vec{a}$, falls $r > 0$; $\qquad \vec{b} \uparrow\downarrow r\vec{a}$, falls $r < 0$ $1\vec{a} = \vec{a}$; $\quad 0 \cdot \vec{a} = \vec{o}$; $\quad r\vec{o} = \vec{o}$; $\quad \lvert r\vec{a}\rvert = \lvert r\rvert\,\lvert\vec{a}\rvert$ $r(s\vec{a}) = (rs)\vec{a}$; $\quad (r + s)\vec{a} = r\vec{a} + s\vec{a}$; $\quad r(\vec{a} + \vec{b}) = r\vec{a} + r\vec{b}$ Wenn $\vec{a} = \begin{pmatrix} a_x \\ a_y \\ a_z \end{pmatrix}$ und $r \in \mathbb{R}$, so gilt $r\vec{a} = \begin{pmatrix} ra_x \\ ra_y \\ ra_z \end{pmatrix}$.	

Basis von Vektoren/Vektorraum

Linear-kombination	Jeder Vektor $\vec{b}$, der sich als Summe $\vec{b} = r_1\vec{a}_1 + r_2\vec{a}_2 + r_3\vec{a}_3 + \ldots + r_n\vec{a}_n$ mit $r_i \in \mathbb{R}$ darstellen lässt, heißt Linearkombination der Vektoren $\vec{a}_1, \vec{a}_2, \vec{a}_3, \ldots, \vec{a}_n$.
Lineare Unabhängigkeit	Die Vektoren $\vec{a}_1, \vec{a}_2, \vec{a}_3, \ldots, \vec{a}_n$ heißen genau dann linear unabhängig, wenn die Gleichung $r_1\vec{a}_1 + r_2\vec{a}_2 + r_3\vec{a}_3 + \ldots + r_n\vec{a}_n = \vec{o}$ nur für $r_1 = r_2 = r_3 = \ldots = r_n = 0$ erfüllt ist. Beispiele: Zwei senkrecht aufeinander stehende Vektoren sind linear unabhängig. Zueinander parallele Vektoren sind linear abhängig.
Basis $\{\vec{a}_1, \vec{a}_2\}$ bzw. $\{\vec{a}_1, \vec{a}_2, \vec{a}_3\}$	Jedes Paar linear unabhängiger Vektoren $\vec{a}_1, \vec{a}_2$ einer Ebene nennt man eine Basis der Menge der Vektoren dieser Ebene, jedes Tripel linear unabhängiger Vektoren $\vec{a}_1, \vec{a}_2, \vec{a}_3$ des Raumes entsprechend Basis der Vektoren des Raumes.
Vektorraum	Eine Menge V heißt Vektorraum über den reellen Zahlen, wenn für ihre Elemente – die Vektoren – eine Addition und eine Multiplikation mit reellen Zahlen definiert ist und wenn für beliebige $\vec{a}, \vec{b}, \vec{c} \in V$ sowie für beliebige $r, s \in \mathbb{R}$ gilt: *Bedingungen der Addition:* $\vec{a} + \vec{b} = \vec{b} + \vec{a}$ (Kommutativität) $(\vec{a} + \vec{b}) + \vec{c} = \vec{a} + (\vec{b} + \vec{c})$ (Assoziativität) Es gibt ein $\vec{o} \in V$, für das bei jedem $\vec{a}$ gilt: $\vec{a} + \vec{o} = \vec{a}$ (Neutrales Element bzgl. +) Zu jedem $\vec{a}$ existiert in V ein $-\vec{a}$ (Gegenvektor von $\vec{a}$), sodass gilt: $\vec{a} + (-\vec{a}) = \vec{o}$. *Bedingungen der Multiplikation:* $1 \cdot \vec{a} = \vec{a}$ (Neutrales Element bzgl. ·) $r(s\vec{a}) = (rs)\vec{a}$ (Assoziativität) $\left.\begin{array}{l} (r + s)\vec{a} = r\vec{a} + s\vec{a} \\ r(\vec{a} + \vec{b}) = r\vec{a} + r\vec{b} \end{array}\right\}$ (Distributivität)

Multiplikation von Vektoren

Skalarprodukt von Vektoren	$\vec{a} \cdot \vec{b} = a_1b_1 + a_2b_2 + a_3b_3$ für $\vec{a} = \begin{pmatrix} a_1 \\ a_2 \\ a_3 \end{pmatrix}$ und $\vec{b} = \begin{pmatrix} b_1 \\ b_2 \\ b_3 \end{pmatrix}$. $\vec{a} \cdot \vec{b}$ ist eine reelle Zahl. Eigenschaften: $\vec{a}^2 = \vec{a} \cdot \vec{a} = \|\vec{a}\|^2 > 0$; $\|\vec{a}\| = \sqrt{\vec{a} \cdot \vec{a}}$; $\vec{a} \cdot \vec{b} = \vec{b} \cdot \vec{a}$ $(\vec{a} + \vec{b}) \cdot \vec{c} = \vec{a} \cdot \vec{c} + \vec{b} \cdot \vec{c}$; $r(\vec{a} \cdot \vec{b}) = (r\vec{a}) \cdot \vec{b} = \vec{a}\,(r\vec{b})$. Winkel zwischen zwei Vektoren: Schließen die Vektoren $\vec{a} \neq \vec{o}$ und $\vec{b} \neq \vec{o}$ den Winkel $\varphi = \sphericalangle(\vec{a}, \vec{b})$ ein, so gilt: $\vec{a} \cdot \vec{b} = \|\vec{a}\|\|\vec{b}\| \cdot \cos\varphi$ oder $\cos\varphi = \frac{\vec{a} \cdot \vec{b}}{\|\vec{a}\|\|\vec{b}\|}$ Es gilt: $\vec{a} \cdot \vec{b} > 0$ genau dann, wenn $\vec{a} \neq \vec{o}$; $\vec{b} \neq \vec{o}$ und $0 \leq \sphericalangle(\vec{a}, \vec{b}) < 90°$, $\vec{a} \cdot \vec{b} < 0$ genau dann, wenn $\vec{a} \neq \vec{o}$; $\vec{b} \neq \vec{o}$ und $90° < \sphericalangle(\vec{a}, \vec{b}) \leq 180°$, $\vec{a} \cdot \vec{b} = 0$ genau dann, wenn $\vec{a} = \vec{o}$ **oder wenn** $\vec{b} = \vec{o}$ **oder wenn** $\vec{a} \neq \vec{o}$; $\vec{b} \neq \vec{o}$ und $\varphi = 90°$ (d. h. $\vec{a} \perp \vec{b}$).
Vektorprodukt	$\vec{a} \times \vec{b} = \begin{pmatrix} a_2b_3 - a_3b_2 \\ a_3b_1 - a_1b_3 \\ a_1b_2 - a_2b_1 \end{pmatrix}$ für $\vec{a} = \begin{pmatrix} a_1 \\ a_2 \\ a_3 \end{pmatrix}$ und $\vec{b} = \begin{pmatrix} b_1 \\ b_2 \\ b_3 \end{pmatrix}$. $\vec{a} \times \vec{b}$ ist ein Vektor. Eigenschaften: $\vec{a} \times \vec{a} = \vec{o}$; $\vec{a} \times \vec{o} = \vec{o} \times \vec{a} = \vec{o}$; $(r\vec{a}) \times \vec{b} = \vec{a} \times (r\vec{b}) = r\,(\vec{a} \times \vec{b})$; $\vec{a} \times \vec{b} = -\vec{b} \times \vec{a}$; $\vec{a} \times (\vec{b} + \vec{c}) = (\vec{a} \times \vec{b}) + (\vec{a} \times \vec{c})$; $(\vec{a} + \vec{b}) \times \vec{c} = (\vec{a} \times \vec{c}) + (\vec{b} \times \vec{c})$ Winkel zwischen Vektoren, Flächeninhalte: Schließen die Vektoren $\vec{a} \neq \vec{o}$ und $\vec{b} \neq \vec{o}$ den Winkel $\varphi = \sphericalangle(\vec{a}; \vec{b})$ ein, so gilt: $\|\vec{a} \times \vec{b}\| = \|\vec{a}\|\|\vec{b}\| \sin\varphi$. Der Vektor $\vec{a} \times \vec{b}$ ist zu $\vec{a}$ und zu $\vec{b}$ orthogonal. $\vec{a}, \vec{b}, \vec{a} \times \vec{b}$ bilden in der angegebenen Reihenfolge ein Rechtssystem. $\|\vec{a} \times \vec{b}\|$ ist der Flächeninhalt des von $\vec{a}$ und $\vec{b}$ aufgespannten Parallelogramms. Der Flächeninhalt des von $\vec{a}$ und $\vec{b}$ aufgespannten Dreiecks ist $\frac{1}{2}\|\vec{a} \times \vec{b}\|$. Für $\vec{a} \neq \vec{o}$ und $\vec{b} \neq \vec{o}$ gilt $\vec{a} \times \vec{b} = \vec{o}$, falls $\vec{a} \parallel \vec{b}$. 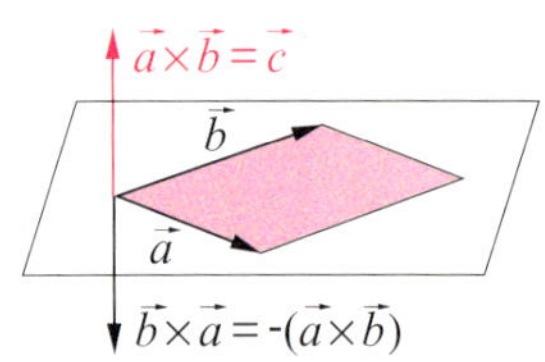
Spatprodukt von Vektoren (gemischtes Produkt)	$\vec{a} \times \vec{b} \cdot \vec{c} = \begin{pmatrix} a_2b_3 - a_3b_2 \\ a_3b_1 - a_1b_3 \\ a_1b_2 - a_2b_1 \end{pmatrix} \cdot \begin{pmatrix} c_1 \\ c_2 \\ c_3 \end{pmatrix} = a_2b_3c_1 + a_3b_1c_2 + a_1b_2c_3 - a_3b_2c_1 - a_1b_3c_2 - a_2b_1c_3$ $\vec{a} \times \vec{b} \cdot \vec{c}$ ist eine reelle Zahl. Das Spatprodukt $(\vec{a} \times \vec{b}) \cdot \vec{c}$ ist dem Betrage nach das Volumen des von $\vec{a}, \vec{b}$ und $\vec{c}$ aufgespannten Spats: $\|(\vec{a} \times \vec{b}) \cdot \vec{c}\| = \|\vec{a} \times \vec{b}\| \cdot \|\vec{c}\| \cdot \cos\sphericalangle(\vec{a} \times \vec{b}; \vec{c})$ 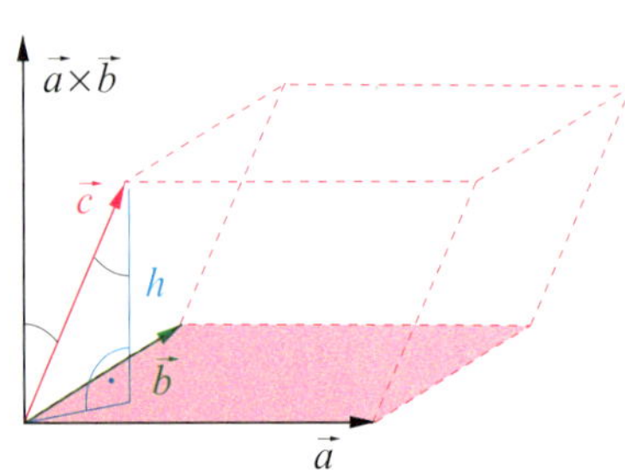

Geradendarstellungen

Punktrichtungsgleichung

$\vec{x} = \vec{p} + t \cdot \vec{a}$ mit $t \in \mathbb{R}$; $\vec{a} \neq \vec{o}$

Sind die Koordinaten eines **Ortsvektors** $\vec{p} = \overrightarrow{OP}$ und eines **Richtungsvektors** $\vec{a}$ gegeben, so gilt:

in einer Ebene

$$\begin{pmatrix} x \\ y \end{pmatrix} = \begin{pmatrix} p_1 \\ p_2 \end{pmatrix} + t \cdot \begin{pmatrix} a_1 \\ a_2 \end{pmatrix} \text{ für } P(p_1;\ p_2);\ \vec{a} = \begin{pmatrix} a_1 \\ a_2 \end{pmatrix};\ t \in \mathbb{R}$$

im Raum

$$\begin{pmatrix} x \\ y \\ z \end{pmatrix} = \begin{pmatrix} p_1 \\ p_2 \\ p_3 \end{pmatrix} + t \cdot \begin{pmatrix} a_1 \\ a_2 \\ a_3 \end{pmatrix} \text{ für } P(p_1;\ p_2;\ p_3);\ \vec{a} = \begin{pmatrix} a_1 \\ a_2 \\ a_3 \end{pmatrix};\ t \in \mathbb{R}$$

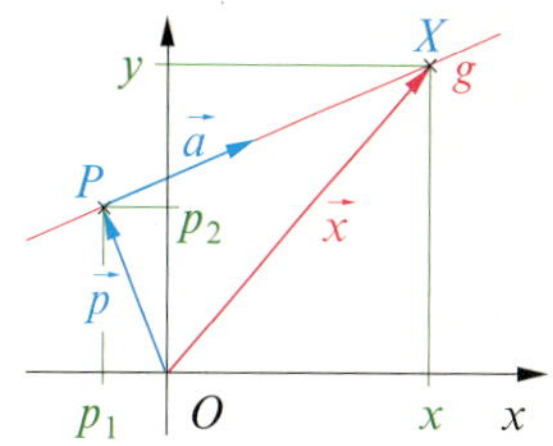

Zweipunktegleichung

Sind die Koordinaten von $\vec{p} = \overrightarrow{OP}$ und $\vec{q} = \overrightarrow{OQ}$ gegeben, so gilt:

in einer Ebene

$$\begin{pmatrix} x \\ y \end{pmatrix} = \begin{pmatrix} p_1 \\ p_2 \end{pmatrix} + t \cdot \begin{pmatrix} q_1 - p_1 \\ q_2 - p_2 \end{pmatrix}$$

für $P(p_1;\ p_2)$ und $Q(q_1;\ q_2)$; $t \in \mathbb{R}$

im Raum

$$\begin{pmatrix} x \\ y \\ z \end{pmatrix} = \begin{pmatrix} p_1 \\ p_2 \\ p_3 \end{pmatrix} + t \cdot \begin{pmatrix} q_1 - p_1 \\ q_2 - p_2 \\ q_3 - p_3 \end{pmatrix}$$

für $P(p_1;\ p_2;\ p_3)$ und $Q(q_1;\ q_2;\ q_3)$; $t \in \mathbb{R}$

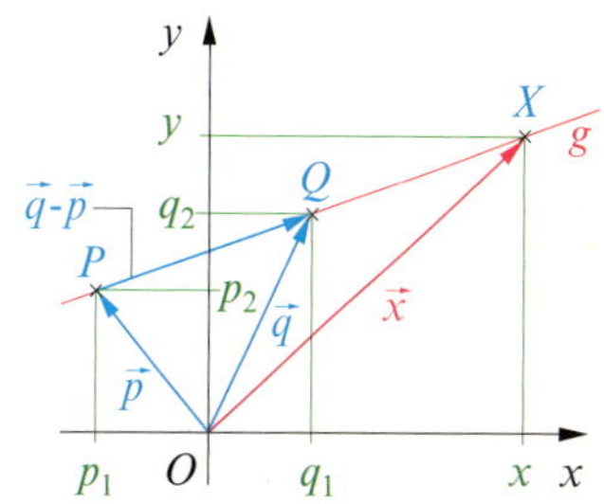

Normalform, Allgemeine Form (in der Ebene)

$y = mx + n$ für $m, n \in \mathbb{R}$; $m \neq O$ (↗ S. 16)

Sind die Koordinaten von $\vec{p} = \overrightarrow{OP_0}$ und $\vec{a}$ gegeben, so gilt:

$m = \tan \alpha = \dfrac{a_2}{a_1}$ und $m = \dfrac{y - y_0}{x - x_0}$ oder

$y - y_0 = m \cdot (x - x_0)$ für $P_0\ (x_0;\ y_0)$; $\vec{a} = \begin{pmatrix} a_1 \\ a_2 \end{pmatrix}$; $a_1 \neq 0$

Allgemeine Form der Geradengleichung (in einer Ebene)

$ax + by = c$ $(a, b, c \in \mathbb{R};\ a^2 + b^2 \neq 0)$

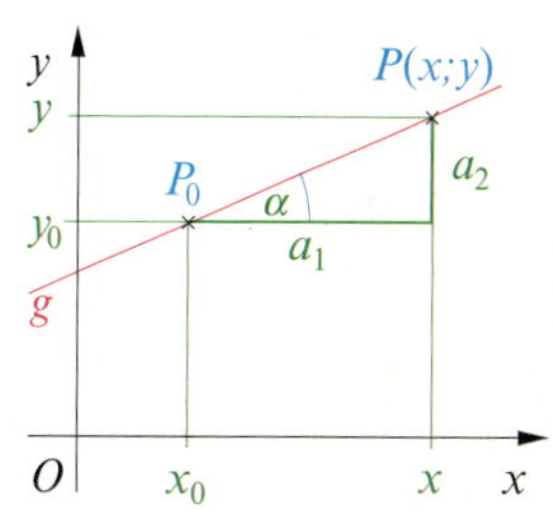

Gerade durch zwei Punkte (in der Ebene)

Sind die Koordinaten der Punkte $P_0(x_0;\ y_0)$ und $P_1(x_1;\ y_1)$ bekannt, so gilt für die Gerade durch P_0 und P_1:

$\dfrac{y - y_0}{x - x_0} = \dfrac{y_1 - y_0}{x_1 - x_0}$ oder

$(y - y_0)\ (x_1 - x_0) = (x - x_0)\ (y_1 - y_0)$

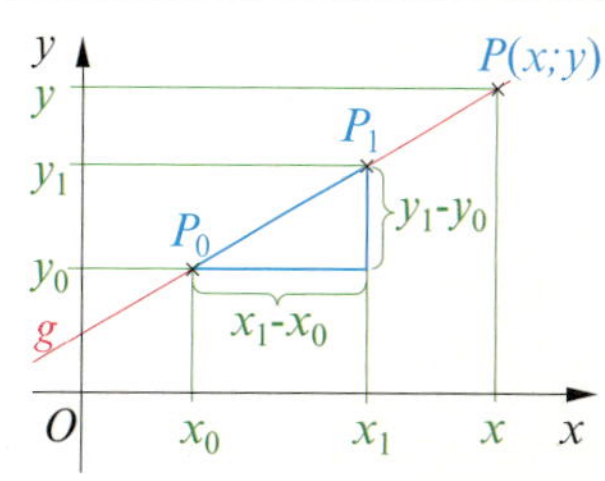

Achsenabschnittsform

Schneidet die Gerade g die x-Achse in $P_1(a;\ O)$ und die y-Achse in $P_2(O;\ b)$, so gilt:

$\dfrac{x}{a} + \dfrac{y}{b} = 1$ für $a \neq 0;\ b \neq 0$

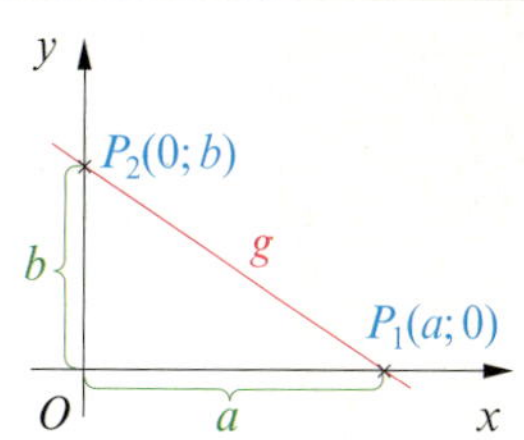

Ebenendarstellungen

Punktrichtungsgleichung	$\vec{x} = \vec{p} + r\vec{a} + s\vec{b};\ r \in \mathbb{R},\ s \in \mathbb{R}$ r und s sind Parameter; P ist ein Punkt mit dem Ortsvektor $\vec{p}$; $\vec{a}, \vec{b}$ sind zwei linear unabhängige Vektoren.
Dreipunktegleichung	$\vec{x} = \vec{p} + r(\vec{q} - \vec{p}) + s(\vec{r} - \vec{p});\ r \in \mathbb{R},\ s \in \mathbb{R}$ r und s sind Parameter; P, Q, R sind drei nicht kollineare Punkte mit den Ortsvektoren $\vec{p}, \vec{q}, \vec{r}$.
Allgemeine Form	$ax + by + cz = d$ Es gilt: $a^2 + b^2 + c^2 \neq 0;\quad a, b, c, d \in \mathbb{R}$.
Normalenform	**Vektorielle Darstellung in einer Ebene und im Raum** $(\vec{v} - \vec{v}_0) \cdot \vec{n} = 0$ Dabei gehört $\vec{v}$ zu einem beliebigen Punkt auf der Geraden bzw. Ebene, $\vec{v}_0$ zu einem bekannten, festen Punkt auf der Geraden bzw. Ebene und $\vec{n}$ ist ein Vektor, der auf der Geraden bzw. Ebene senkrecht steht. 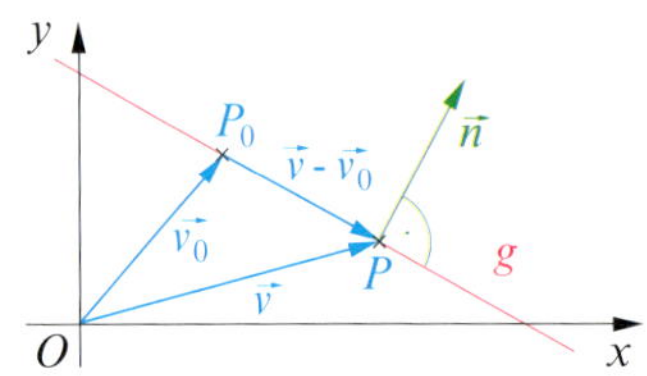 Die Koeffizienten der allgemeinen Form der Geradengleichung $ax + by = c$ bzw. die Koeffizienten der Ebenengleichung $ax + by + cz = d$ liefern die Koordinaten eines Normalenvektors $\vec{n}$ für eine Gerade in der Ebene: $\vec{n} = \begin{pmatrix} a \\ b \end{pmatrix}$, für eine Ebene: $\vec{n} = \begin{pmatrix} a \\ b \\ c \end{pmatrix}$ **Hesse'sche Normalenform** $(\vec{v} - \vec{v}_0) \cdot \vec{n}_0 = 0$ $\vec{n}_0$ ist der **Normaleneinheitsvektor** zu $\vec{n}$ mit $\vec{n}_0 = \frac{\vec{n}}{\lvert\vec{n}\rvert};\ \lvert\vec{n}_0\rvert = 1$ **Vektorfreie Darstellung einer Gerade in einer Ebene** $x \cdot \cos\varphi + y \cdot \sin\varphi - p = 0$ Dabei ist p der Abschnitt $\overline{OQ}$ des Lotes von O auf g und φ der Winkel zwischen dem positiven Teil der x-Achse und dem Lot. 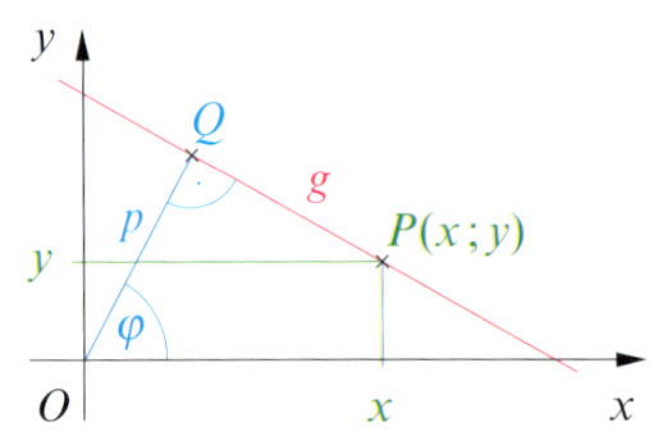

Schnittwinkel

Winkel zwischen zwei Geraden	$\cos\alpha = \frac{\vec{a} \cdot \vec{b}}{\lvert\vec{a}\rvert \cdot \lvert\vec{b}\rvert} = \frac{a_x b_x + a_y b_y + a_z b_z}{\sqrt{a_x^2 + a_y^2 + a_z^2} \cdot \sqrt{b_x^2 + b_y^2 + b_z^2}}$	Dabei ist $\vec{a}$ ein Richtungsvektor der ersten und $\vec{b}$ ein Richtungsvektor der zweiten Geraden. (↗ S. 59)
Winkel zwischen Gerade und Ebene	$\sin\alpha = \frac{\lvert\vec{n} \cdot \vec{a}\rvert}{\lvert\vec{n}\rvert \cdot \lvert\vec{a}\rvert}$	Dabei ist $\vec{a}$ ein Richtungsvektor der Geraden und $\vec{n}$ der Normalenvektor der Ebene.
Winkel zwischen zwei Ebenen	$\cos\alpha = \frac{\lvert\vec{n}_1 \cdot \vec{n}_2\rvert}{\lvert\vec{n}_1\rvert \cdot \lvert\vec{n}_2\rvert}$	Dabei ist $\vec{n}_1$ der Normalenvektor der ersten Ebene und $\vec{n}_2$ der Normalenvektor der zweiten Ebene.

Lagebeziehungen

Zwei Geraden in einer Ebene	**Geraden in Normalform** Für g: $y = m_1x + n_1$ und h: $y = m_2x + n_2$ gilt: $g \parallel h$ genau dann, wenn $m_1 = m_2$, $g = h$ genau dann, wenn $m_1 = m_2$ und $n_1 = n_2$, $g \perp h$ genau dann, wenn $m_1 = -\frac{1}{m_2}$ mit $m_2 \neq 0$. 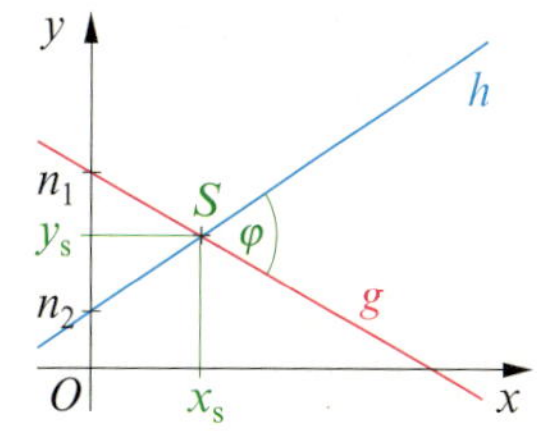 Schnittpunkt $S(x_S; y_S)$, falls $g \nparallel h$: $x_S = \frac{n_1 - n_2}{m_2 - m_1}$; $y_S = \frac{m_2n_1 - m_1n_2}{m_2 - m_1}$ Schnittwinkel φ ($\varphi \neq 90°$): $\tan \varphi = \frac{m_2 - m_1}{1 + m_1m_2}$ mit $m_1m_2 \neq -1$ **Geraden mit Punktrichtungsgleichungen** Für g: $\vec{x} = \vec{p} + r\vec{a}$ ($r \in \mathbb{R}$; $\vec{a} \neq \vec{o}$) und h: $\vec{x} = \vec{q} + s\vec{b}$ ($s \in \mathbb{R}$; $\vec{b} \neq \vec{o}$) gilt: $g \parallel h$ genau dann, wenn $\vec{b} = r\vec{a}$ ($r \neq 0$), $g = h$ genau dann, wenn $\vec{b} = r \cdot \vec{a}$ ($r \neq 0$) und es ein $s \in \mathbb{R}$ gibt, sodass $\vec{p} = \vec{q} + s\vec{b}$, $g \perp h$ genau dann, wenn $\vec{a} \cdot \vec{b} = 0$. 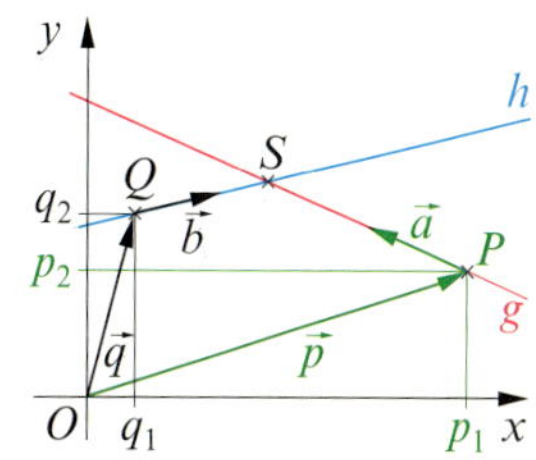 Schnittpunkt S mit $\vec{s} = \begin{pmatrix} p_1 \\ p_2 \end{pmatrix} + r \begin{pmatrix} a_x \\ a_y \end{pmatrix} = \begin{pmatrix} q_1 \\ q_2 \end{pmatrix} + s \begin{pmatrix} b_x \\ b_y \end{pmatrix}$ falls $g \nparallel h$.
Zwei Geraden im Raum	Für g: $\vec{x} = \vec{p} + r\vec{a}$ ($r \in \mathbb{R}$; $\vec{a} \neq \vec{o}$) und h: $\vec{x} = \vec{q} + s\vec{b}$ ($s \in \mathbb{R}$; $\vec{b} \neq \vec{o}$) gilt: $g \parallel h$, $g = h$ genau dann, wenn $\vec{b} = r\vec{a}$ ($r \neq 0$) und wenn es ein $s \in \mathbb{R}$ gibt, sodass $\vec{p} = \vec{q} + s\vec{b}$ ist. $g \parallel h$, $g \neq h$ genau dann, wenn $\vec{b} = r\vec{a}$ ($r \neq 0$) und wenn es kein $s \in \mathbb{R}$ gibt, sodass $\vec{p} = \vec{q} + s\vec{b}$ ist. Die Geraden schneiden einander, wenn es reelle Zahlen r, s gibt, sodass $\vec{p} + r\vec{a} = \vec{q} + s\vec{b}$. 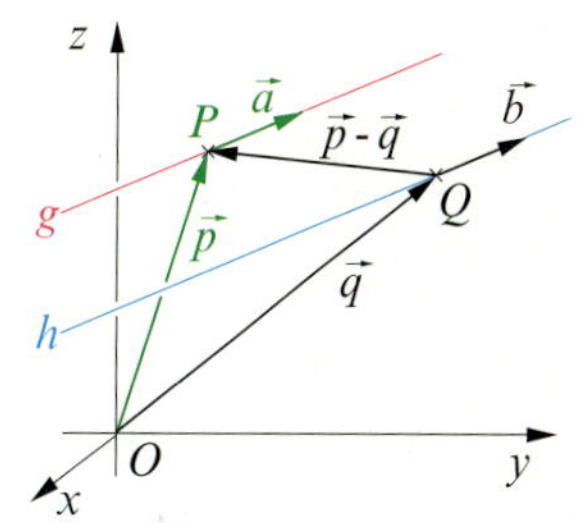 Für den Schnittpunkt S gilt: $\vec{s} = \begin{pmatrix} p_1 \\ p_2 \\ p_3 \end{pmatrix} + r \begin{pmatrix} a_x \\ a_y \\ a_z \end{pmatrix} = \begin{pmatrix} q_1 \\ q_2 \\ q_3 \end{pmatrix} + s \begin{pmatrix} b_1 \\ b_2 \\ b_3 \end{pmatrix}$ Trifft keiner dieser drei Fälle zu, so sind die Geraden windschief.

Abstände

Koordinatenursprung und Gerade bzw. Ebene	$p = \lvert \vec{v}_0 \cdot \vec{n}_0 \rvert$	Dabei ist $\vec{v}_0$ der Ortsvektor eines festen Punktes auf der Gerade bzw. Ebene und $\vec{n}_0$ der Normaleneinheitsvektor der Gerade bzw. Ebene.
Punkt R und Gerade bzw. Ebene	$d = \lvert (\vec{v}_R - \vec{v}_0) \cdot \vec{n}_0 \rvert$ mit	Dabei ist $\vec{v}_R$ der Ortsvektor des Punktes R, $\vec{v}_0$ der Ortsvektor eines festen Punktes auf der Gerade bzw. Ebene und $\vec{n}_0$ der Normaleneinheitsvektor der Gerade bzw. Ebene.
Zwei windschiefe Geraden	$d(g, h) = \lvert (\vec{q}_0 - \vec{p}_0) \cdot \vec{n}_0 \rvert$	Dabei ist $\vec{q}_0$ der Ortsvektor eines festen Punktes auf der ersten Geraden und $\vec{p}_0$ der Ortsvektor eines festen Punktes auf der zweiten Geraden, $\vec{n}_0$ ist der Normaleneinheitsvektor der beiden Geraden.

Kreis und Kugel

	Kreis	Kugel
Vektorielle Gleichung	$(\overrightarrow{OP_0} - \overrightarrow{OM})^2 = r^2$ mit $\overrightarrow{OP_0}$ Ortsvektor eines Punktes P_0 des Kreises, $\overrightarrow{OM}$ Ortsvektor des Mittelpunktes M und r Radius des Kreises Spezialfall $M\,(O;\,O)$: $\overrightarrow{OP_0} \cdot \overrightarrow{OP_0} = r^2$ 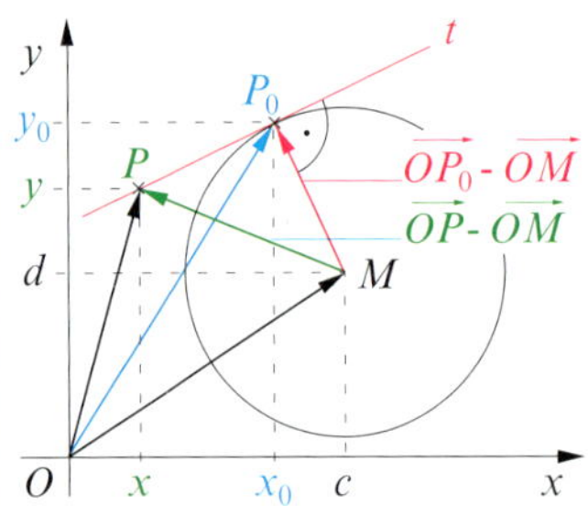	$(\overrightarrow{OP_0} - \overrightarrow{OM})^2 = r^2$ mit $\overrightarrow{OP_0}$ Ortsvektor eines Punktes P_0 auf der Kugel, $\overrightarrow{OM}$ Ortsvektor des Mittelpunktes M und r Radius der Kugel Spezialfall $M\,(O;\,O;\,O)$: $\overrightarrow{OP_0} \cdot \overrightarrow{OP_0} = r^2$ 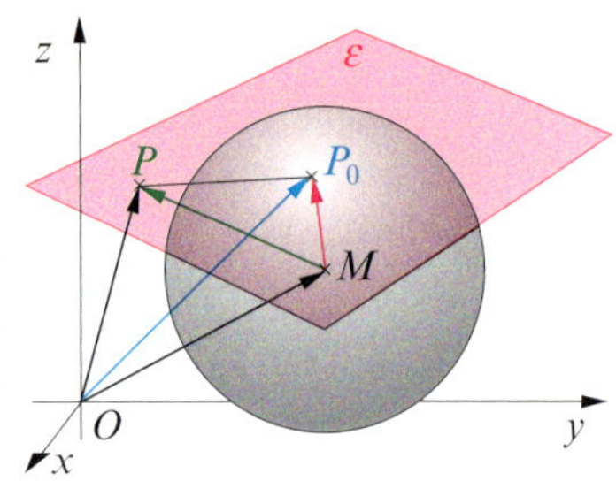
Koordinatengleichung	$(x-c)^2 + (y-d)^2 = r^2$ mit $M\,(c;\,d)$ und $P\,(x;\,y)$ Spezialfall $M\,(O;\,O)$: $x^2 + y^2 = r^2$	$(x-c)^2 + (y-d)^2 + (z-e)^2 = r^2$ mit $M\,(c;\,d;\,e)$ und $P\,(x;\,y;\,z)$ Spezialfall $M\,(O;\,O;\,O)$: $x^2 + y^2 + z^2 = r^2$
Parametergleichung (Polarkoordinaten)	$\vec{x} = \overrightarrow{OM} + r \begin{pmatrix} \cos\varphi \\ \sin\varphi \end{pmatrix}$ mit $-180° < \varphi \leq 180°$ (r, φ) nennt man Polarkoordinaten (↗ S. 33).	$\vec{x} = \overrightarrow{OM} + r \begin{pmatrix} \cos\lambda\cos\varphi \\ \sin\lambda\cos\varphi \\ \sin\varphi \end{pmatrix}$ mit $-180° < \lambda \leq 180°$; $-90 \leq \varphi < 90°$ (r, λ, φ) nennt man Kugelkoordinaten.
Gleichung einer Tangente bzw. Tangentialebene	im Punkt $P_0\,(x_0;\,y_0)$ $\overrightarrow{MP_0} \cdot \overrightarrow{MP} = r^2$ oder $(x - x_m)(x_0 - x_m) + (y - y_m)(y_0 - y_m) = r^2$ Spezialfall $M\,(O;\,O)$: $\overrightarrow{OP_0} \cdot \overrightarrow{OP} = r^2$ oder $xx_0 + yy_0 = r^2$	im Punkt $P_0\,(x_0;\,y_0;\,z_0)$ $\overrightarrow{MP_0} \cdot \overrightarrow{MP} = r^2$ oder $(x - x_m)(x_0 - x_m) + (y - y_m)(y_0 - y_m)$ $+ (z - z_m)(z_0 - z_m) = r^2$ Spezialfall $M\,(O;\,O;\,O)$: $\overrightarrow{OP_0} \cdot \overrightarrow{OP} = r^2$ oder $xx_0 + yy_0 + zz_0 = r^2$
Lagebeziehung zweier Kreise bzw. Kugeln	• kein Schnittpunkt für $\lvert\overline{M_1M_2}\rvert > r_1 + r_2$ oder $\lvert\overline{M_1M_2}\rvert < \lvert r_1 - r_2\rvert$ • genau ein Schnittpunkt für $\lvert\overline{M_1M_2}\rvert = r_1 + r_2$ oder $\lvert\overline{M_1M_2}\rvert = \lvert r_1 - r_2\rvert$ • genau zwei Schnittpunkte für $\lvert r_1 - r_2\rvert < \lvert\overline{M_1M_2}\rvert < r_1 + r_2$ • identisch für $\lvert\overline{M_1M_2}\rvert = 0$ und $r_1 = r_2$ 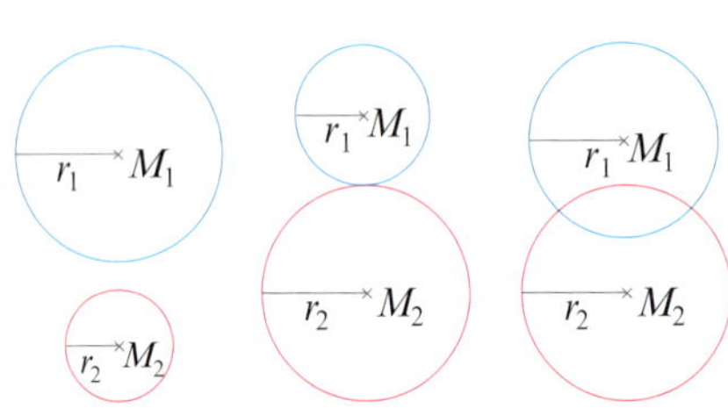	• kein Schnittpunkt für $\lvert\overline{M_1M_2}\rvert > r_1 + r_2$ oder $\lvert\overline{M_1M_2}\rvert < \lvert r_1 - r_2\rvert$ • genau ein Schnittpunkt für $\lvert\overline{M_1M_2}\rvert = r_1 + r_2$ oder $\lvert\overline{M_1M_2}\rvert = \lvert r_1 - r_2\rvert$ • Schnittkreis für $\lvert r_1 - r_2\rvert < \lvert\overline{M_1M_2}\rvert < r_1 + r_2$ • identisch für $\lvert\overline{M_1M_2}\rvert = 0$ und $r_1 = r_2$ 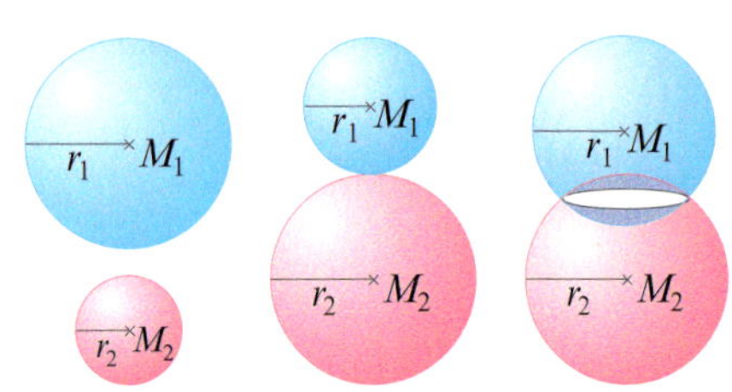

Kegelschnitte

	Ellipse	Hyperbel	Parabel
Mittel- bzw. Scheitel-punktslage: M (0; 0) bzw. S (0; 0)	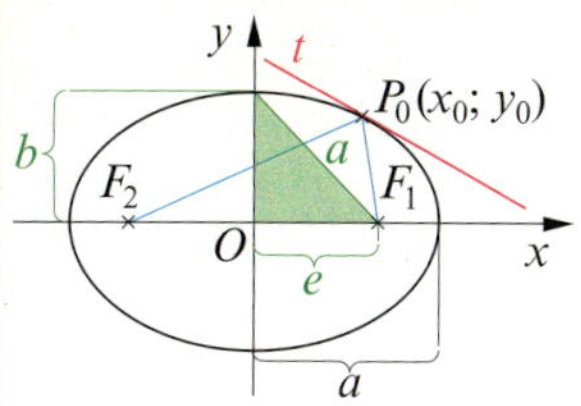 $\frac{x^2}{a^2} + \frac{y^2}{b^2} = 1$	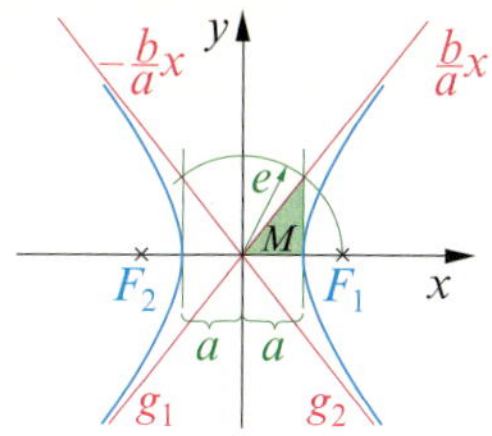 $\frac{x^2}{a^2} - \frac{y^2}{b^2} = 1$	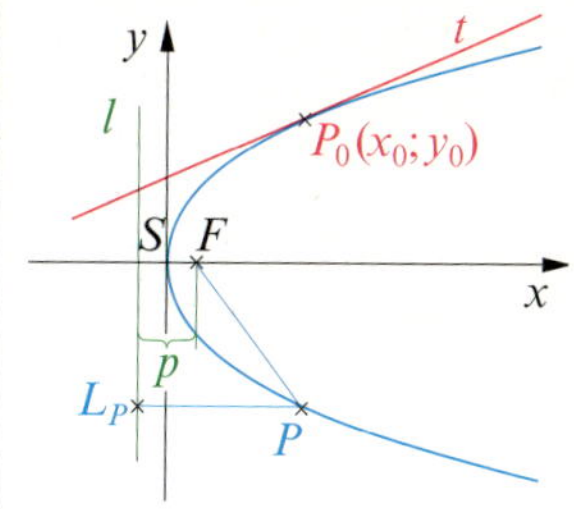 $y^2 = 2px$
Achsen-parallele Lage: M (c; d) bzw. S (c; d)	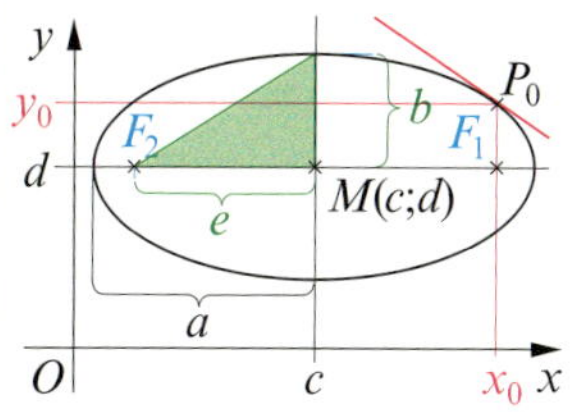 $\frac{(x-c)^2}{a^2} + \frac{(y-d)^2}{b^2} = 1$	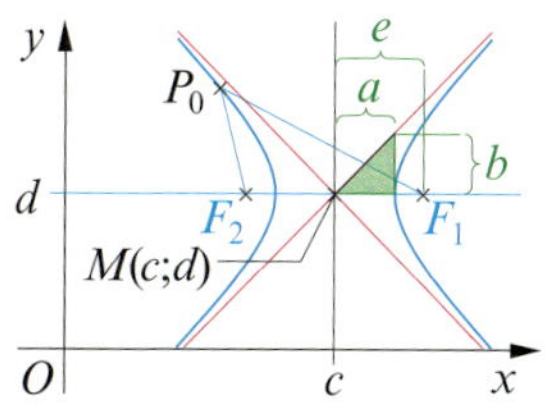 $\frac{(x-c)^2}{a^2} - \frac{(y-d)^2}{b^2} = 1$	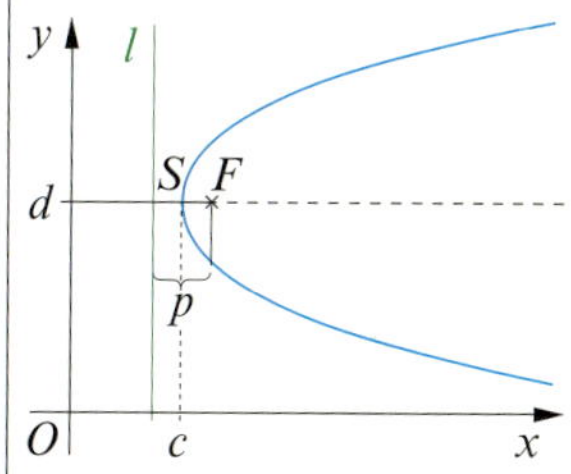 $(y-d)^2 = 2p\,(x-c)$
Bezeichnungen	F_1, F_2 Brennpunkte $2a$ Hauptachse $2b$ Nebenachse e Lineare Exzentrizität	F_1, F_2 Brennpunkte $2a$ Hauptachse $2b$ Nebenachse e Lineare Exzentrizität	F Brennpunkt l Leitlinie $2p$ Parameter S Scheitelpunkt
Ortsdefinition	$\lvert\overline{F_1P}\rvert + \lvert\overline{F_2P}\rvert = 2a > \lvert\overline{F_1F_2}\rvert$	$\lvert\overline{F_1P}\rvert - \lvert\overline{F_2P}\rvert = 2a < \lvert\overline{F_1F_2}\rvert$	$\lvert\overline{PF}\rvert = d\,(P, l)$
Lineare Exzentrizität	$e^2 = a^2 - b^2$	$e^2 = a^2 + b^2$	/
Tangente im Punkt P_0 (x_0; y_0)	bei Mittelpunktslage: $\frac{xx_0}{a^2} + \frac{yy_0}{b^2} = 1$ bei achsenparalleler Lage: $\frac{(x-c)(x_0-c)}{a^2} + \frac{(y-d)(y_0-d)}{b^2} = 1$	bei Mittelpunktslage: $\frac{xx_0}{a^2} - \frac{yy_0}{b^2} = 1$ bei achsenparalleler Lage: $\frac{(x-c)(x_0-c)}{a^2} - \frac{(y-d)(y_0-d)}{b^2} = 1$	bei Scheitelpunktslage: $yy_0 = p\,(x + x_0)$ bei achsenparalleler Lage: $(y-d)(y_0-d) =$ $p\,[(x-c) + (x_0-c)]$
Gemeinsame Scheitel-gleichung	Mit $2p$ (Länge der Sehne senkrecht zur Hauptachse durch einen Brennpunkt) und $\varepsilon = \frac{e}{a}$ (numerische Exzentrizität) gilt für Kegelschnitte in Mittel- bzw. Scheitelpunktslage die Gleichung: $y^2 = 2px - (1 - \varepsilon^2)\,x^2$ ($0 < \varepsilon < 1$ für eine Ellipse, $\varepsilon = 1$ für eine Parabel, $\varepsilon > 1$ für eine Hyperbel)		
Allgemeine Form der Kegel-schnittgleichung	$Ax^2 + 2Bxy + Cy^2 + 2Dx + 2Ey + F = 0$ ($AC - B^2 > 0$ für eine Ellipse, $AC - B^2 = 0$ für eine Parabel, $AC - B^2 < 0$ für eine Hyperbel)		

Lineare Algebra

Matrizen

n-Tupel	Spalten (Zeilen) mit n Zahlen ($n = 2$: Paar; $n = 3$: Tripel; $n = 4$: Quadrupel) Beispiel: Der Vektor (3; 7; – 2; 1; 8; 9) ist ein 6-Tupel.
Matrix (m, n)-Matrix	Eine Matrix ist ein System von $m \cdot n$ Zahlen, die in einem rechteckigen Schema von m Zeilen und n Spalten angeordnet wurden. Matrizen finden zum Beispiel Verwendung als Koeffizientenschema für ein System von m linearen Gleichungen mit n Variablen x_i. $\begin{matrix} a_{11}x_1 + a_{12}x_2 + a_{13}x_3 + \ldots + a_{1n}x_n = b_1 \\ a_{21}x_1 + a_{22}x_2 + a_{23}x_3 + \ldots + a_{2n}x_n = b_2 \\ \ldots \quad \ldots \quad \ldots \quad \ldots \quad \ldots \\ a_{m1}x_1 + a_{m2}x_2 + a_{m3}x_3 + \ldots + a_{mn}x_n = b_m \end{matrix}$ $\qquad \mathbf{A}_{(m,\,n)} = \begin{pmatrix} a_{11} & a_{12} & a_{13} & \ldots & a_{1n} \\ a_{21} & a_{22} & a_{23} & \ldots & a_{2n} \\ \ldots & \ldots & \ldots & \ldots & \ldots \\ a_{m1} & a_{m2} & a_{m3} & \ldots & a_{mn} \end{pmatrix}$ Das Paar (m, n) gibt den Typ der Matrix an: m Zeilen und n Spalten. Für die Bezeichnung des allgemeinen Elements der Matrix wählt man oft: a_{ik} mit $i = 1, 2, \ldots, m$ und $k = 1, 2, \ldots, n$. Matrizen können auch verwendet werden, um Abbildungen wie beispielsweise Drehungen und Spiegelungen darzustellen. (↗ S. 70)
Vektoren	Eine Matrix $\mathbf{A}_{(m,\,n)}$ kann als Zusammenschluss von m Zeilenvektoren $\mathbf{a}_{(i)}$ oder aber von n Spaltenvektoren $\mathbf{a}_{(k)}$ angesehen werden. Ein **Spaltenvektor** ist danach eine einspaltige Matrix vom Typ $(m, 1)$, ein **Zeilenvektor** ist eine einzeilige Matrix vom Typ $(1, n)$.
Quadratische Matrix	In einer quadratischen Matrix ist die Anzahl der Zeilen gleich der Anzahl der Spalten: $m = n$. Die Elemente $a_{11}, a_{22}, a_{33}, \ldots, a_{nn}$ bilden die Hauptdiagonale; die Elemente $a_{1n}, a_{2n-1}, a_{3n-2}, \ldots, a_{n1}$ die Nebendiagonale. $\mathbf{A}_{(n,\,n)} = \begin{pmatrix} a_{11} & a_{12} & a_{13} & \ldots & a_{1n} \\ a_{21} & a_{22} & a_{23} & \ldots & a_{2n} \\ \ldots & \ldots & \ldots & \ldots & \ldots \\ a_{n1} & a_{n2} & a_{n3} & \ldots & a_{nn} \end{pmatrix}$
Diagonalmatrix Einheitsmatrix	Diagonalmatrix $\mathbf{D} = \begin{pmatrix} d_{11} & 0 & \ldots & 0 \\ 0 & d_{22} & \ldots & 0 \\ \ldots & \ldots & \ldots & \ldots \\ 0 & 0 & \ldots & d_{nn} \end{pmatrix}$ Eine Diagonalmatrix ist eine besondere quadratische Matrix. Alle Elemente außerhalb der Hauptdiagonalen sind gleich null. Einheitsmatrix $\mathbf{E} = \begin{pmatrix} 1 & 0 & \ldots & 0 \\ 0 & 1 & \ldots & 0 \\ \ldots & \ldots & \ldots & \ldots \\ 0 & 0 & \ldots & 1 \end{pmatrix}$ Eine Einheitsmatrix ist eine besondere Diagonalmatrix. Alle Elemente in der Hauptdiagonalen sind gleich 1.
Dreiecksmatrix	obere Dreiecksmatrix $\begin{pmatrix} a_{11} & a_{12} & \ldots & a_{1n} \\ 0 & a_{22} & \ldots & a_{2n} \\ \ldots & \ldots & \ldots & \ldots \\ 0 & 0 & \ldots & a_{nn} \end{pmatrix}$ Alle Elemente unterhalb der Hauptdiagonalen einer quadratischen Matrix sind gleich null. untere Dreiecksmatrix $\begin{pmatrix} a_{11} & 0 & \ldots & 0 \\ a_{21} & a_{22} & \ldots & 0 \\ \ldots & \ldots & \ldots & \ldots \\ a_{n1} & a_{n2} & \ldots & a_{nn} \end{pmatrix}$ Alle Elemente oberhalb der Hauptdiagonalen einer quadratischen Matrix sind gleich null.

Rechnen mit Matrizen

Gleichheit von Matrizen	Zwei Matrizen $\mathbf{A}_{(m,\,n)}$ und $\mathbf{B}_{(m,\,n)}$ sind dann und nur dann gleich, wenn sie im Typ übereinstimmen und wenn alle entsprechenden Elemente gleich sind, d. h. $a_{ij} = b_{ij}$ für $i = 1, \ldots, m$ und $j = 1, \ldots, n$.
Addition/ Subtraktion	Für (m, n)-Matrizen **A** und **B** vom gleichen Typ gilt: $\mathbf{A} \pm \mathbf{B} = \begin{pmatrix} a_{11} \pm b_{11} & a_{12} \pm b_{12} & \ldots & a_{1n} \pm b_{1n} \\ a_{21} \pm b_{21} & a_{22} \pm b_{22} & \ldots & a_{2n} \pm b_{2n} \\ \ldots & \ldots & & \ldots \\ a_{m1} \pm b_{m1} & a_{m2} \pm b_{m2} & \ldots & a_{mn} \pm b_{mn} \end{pmatrix}$ Rechenregeln: $\mathbf{A} + \mathbf{B} = \mathbf{B} + \mathbf{A}$ $(\mathbf{A} + \mathbf{B}) + \mathbf{C} = \mathbf{A} + (\mathbf{B} + \mathbf{C})$ $\mathbf{A} + 0 = \mathbf{A}$ $\mathbf{A} - \mathbf{A} = 0$
Multiplikation einer Matrix $\mathrm{A}_{(m,\,n)}$ mit einer reellen Zahl r	$r\mathbf{A} = \begin{pmatrix} ra_{11} & ra_{12} & \ldots & ra_{1n} \\ ra_{21} & ra_{22} & \ldots & ra_{2n} \\ \ldots & \ldots & \ldots & \ldots \\ ra_{m1} & ra_{m2} & \ldots & ra_{mn} \end{pmatrix}$ Rechenregeln: $(r + s)\,\mathbf{A} = r\mathbf{A} + s\mathbf{A}$ $r\,(\mathbf{A} + \mathbf{B}) = r\mathbf{A} + r\mathbf{B}$ $r\,(s\mathbf{A}) = (rs)\,\mathbf{A}$ $1 \cdot \mathbf{A} = \mathbf{A}$ $0 \cdot \mathbf{A} = 0$
Multiplikation von Matrizen	Die Multiplikation zweier Matrizen **A** und **B** ist möglich, wenn die Anzahl der Spalten von **A** gleich der Anzahl der Zeilen von **B** ist, wenn also $\mathbf{A}_{(m,\,n)}$ und $\mathbf{B}_{(n,\,q)}$ gilt. Die Ergebnismatrix **C** hat die Zeilenzahl von **A** und die Spaltenzahl von **B**. Ihre Elemente c_{ik} werden durch das Skalarprodukt der i-ten Zeile von **A** mit der k-ten Spalte von **B** bestimmt: $\mathbf{A}_{(m,\,n)} \cdot \mathbf{B}_{(n,\,q)} = \mathbf{C}_{(m,\,q)}$ mit $c_{ik} = \sum_{j=1}^{n} a_{ij} b_{jk}$ und $i = 1, 2, \ldots, m;\ k = 1, 2, \ldots, q$ (n und n: verkettbar) ***m* Zeilen, *n* Spalten** · ***n* Zeilen, *q* Spalten** = ***m* Zeilen, *q* Spalten** $\begin{pmatrix} a_{11} & a_{12} & \ldots & a_{1n} \\ \ldots & \ldots & \ldots & \ldots \\ a_{m1} & a_{m2} & \ldots & a_{mn} \end{pmatrix} \cdot \begin{pmatrix} b_{11} & b_{12} & \ldots & b_{1q} \\ \ldots & \ldots & \ldots & \ldots \\ b_{n1} & b_{n2} & \ldots & b_{nq} \end{pmatrix} = \begin{pmatrix} \sum_{j=1}^{n} a_{1j} b_{j1} & \sum_{j=1}^{n} a_{1j} b_{j2} & \ldots & \sum_{j=1}^{n} a_{1j} b_{jq} \\ \ldots & \ldots & \ldots & \ldots \\ \sum_{j=1}^{n} a_{mj} b_{j1} & \sum_{j=1}^{n} a_{mj} b_{j2} & \ldots & \sum_{j=1}^{n} a_{mj} b_{jq} \end{pmatrix}$ Rechenregeln: $(\mathbf{A} + \mathbf{B}) \cdot \mathbf{C} = \mathbf{A} \cdot \mathbf{C} + \mathbf{B} \cdot \mathbf{C}$ $r\,(\mathbf{A} \cdot \mathbf{B}) = (r \cdot \mathbf{A}) \cdot \mathbf{B}$ Achtung: $\mathbf{A} \cdot \mathbf{B} \neq \mathbf{B} \cdot \mathbf{A}$ (nicht kommutativ)
Berechnungsschema für Matrizenmultiplikation (Falk'sches Schema)	Für die Berechnung der Elemente der Ergebnismatrix **C** bei der Multiplikation der Matrizen **A** und **B** hat sich folgendes Schema bewährt: $\mathbf{A}_{(m,\,n)}$: m Zeilen, n Spalten — $\mathbf{B}_{(n,\,q)}$: n Zeilen, q Spalten **B** (oben rechts): $\begin{matrix} b_{11} & b_{12} & \ldots & b_{1k} & \ldots & b_{1q} \\ \ldots & \ldots & \ldots & \ldots & \ldots & \ldots \\ b_{n1} & b_{n2} & \ldots & b_{nk} & \ldots & b_{nq} \end{matrix}$ **A** (unten links): $\begin{matrix} a_{11} & a_{12} & \ldots & a_{1n} \\ \ldots & \ldots & \ldots & \ldots \\ a_{i1} & a_{i2} & \ldots & a_{in} \\ \ldots & \ldots & \ldots & \ldots \\ a_{m1} & a_{m2} & \ldots & a_{mn} \end{matrix}$ **C** (unten rechts): $\begin{matrix} c_{11} & c_{12} & \ldots & c_{1k} & \ldots & c_{1q} \\ \ldots & \ldots & \ldots & \ldots & \ldots & \ldots \\ c_{i1} & c_{i2} & \ldots & c_{ik} = \sum_{j=1}^{n} a_{ij} b_{jk} & \ldots & c_{iq} \\ \ldots & \ldots & \ldots & \ldots & \ldots & \ldots \\ c_{m1} & c_{m2} & \ldots & c_{mk} & \ldots & c_{mq} \end{matrix}$ $\quad \mathbf{A}_{(m,\,n)} \cdot \mathbf{B}_{(n,\,q)}$

Besondere Matrizen und Eigenschaften

Transponierte Matrix	Wenn in einer (m, n)-Matrix $\mathbf{A}$ die Zeilen mit den entsprechenden Spalten vertauscht werden, so entsteht eine Matrix $\mathbf{A}^T$ vom Typ (n, m); die **transponierte Matrix**. $\mathbf{A}_{(m,n)} = \begin{pmatrix} a_{11} & a_{12} & a_{13} & \dots & a_{1n} \\ a_{21} & a_{22} & a_{23} & \dots & a_{2n} \\ a_{31} & a_{32} & a_{33} & \dots & a_{3n} \\ \dots & \dots & \dots & \dots & \dots \\ a_{m1} & a_{m2} & a_{m3} & \dots & a_{mn} \end{pmatrix}$ $\quad \mathbf{A}^T_{(m,n)} = \begin{pmatrix} a_{11} & a_{21} & a_{31} & \dots & a_{m1} \\ a_{12} & a_{22} & a_{32} & \dots & a_{m2} \\ a_{13} & a_{23} & a_{33} & \dots & a_{m3} \\ \dots & \dots & \dots & \dots & \dots \\ a_{1n} & a_{2n} & a_{3n} & \dots & a_{mn} \end{pmatrix}$ Rechenregeln: $(\mathbf{A}^T)^T = \mathbf{A}$ $(r\mathbf{A})^T = r\mathbf{A}^T$ $(\mathbf{A} + \mathbf{B})^T = \mathbf{A}^T + \mathbf{B}^T$
Symmetrische Matrix; schiefsymmetrische Matrix	Für quadratische Matrizen $\mathbf{A}_{(n,n)}$ gilt: Die transponierte Matrix $\mathbf{A}^T$ entsteht durch Spiegelung der Elemente an der Hauptdiagonalen der Matrix $\mathbf{A}$. Eine quadratische Matrix $\mathbf{A}_{(n,n)}$ heißt symmetrisch, wenn $\mathbf{A} = \mathbf{A}^T$ gilt: $\mathbf{A} = \begin{pmatrix} a & b & d & g \\ b & c & e & h \\ d & e & f & i \\ g & h & i & j \end{pmatrix}$ Für ihre Elemente gilt: $a_{ik} = a_{ki}$ mit $i = 1, 2, 3, \dots, n$ und $k = 1, 2, \dots, n$. Eine quadratische Matrix $\mathbf{A}_{(n,n)}$ heißt schiefsymmetrisch, wenn $\mathbf{A} = -\mathbf{A}^T$ gilt: $\mathbf{A} = \begin{pmatrix} 0 & a & b & -d \\ -a & 0 & -c & e \\ -b & c & 0 & -f \\ d & -e & f & 0 \end{pmatrix}$ Die Elemente der Hauptdiagonalen sind sämtlich null, also: $a_{ii} = 0$ für $i = 1, 2, \dots, n$. Ferner gilt $a_{ik} = -a_{ki}$ mit $i = 1, 2, 3, \dots, n$ und $k = 1, 2, \dots, n$.
Untermatrix zum Element a_{ij}	Wird aus einer Matrix $\mathbf{A}_{(m,n)}$ die i-te Zeile sowie die j-te Spalte gestrichen, so entsteht die zu dem Element a_{ij} gehörende Untermatrix. Untermatrizen treten bei der Berechnung von Determinanten auf. (↗ S. 67) $\begin{pmatrix} a_{11} & \dots & a_{1,j-1} & a_{1j} & a_{1,j+1} & \dots & a_{1n} \\ \dots & & & & & & \dots \\ a_{i-1,1} & \dots & a_{i-1,j-1} & a_{i-1,j} & a_{i-1,j+1} & \dots & a_{i-1,n} \\ a_{i1} & \dots & a_{i,j-1} & a_{ij} & a_{i,j+1} & \dots & a_{in} \\ a_{i+1,1} & \dots & a_{i+1,j-1} & a_{i+1,j} & a_{i+1,j+1} & \dots & a_{i+1,n} \\ \dots & & & & & & \dots \\ a_{m1} & \dots & a_{m,j-1} & a_{mj} & a_{m,j+1} & \dots & a_{mn} \end{pmatrix} = \begin{pmatrix} a_{11} & \dots & a_{1,j-1} & a_{1,j+1} & \dots & a_{1n} \\ \dots & & & & & \\ a_{i-1,1} & \dots & a_{i-1,j-1} & a_{i-1,j+1} & \dots & a_{i-1,n} \\ a_{i+1,1} & \dots & a_{i+1,j-1} & a_{i+1,j+1} & \dots & a_{i+1,n} \\ \dots & & & & & \\ a_{m1} & \dots & a_{m,j-1} & a_{m,j+1} & \dots & a_{mn} \end{pmatrix}$
Inverse Matrix	Die Matrix $\mathbf{A}^{-1}$ ist inverse Matrix der quadratischen Matrix $\mathbf{A}_{(m,n)}$, wenn gilt: $\mathbf{A} \cdot \mathbf{A}^{-1} = \mathbf{A}^{-1} \cdot \mathbf{A} = \mathbf{E}$. Eine inverse Matrix von $\mathbf{A}_{(n,n)}$ existiert, wenn $\det \mathbf{A}_{(n,n)} \neq 0$ (↗ S. 67). In diesem Fall besitzt das dazugehörige lineare Gleichungssystem eine eindeutige Lösung (↗ S. 69). Für $\mathbf{A}_{(2,2)} = \begin{pmatrix} a_1 & b_1 \\ a_2 & b_2 \end{pmatrix}$ ist $\mathbf{A}^{-1} = \frac{1}{a_1 b_2 - a_2 b_1} \begin{pmatrix} b_2 & -b_1 \\ -a_2 & a_1 \end{pmatrix}$.
Rang einer Matrix	Der Rang einer Matrix ist die maximale Anzahl linear unabhängiger Zeilen- bzw. Spaltenvektoren. Beide maximalen Zahlen stimmen überein. Der Rang einer Matrix $\mathbf{A}_{(n,n)}$ vom Typ (n, n) ist kleiner oder gleich n. Für die Koeffizientenmatrix $\mathbf{A}$ eines linearen Gleichungssystems gilt: Ist der Rang von $\mathbf{A}$ kleiner als n, so gibt es unendlich viele oder gar keine Lösungen. Ist der Rang von $\mathbf{A}$ gleich n, so gibt es genau eine Lösung. (↗ S. 69)

Determinanten

Definition der Determinanten

Eine Determinante ist eine Funktion, die jeder quadratischen Matrix $\mathbf{A}_{(n,\,n)}$ mit reellen Zahlen als Elemente eindeutig eine reelle Zahl zuordnet.

$$\det \mathbf{A} = \begin{vmatrix} a_{11} & a_{12} & \dots & a_{1n} \\ a_{21} & a_{22} & \dots & a_{2n} \\ \dots & \dots & \dots & \dots \\ a_{n1} & a_{n2} & \dots & a_{nn} \end{vmatrix} = |a_{ik}|$$

Dabei wird durch n die Ordnung der Determinante angezeigt, indem man auch schreibt: $D^{(n)} = \det \mathbf{A}$

Beachte: Eine Determinante ändert ihr Vorzeichen, wenn zwei Zeilen oder zwei Spalten miteinander vertauscht werden.

Determinanten nutzt man beispielsweise bei der Lösung von linearen Gleichungssystemen mithilfe der Cramer'schen Regel (↗ S. 68) oder auch zur Bestimmung des Ranges einer Matrix (↗ S. 66).

Unterdeterminante (Adjunkte) des Elementes a_{ij}

Die Unterdeterminante (Adjunkte) $\mathbf{A}_{ij}$ des Elementes a_{ij} entsteht aus der Determinante der Matrix $\mathbf{A}_{(n,\,n)}$ durch Streichen der i-ten Zeile und der j-ten Spalte sowie Multiplikation mit dem Faktor $(-1)^{i+j}$.

Für $\begin{vmatrix} a_{11} & a_{12} & a_{13} \\ a_{21} & a_{22} & a_{23} \\ a_{31} & a_{32} & a_{33} \end{vmatrix}$ ist $\mathbf{A}_{12} = -\begin{vmatrix} a_{21} & a_{23} \\ a_{31} & a_{33} \end{vmatrix}$.

Determinanten zweiter Ordnung

$$D^{(2)} = \begin{vmatrix} a_{11} & a_{12} \\ a_{21} & a_{22} \end{vmatrix} = a_{11} \cdot a_{22} - a_{12} \cdot a_{21}$$

Produkt der Elemente der Hauptdiagonale minus Produkt der Elemente der Nebendiagonale

Determinanten dritter Ordnung

$$D^{(3)} = \begin{vmatrix} a_{11} & a_{12} & a_{13} \\ a_{21} & a_{22} & a_{23} \\ a_{31} & a_{32} & a_{33} \end{vmatrix} = a_{11}a_{22}a_{33} + a_{12}a_{23}a_{31} + a_{13}a_{21}a_{32} - a_{13}a_{22}a_{31} - a_{11}a_{23}a_{32} - a_{12}a_{21}a_{33}$$

Für dreireihige (und nur für dreireihige) Determinanten können die Summanden mithilfe der **Regel von Sarrus** ermittelt werden:

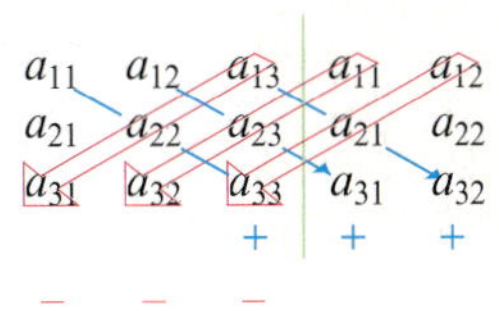

Berechnung mithilfe von Unterdeterminanten:

$$\begin{vmatrix} a_{11} & a_{12} & a_{13} \\ a_{21} & a_{22} & a_{23} \\ a_{31} & a_{32} & a_{33} \end{vmatrix} = a_{11}\begin{vmatrix} a_{22} & a_{23} \\ a_{32} & a_{33} \end{vmatrix} - a_{12}\begin{vmatrix} a_{21} & a_{23} \\ a_{31} & a_{33} \end{vmatrix} + a_{13}\begin{vmatrix} a_{21} & a_{22} \\ a_{31} & a_{32} \end{vmatrix}$$

weiter mit Determinanten zweiter Ordnung

Man schreibt in diesem Fall unter Verwendung von Unterdeterminanten auch
$\mathbf{D}^{(3)} = \det \mathbf{A}_{(3,3)} = a_{11}\mathbf{A}_{11} + a_{12}\mathbf{A}_{12} + a_{13}\mathbf{A}_{13}$

Determinanten vierter Ordnung

$$\begin{vmatrix} a_{11} & a_{12} & a_{13} & a_{14} \\ a_{21} & a_{22} & a_{23} & a_{24} \\ a_{31} & a_{32} & a_{33} & a_{34} \\ a_{41} & a_{42} & a_{43} & a_{44} \end{vmatrix} = a_{11}\mathbf{A}_{11} + a_{12}\mathbf{A}_{12} + a_{13}\mathbf{A}_{13} + a_{14}\mathbf{A}_{14}$$

Die Einführung der Unterdeterminanten führt dann auf:

$$a_{11}\begin{vmatrix} a_{22} & a_{23} & a_{24} \\ a_{32} & a_{33} & a_{34} \\ a_{42} & a_{43} & a_{44} \end{vmatrix} - a_{12}\begin{vmatrix} a_{21} & a_{23} & a_{24} \\ a_{31} & a_{33} & a_{34} \\ a_{41} & a_{43} & a_{44} \end{vmatrix} + a_{13}\begin{vmatrix} a_{21} & a_{22} & a_{24} \\ a_{31} & a_{32} & a_{34} \\ a_{41} & a_{42} & a_{44} \end{vmatrix} - a_{14}\begin{vmatrix} a_{21} & a_{22} & a_{23} \\ a_{31} & a_{32} & a_{33} \\ a_{41} & a_{42} & a_{43} \end{vmatrix}$$

Auf die so entstandenen dreireihigen Determinanten kann dann die Regel von Sarrus angewendet werden.

Lösen linearer Gleichungssysteme mit der Cramer'schen Regel

Darstellung linearer Gleichungs-syteme als Matrizen	Ein lineares Gleichungssystem mit m Gleichungen und n Variablen x_i besitzt die Koeffizientenmatrix $\mathbf{A}_{(m,\,n)}$. $\begin{array}{l} a_{11}x_1 + a_{12}x_2 + a_{13}x_3 + \ldots + a_{1n}x_n = b_1 \\ a_{21}x_1 + a_{22}x_2 + a_{23}x_3 + \ldots + a_{2n}x_n = b_2 \\ a_{31}x_1 + a_{32}x_2 + a_{33}x_3 + \ldots + a_{3n}x_n = b_3 \\ \ldots \qquad\qquad\qquad\qquad \ldots \\ a_{m1}x_1 + a_{m2}x_2 + a_{m3}x_3 + \ldots + a_{mn}x_n = b_m \end{array}$ $\quad \mathbf{A}_{(m,\,n)} = \begin{pmatrix} a_{11} & a_{12} & a_{13} & \ldots & a_{1n} \\ a_{21} & a_{22} & a_{23} & \ldots & a_{2n} \\ \ldots & \ldots & \ldots & \ldots & \ldots \\ a_{m1} & a_{m2} & a_{m3} & \ldots & a_{mn} \end{pmatrix}$ Die erweiterte Matrix des linearen Gleichungssystems lautet: $\mathbf{B}_{(m,\,n+1)} = \left(\begin{array}{cccc\|c} a_{11} & a_{12} & \ldots & a_{1n} & b_1 \\ a_{21} & a_{22} & \ldots & a_{2n} & b_2 \\ \ldots & \ldots & \ldots & \ldots & \ldots \\ a_{m1} & a_{m2} & \ldots & a_{mn} & b_m \end{array}\right)$
Cramer'sche Regel	$x_i = \frac{\mathbf{D}_i}{\mathbf{D}^{(n)}}$ $\quad \mathbf{D}^{(n)}$ ist Koeffizientendeterminante, $\mathbf{D}^{(n)}$ darf nicht null sein. $\mathbf{D}_i$ ist Zählerdeterminante. Die Zählerdeterminante $\mathbf{D}_i$ entsteht, indem man in der Koeffizientendeterminante die i-te Spalte durch die Spalte $(b_1, b_2; \ldots; b_n)$ ersetzt.
Systeme aus zwei linearen Gleichungen mit zwei Variablen	$a_{11}x_1 + a_{12}x_2 = b_1$ $a_{21}x_1 + a_{22}x_2 = b_2$ $\mathbf{D}^{(n)} = \begin{vmatrix} a_{11} & a_{12} \\ a_{21} & a_{22} \end{vmatrix} = a_{11}a_{22} - a_{12}a_{21}$; $\quad \mathbf{D}_1 = \begin{vmatrix} b_1 & a_{12} \\ b_2 & a_{22} \end{vmatrix} = b_1a_{22} - a_{12}b_2$; $\mathbf{D}_2 = \begin{vmatrix} a_{11} & b_1 \\ a_{21} & b_2 \end{vmatrix} = a_{11}b_2 - b_1a_{21}$ Daraus folgt: $x_1 = \frac{\mathbf{D}_1}{\mathbf{D}^{(n)}} = \frac{b_1a_{22} - a_{12}b_2}{a_{11}a_{22} - a_{12}a_{21}}$; $\quad x_2 = \frac{\mathbf{D}_2}{\mathbf{D}^{(n)}} = \frac{a_{11}b_2 - b_1a_{21}}{a_{11}a_{22} - a_{12}a_{21}}$, falls $\mathbf{D}^{(n)} \neq 0$
Systeme aus drei linearen Gleichungen mit drei Variablen	$a_{11}x_1 + a_{12}x_2 + a_{13}x_3 = b_1$ $a_{21}x_1 + a_{22}x_2 + a_{23}x_3 = b_2$ $a_{31}x_1 + a_{32}x_2 + a_{33}x_3 = b_3$ Die Koeffizientendeterminante $\mathbf{D}^{(n)}$ wie auch die Zählerdeterminante $\mathbf{D}_i$ lassen sich als dreireihige Determinanten mithilfe der Regel von Sarrus berechnen (↗ Seite 67). $\mathbf{D}^{(n)} = \begin{vmatrix} a_{11} & a_{12} & a_{13} \\ a_{21} & a_{22} & a_{23} \\ a_{31} & a_{32} & a_{33} \end{vmatrix} = a_{11}a_{22}a_{33} + a_{12}a_{23}a_{31} + a_{13}a_{21}a_{32} - a_{13}a_{22}a_{31} - a_{11}a_{23}a_{32} - a_{12}a_{21}a_{33}$ $\mathbf{D}_1 = \begin{vmatrix} b_1 & a_{12} & a_{13} \\ b_2 & a_{22} & a_{23} \\ b_3 & a_{32} & a_{33} \end{vmatrix} \quad \mathbf{D}_2 = \begin{vmatrix} a_{11} & b_1 & a_{13} \\ a_{21} & b_2 & a_{23} \\ a_{31} & b_3 & a_{33} \end{vmatrix} \quad \mathbf{D}_3 = \begin{vmatrix} a_{11} & a_{12} & b_1 \\ a_{21} & a_{22} & b_2 \\ a_{31} & a_{32} & b_3 \end{vmatrix}$ Aus der Cramer'schen Regel folgt für $\mathbf{D}^{(n)} \neq 0$: $\quad x_1 = \frac{\mathbf{D}_1}{\mathbf{D}^{(n)}}$; $\quad x_2 = \frac{\mathbf{D}_2}{\mathbf{D}^{(n)}}$; $\quad x_3 = \frac{\mathbf{D}_3}{\mathbf{D}^{(n)}}$ *Hinweis:* Die Cramer'sche Regel wird im Allgemeinen nicht auf Systeme mit vier und mehr Gleichungen angewendet, weil die Berechnungen der Determinanten sehr aufwändig werden.

Lösen linearer Gleichungssysteme mit dem Gauß'schen Eliminationsverfahren

Gauß'sches Eliminations-verfahren	*Ziel:* Das Gleichungssystem wird auf **Dreiecksform** gebracht. Dann ermittelt man von unten nach oben die gesamte Lösungsmenge des Systems. $\begin{array}{l} a_{11}x_1 + a_{12}x_2 + a_{13}x_3 + \ldots + a_{1n}x_n = b_1 \\ a_{21}x_1 + a_{22}x_2 + a_{23}x_3 + \ldots + a_{2n}x_n = b_2 \\ a_{31}x_1 + a_{32}x_2 + a_{33}x_3 + \ldots + a_{3n}x_n = b_3 \\ \ldots \qquad\qquad\qquad \ldots \\ a_{n1}x_1 + a_{n2}x_2 + a_{n3}x_3 + \ldots + a_{nn}x_n = b_n \end{array}$ $\quad$ $\begin{array}{r} a_{11}x_1 + a_{12}x_2 + a_{13}x_3 + \ldots + a_{1n}x_n = b_1 \\ a'_{22}x_2 + a'_{23}x_3 + \ldots + a'_{2n}x_n = b'_2 \\ a'_{33}x_3 + \ldots + a'_{3n}x_n = b'_3 \\ \ldots \\ a'_{nn}x_n = b'_n \end{array}$
Beispiel	Im Fall eines linearen Gleichungssystems mit drei Gleichungen und drei Variablen kann man die Dreiecksform beispielsweise folgendermaßen erreichen: Im **ersten Schritt** wird eine Variable (z. B. x_1) in allen drei Gleichungen freigelegt, indem man durch den jeweiligen Koeffizienten von x_1 dividiert. (1) $2x_1 + 3x_2 + 3x_3 = 3$ $\qquad$ (1a) $x_1 + \frac{3}{2}x_2 + \frac{3}{2}x_3 = \frac{3}{2}$ (2) $3x_1 - 2x_2 - 9x_3 = 4$ $\qquad$ (2a) $x_1 - \frac{2}{3}x_2 - 3x_3 = \frac{4}{3}$ (3) $5x_1 - x_2 - 18x_3 = -1$ $\qquad$ (3a) $x_1 - \frac{1}{5}x_2 - \frac{18}{5}x_3 = -\frac{1}{5}$ Im **zweiten Schritt** wird durch die Subtraktion von (2a) – (1a) wie auch von (3a) – (1a) die Variable x_1 aus den Gleichungen (2a) und (3a) eliminiert. (1a) $x_1 + \frac{3}{2}x_2 + \frac{3}{2}x_3 = \frac{3}{2}$ (2b) $-\frac{13}{6}x_2 - \frac{9}{2}x_3 = -\frac{1}{6}$ (3b) $-\frac{17}{10}x_2 - \frac{51}{10}x_3 = -\frac{17}{10}$ Im **dritten Schritt** wird in gleicher Weise fortgefahren: man dividiert (2b) und (3b) durch den jeweiligen Koeffizienten von x_2 und eliminiert aus der Gleichung (3c) die Variable x_2. Aus der Gleichung (3d) lässt sich danach der Wert von x_3 ermitteln und über (2c) und (1a) erhält man dann auch die Werte von x_2 und x_1. (1a) $x_1 + \frac{3}{2}x_2 + \frac{3}{2}x_3 = \frac{3}{2}$ $\qquad$ (1a) $x_1 + \frac{3}{2}x_2 + \frac{3}{2}x_3 = \frac{3}{2}$ (2c) $x_2 + \frac{27}{13}x_3 = \frac{1}{13}$ $\qquad$ (2c) $x_2 + \frac{27}{13}x_3 = \frac{1}{13}$ $\quad$ Dreiecksform (3c) $x_2 + 3x_3 = 1$ $\qquad$ (3d) $\frac{12}{13}x_3 = \frac{12}{13}$ Aus (3d) folgt, dass $x_3 = 1$. Eingesetzt in (2c) ergibt sich $x_2 + \frac{27}{13} = \frac{1}{13}$, also $x_2 = -2$. Beides in (1a) eingesetzt, führt zu $x_1 - 3 + \frac{3}{2} = \frac{3}{2}$, also $x_1 = 3$. Man erhält in diesem Fall also genau eine Lösung: (3; – 1; 2).
mögliche Lösungen	Führt das Verfahren auf einen Widerspruch, z. B. 7 = 3, besitzt das Gleichungssystem **keine Lösung**. Führt das Verfahren zu einer Dreiecksform, so besitzt das Gleichungssystem **genau eine Lösung**. In diesem Fall ergibt sich ein Lösungsvektor (siehe Beispiel). Führt das Verfahren auf eine Trapezform bzw. sind mindestens zwei Gleichungen identisch, so hat das Gleichungssystem **unendlich viele Lösungen**. Die Lösungsmenge wird dann mithilfe eines oder mehrerer Parameter dargestellt.

Lineare Abbildungen

Definition	Eine Abbildung f: $\mathbb{R}^2 \rightarrow \mathbb{R}^2$ heißt genau dann linear, wenn – für alle $\vec{a}, \vec{b} \in \mathbb{R}^2$ gilt: $f(\vec{a} + \vec{b}) = f(\vec{a}) + f(\vec{b})$ (Addiditivität) und – für alle $\vec{a} \in \mathbb{R}^2$ und $r \in \mathbb{R}$ gilt: $f(r \cdot \vec{a}) = r \cdot f(\vec{a})$ (Homogenität).
Abbildungs-gleichung/ Abbildungs-matrix	Jede lineare Abbildung f: $\mathbb{R}^2 \rightarrow \mathbb{R}^2$ lässt sich durch eine Abbildungsmatrix beschreiben: $f(\vec{x}) = \vec{x}' = \begin{pmatrix} a_{11} & a_{12} \\ a_{21} & a_{22} \end{pmatrix} \cdot \vec{x}$ bzw. $f\begin{pmatrix} x_1 \\ x_2 \end{pmatrix} = \begin{pmatrix} x_1' \\ x_2' \end{pmatrix} = \begin{pmatrix} a_{11} & a_{12} \\ a_{21} & a_{22} \end{pmatrix} \cdot \begin{pmatrix} x_1 \\ x_2 \end{pmatrix}$ also: $x_1' = a_{11} \cdot x_1 + a_{12} \cdot x_2$ und $x_2' = a_{21} \cdot x_1 + a_{22} \cdot x_2$ Dabei gilt: $\begin{pmatrix} a_{11} \\ a_{21} \end{pmatrix} = f\begin{pmatrix} 1 \\ 0 \end{pmatrix}$ und $\begin{pmatrix} a_{12} \\ a_{22} \end{pmatrix} = f\begin{pmatrix} 0 \\ 1 \end{pmatrix}$
Eigenschaften	Für jede lineare Abbildung f: $\mathbb{R}^2 \rightarrow \mathbb{R}^2$ gilt: – $f(\vec{0}) = \vec{0}$ (Nullvektor wird auf Nullvektor abgebildet.) – $f(-\vec{x}) = -f(\vec{x})$ für alle $\vec{x} \in \mathbb{R}^2$ Die zu einer Abbildungsmatrix F gehörende lineare Abbildung f ist umkehrbar, wenn die Spaltenvektoren von F linear unabhängig sind.
Beispiele	– Spiegelung an einer Geraden durch den Koordinatenursprung – Punktspiegelung am Koordinatenursprung – Zentrische Streckung mit dem Koordinatenursprung als Streckungszentrum
Beispiel für eine Abbildungs-gleichung	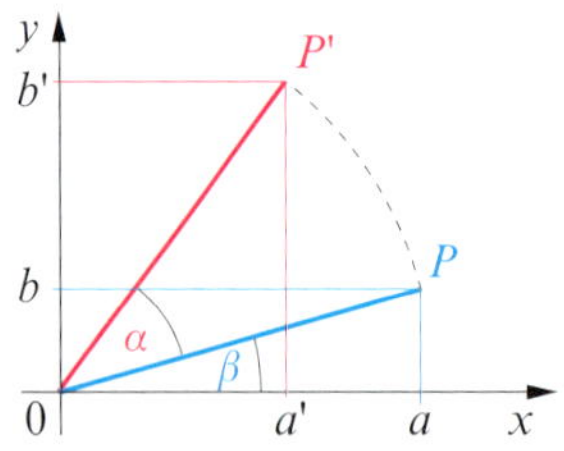 Drehung um den Koordinatenursprung $\begin{pmatrix} a' \\ b' \end{pmatrix} = \begin{pmatrix} \cos\alpha & -\sin\alpha \\ \sin\alpha & \cos\alpha \end{pmatrix} \cdot \begin{pmatrix} a \\ b \end{pmatrix}$ $= \begin{pmatrix} a \cdot \cos\alpha - b \cdot \sin\alpha \\ a \cdot \sin\alpha + b \cdot \cos\alpha \end{pmatrix}$

Affine Abbildungen

Definition	Eine affine Abbildung setzt sich zusammen aus einer linearen Abbildung und einer Verschiebung.
Abbildungs-gleichung	Jede affine Abbildung f: $\mathbb{R}^2 \rightarrow \mathbb{R}^2$ lässt sich durch eine Abbildungsmatrix und einen Verschiebungsvektor beschreiben: $f(\vec{x}) = \vec{x}' = \begin{pmatrix} a_{11} & a_{12} \\ a_{21} & a_{22} \end{pmatrix} \cdot \vec{x} + \vec{c}$ bzw. $f\begin{pmatrix} x_1 \\ x_2 \end{pmatrix} = \begin{pmatrix} x_1' \\ x_2' \end{pmatrix} = \begin{pmatrix} a_{11} & a_{12} \\ a_{21} & a_{22} \end{pmatrix} \cdot \begin{pmatrix} x_1 \\ x_2 \end{pmatrix} + \begin{pmatrix} c_1 \\ c_2 \end{pmatrix}$ also: $x_1' = a_{11} \cdot x_1 + a_{12} \cdot x_2 + c_1$ und $x_2' = a_{21} \cdot x_1 + a_{22} \cdot x_2 + c_2$
Eigenschaften	Für jede affine Abbildung f: $\mathbb{R}^2 \rightarrow \mathbb{R}^2$ gilt: – Geraden werden auf Geraden abgebildet. – Das Teilverhältnis dreier kollinearer Punkte bleibt erhalten. Die zu einer Abbildungsmatrix F und einem Vektor $\vec{c}$ gehörende affine Abbildung f ist genau dann umkehrbar, wenn die Spaltenvektoren von F linear unabhängig sind.
Beispiele	– Zentrische Streckung mit dem Streckungszentrum Z und dem Streckungsfaktor k – Verknüpfung von Drehungen, Spiegelungen, Streckungen, Verschiebungen und Projektionen, z. B. Schubspiegelung, Drehspiegelung, Drehstreckung

Informatik

Datendarstellung

Datentypen (Auswahl)

Datentyp	Beschreibung	Wertebereich (Visual-BASIC 6.0)
Boolean (logical)	speichert logische Werte	wahr (true) falsch (false)
Char (character)	speichert einzelne Zeichen (Ziffern, Buchstaben, …)	Zeichen aus dem ASCII oder Ansi-Code
Currency (Währung)	speichert Festkommazahlen mit hoher Rundungsgenauigkeit mit 15 Vorkommastellen und 4 Nachkommastellen	– 922 337 203 685 477, 580 8 bis 922 337 203 685 477, 580 8
Date (Datum, Zeit)	speichert eine Kombination von Datum- und Zeitinformationen als Fließkommazahl	Datum: 01.01.100 bis 31.12.9999 Zeit: 00:00:00 bis 23:59:59
Double (Doppelt)	speichert eine Zahl mit Fließkomma und doppelter Genauigkeit (16 Stellen)	für negative Werte: $-1{,}8 \cdot 10^{308}$ bis $-4{,}9 \cdot 10^{-324}$ für positive Werte: $4{,}9 \cdot 10^{-324}$ bis $1{,}8 \cdot 10^{308}$
Integer (Ganz)	speichert ganze Zahlen	ganze Zahlen von –32 768 bis 32 767
Real	speichert reelle Zahlen	
String (Zeichenfolge)	speichert eine endliche Aneinanderreihung von Zeichen (Zeichenfolge)	0 bis etwa 2 Milliarden Zeichen, in Windows 3.1 maximal 65 535 (64 K) Zeichen

Zeichensätze im Computer

ASCII-Code	Der ASCII-Code (engl. American Standard Code for Information Interchange) ist der Code für die Darstellung von Ziffern, Buchstaben und Sonderzeichen. Durch die ersten 7 Bitstellen hat dieser Code 128 Kombinationsmöglichkeiten für die Zeichendarstellung. Die Codes sind stets durch ein achtes Bit, das Paritäts-Bit (Prüfbit) ergänzt.
Erweiterter ASCII-Code	Für IBM-kompatible Computer, beispielsweise mit dem Betriebssystem DOS, wurde der ASCII-Code auf 256 Kombinationsmöglichkeiten zur Zeichendarstellung erweitert.
Ansi-Code	Windows-Betriebssysteme und Windows-Oberflächen nutzen für die ersten 128 Zeichen den gleichen Code wie das Betriebssystem DOS. Von 128 bis 255 werden die Zeichen mit dem Ansi-Code (engl. American National Standards Institute) codiert.
Unicode	Der Unicode (engl. Universal Multiple-Octet Coded Character Set) ist ein universeller Zeichensatz nach der ISO/ICE-Norm 10 646, der alle wesentlichen Zeichen der meisten Sprachen enthält. Unicode arbeitet mit einem 16-Bit-Code (2^{16}). Damit lassen sich 65 536 Zeichen darstellen. Die ersten 128 Zeichen entsprechen dem ASCII-Code.

Bedeutung der Zeichen (erweiterter ASCII-Code)

	ASCII	Ansi		ASCII	Ansi		ASCII	Ansi		ASCII	Ansi		ASCII	Ansi		ASCII	Ansi		ASCII	Ansi		ASCII	Ansi
dez	DOS	Win	dez	DOS	Win	dez	DOS	Win	dez	DOS	Win	dez	DOS	Win	dez	DOS	Win	dez	DOS	Win	dez	DOS	Win
			60	<	<	90	Z	Z	120	x	x	150	û	–	180	┤	´	210	Ê	Ò	240	–	ð
			61	=	=	91	[	[	121	y	y	151	ù	—	181	Á	µ	211	Ë	Ó	241	±	ñ
32			62	>	>	92	\	\	122	z	z	152	ÿ	˜	182	Â	¶	212	È	Ô	242	=	ò
33	!	!	63	?	?	93	]	]	123	{	{	153	Ö	™	183	À	·	213	ı	Õ	243	¾	ó
34	"	"	64	@	@	94	^	^	124	|	|	154	Ü	š	184	©	¸	214	Í	Ö	244	¶	ô
35	#	#	65	A	A	95	_	_	125	}	}	155	ø	›	185	╣	¹	215	Î	×	245	§	õ
36	$	$	66	B	B	96	`	`	126	~	~	156	£	œ	186	║	°	216	Ï	Ø	246	÷	ö
37	%	%	67	C	C	97	a	a	127	⌂		157	Ø		187	╗	»	217	┘	Ù	247	¸	÷
38	&	&	68	D	D	98	b	b	128	Ç		158	×		188	╝	¼	218	┌	Ú	248	°	ø
39	'	'	69	E	E	99	c	c	129	ü		159	ƒ	Ÿ	189	¢	½	219	█	Û	249	¨	ù
40	(	(	70	F	F	100	d	d	130	é	‚	160	á		190	¥	¾	220	▄	Ü	250	·	ú
41	)	)	71	G	G	101	e	e	131	â	ƒ	161	í	¡	191	┐	¿	221	¦	Ý	251	¹	û
42	*	*	72	H	H	102	f	f	132	ä	„	162	ó	¢	192	└	À	222	Ì	Þ	252	³	ü
43	+	+	73	I	I	103	g	g	133	à	…	163	ú	£	193	┴	Á	223	▀	ß	253	²	Ý
44	,	,	74	J	J	104	h	h	134	å	†	164	ñ	¤	194	┬	Â	224	Ó	à	254	■	þ
45	–	–	75	K	K	105	i	i	135	ç	‡	165	Ñ	¥	195	├	Ã	225	ß	á	255		ÿ
46	.	.	76	L	L	106	j	j	136	ê	ˆ	166	ª	¦	196	─	Ä	226	Ô	â			
47	/	/	77	M	M	107	k	k	137	ë	‰	167	º	§	197	┼	Å	227	Ò	ã			
48	0	0	78	N	N	108	l	l	138	è	Š	168	¿	¨	198	ã	Æ	228	õ	ä			
49	1	1	79	O	O	109	m	m	139	ï	‹	169	®	©	199	Ã	Ç	229	Õ	å			
50	2	2	80	P	P	110	n	n	140	î	Œ	170	¬	ª	200	╚	È	230	µ	æ			
51	3	3	81	Q	Q	111	o	o	141	ì		171	½	«	201	╔	É	231	þ	ç			
52	4	4	82	R	R	112	p	p	142	Ä		172	¼	¬	202	╩	Ê	232	Þ	è			
53	5	5	83	S	S	113	q	q	143	Å		173	¡	-	203	╦	Ë	233	Ú	é			
54	6	6	84	T	T	114	r	r	144	É		174	«	®	204	╠	Ì	234	Û	ê			
55	7	7	85	U	U	115	s	s	145	æ	‘	175	»	¯	205	═	Í	235	Ù	ë			
56	8	8	86	V	V	116	t	t	146	Æ	’	176	░	°	206	╬	Î	236	ý	ì			
57	9	9	87	W	W	117	u	u	147	ô	“	177	▒	±	207	¤	Ï	237	Ý	í			
58	:	:	88	X	X	118	v	v	148	ö	”	178	▓	²	208	ð	Đ	238	¯	î			
59	;	;	89	Y	Y	119	w	w	149	ò	•	179	│	³	209	Đ	Ñ	239	´	ï			

Bedeutung der Steuerzeichen (ASCII-Code)

dez	Steuer-zeichen	Bedeutung	dez	Steuer-zeichen	Bedeutung
0	NUL	Nil (Füllzeichen)	16	DLE	Datenübertragungsumschaltung
1	SOH	Anfang des Kopfes	17	DC 1	Gerätesteuerung 1
2	STX	Anfang des Textes	18	DC 2	Gerätesteuerung 2
3	ETX	Ende des Textes	19	DC 3	Gerätesteuerung 3
4	EOT	Ende der Übertragung	20	DC 4	Gerätesteuerung 4
5	ENQ	Stationsaufforderung	21	NAK	Negative Rückmeldung
6	ACK	Positive Rückmeldung	22	SYN	Synchronisierung
7	BEL	Klingel	23	ETB	Ende des Datenübertragungsblocks
8	BS	Rückwärtsschritt	24	CAN	ungültig
9	HT	Horizontal-Tabulator	25	EM	Ende der Aufzeichnung
10	LF	Zeilenvorschub	26	SUB	Substitution
11	VT	Vertikal-Tabulator	27	ESC	Umschaltung
12	FF	Formularvorschub	28	FS	Hauptgruppentrennung
13	CR	Wagenrücklauf	29	GS	Gruppentrennung
14	SO	Dauerumschaltung	30	RS	Untergruppentrennung
15	SI	Rückschaltung	31	US	Teilgruppentrennung

Algorithmik

Strukturelemente der Algorithmierung in verschiedenen Darstellungsformen

Name	Verbal formuliert	Grafisch (Struktogramm)	Programmiersprache (PASCAL)
Sequenz			
Folge (Verbundanweisung)	Anweisung 1 Anweisung 2 … Anweisung n	Anweisung 1 Anweisung 2 … Anweisung n	BEGIN Anweisung 1; Anweisung 2; … Anweisung n; END. (Anweisung 1 bis n: Verbund)

Name	Verbal formuliert	Grafisch (Struktogramm)	Programmiersprache (PASCAL)
Selektion			
Einseitige Auswahl	WENN Bedingung DANN Anweisung	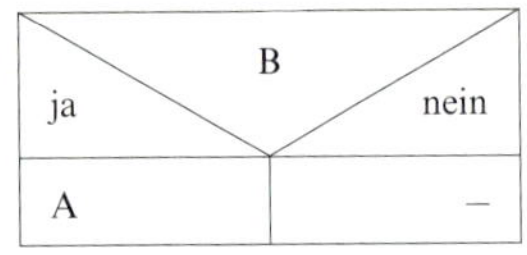	IF Bedingung THEN Anweisung;
Zweiseitige Auswahl	WENN Bedingung DANN Anweisung 1 SONST Anweisung 2	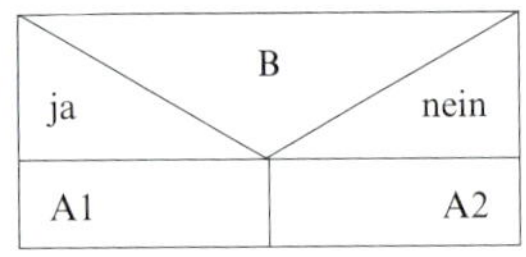	IF Bedingung THEN Anweisung 1 ELSE Anweisung 2;
Mehrseitige Auswahl (Fallunterscheidung)	FALLS Variable Wert 1: Anweisung 1 Wert 2: Anweisung 2 … Wert n: Anweisung n ENDE	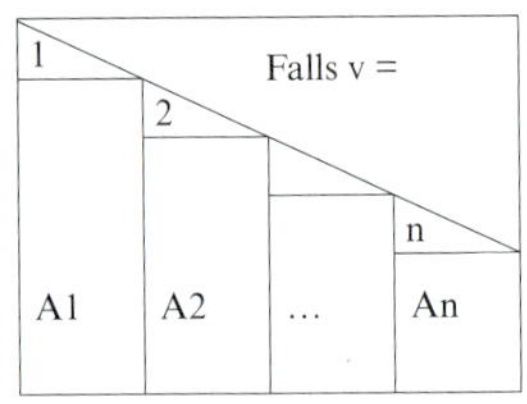	CASE Variable OF Wert 1: Anweisung 1; Wert 2: Anweisung 2; … Wert n: Anweisung n; END.
Repetition (Schleifen)			
Wiederholschleife (mit nachgestelltem Test)	WIEDERHOLE Anweisung 1 … Anweisung n BIS Bedingung	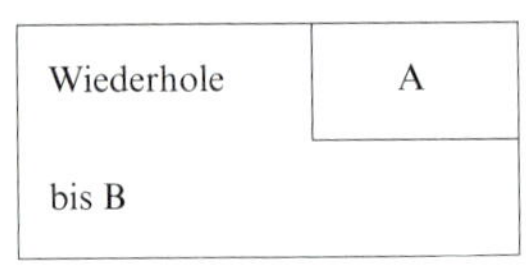	REPEAT Anweisung 1; … Anweisung n; UNTIL Bedingung
Solangeschleife (mit vorangestelltem Test)	SOLANGE Bedingung TUE Anweisung	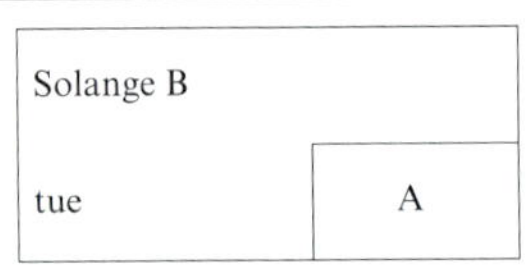	WHILE Bedingung DO Anweisung oder Verbund;
Zählschleife (gezählte Wiederholungen in Abhängigkeit einer Schrittweite)	FÜR I = aw BIS ew SCHRITT s TUE Anweisung	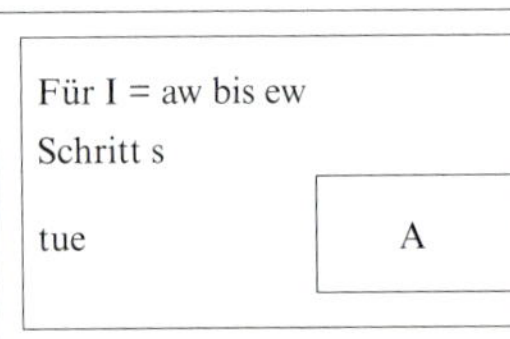	FOR I:= Anfangswert TO Endwert STEP s DO Anweisung oder Verbund;
Unteralgorithmus (Prozedur)			
Vereinbarung	(UNTERALGO Name) (DEKLARATIONEN) BEGINN Anweisungen ENDE	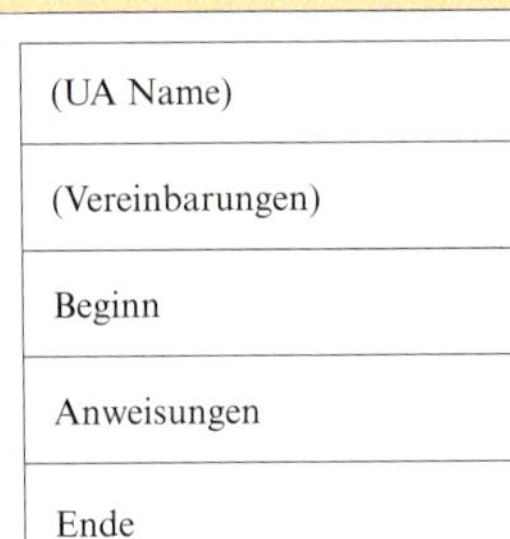	PROCEDURE Bezeichner Deklarationsteil; BEGIN Anweisungen END.
Aufruf	RUFE		Prozedurbezeichner

A = Anweisung; B = Bedingung; I = Variable; aw = Anfangswert; ew = Endwert; s = Schrittweite

Netzwerkkommunikation

Wichtige Begriffe und Abkürzungen

Browser	Programm zum Aufrufen von Web-Seiten.
Domain	Teil eines Netzwerks, der durch Einteilung oder Gliederung bestimmt wird. Speziell im Internet versteht man darunter eine aus organisatorischen oder inhaltlichen Gründen zusammengefasste Gruppe von IP-Adressen (z. B. http://www.vwv.de).
Download	Begriff für das Herunterladen von Daten aus einem Online-Dienst oder dem Internet auf einen lokalen Rechner.
E-Mail	Nachrichtenversendung (elektronische Post) in Form von Dokumenten, Grafiken, Video- und Audiodaten über Computernetze (Internet, Intranet, lokale Netze).
FTP	Protokoll (engl. File Transfer Protocol) im Internet, das die Dateiübertragung über FTP-Server steuert.
ISDN	Digitales Datennetz zur Übertragung von Texten, Bildern, Daten (engl. Integrated Services Digital Network).
Homepage	Startseite einer Person oder Institution im Internet.
HTML	Dokumentenbeschreibungssprache (engl. Hypertext Markup Language), zur Gestaltung von Internetseiten für Texte und andere Elemente wie z. B. Grafiken. ↗ S. 76
HTTP	Übertragungsprotokoll (engl. Hypertext Transfer Protocol), das das Übertragen von Web-Seiten ermöglicht. Textbestandteil jeder Web-Adresse (URL), die auf eine WWW-Seite verweist.
Hyperlink	Markierter Abschnitt auf einer Web-Seite oder eines HTML-Dokumentes, der auf eine andere Web-Seite, auf ein Objekt, ein Bild oder eine sonstige eingebundene Datei verweist. Durch Anklicken erfolgt der Sprung auf das Objekt.
Modem	Elektronisches Gerät (Modulator/Demodulator), welches die Signalpegel zweier unterschiedlicher Signalarten anpasst. Ein Modem übernimmt die Umwandlung digitaler Signale des Computers in analoge Signale der Telefonleitung und umgekehrt.
Provider	Dienstleister, der den Zugang zum Internet ermöglicht.
Server	Spezieller Rechner, der für die einzelnen Clients (Arbeitsplätze) Programme, Daten und Dienstleistungen bereithält.
TCP/IP	Standard (engl. Internet Protocol/Transmission Control Protocol), der den vollständigen und fehlerfreien Datentransport zwischen Netzcomputern regelt.
URL	Vollständige Web-Adresse (engl. Uniform Resource Locator), unter der sich eine Web-Seite aufrufen lässt. Eine URL ist einheitlich aufgebaut und beinhaltet den Typ der Ressource, mit dem verbunden werden soll (z. B. http://www.cornelsen.de/index.htm), die Adresse des Servers und den Ort der Datei.
WWW	Weltweites Informationssystem (engl. World Wide Web) im Internet zur Nutzung von unzähligen miteinander verknüpften Hypertextseiten.

HTML-Befehle (Auswahl)

Tag	Beschreibung
Grundlagen	
<html> … </html>	Jedes HTML-Dokument beginnt mit dem tag <html> und schließt mit dem tag </html>. Das Dokument gliedert sich in die Teile head und body.
<head> … </head>	Bilden den Rahmen für den Kopf der Seite. Er enthält Informationen über die Seite und deren Verwaltung, die aber nicht auf der Seite ausgedruckt werden.
<title> *Text* </title>	Können innerhalb von head benutzt werden. *Text* gibt den Titel der Seite an, dieser erscheint in der Fensterleiste.
<body> ... </body>	Der sichtbare Inhalt einer HTML-Seite (Text und Bilder) wird zwischen <body> und </body> eingegeben.
Textgestaltung	
 	Einfügen eines Zeilenumbruchs
<hr size= „n“>	Erzeugen einer horizontalen Linie. Mit size „n“ kann die Höhe der Linie in Pixel eingestellt werden.
<h1> *Text* </h1> bis <h6> *Text* </h6>	Der *Text* wird als Überschrift dargestellt. Die Größe ist zwischen 1 und 6 wählbar.
<b> *Text* </b>	Der *Text* wird halbfett dargestellt.
<p> *Text* </p>	Der *Text* gehört zu einem Absatz.
Tabellen	
<table> *Tabelle* </table>	Definieren Anfang und Ende einer Tabelle.
<tr> *Zeile der Tabelle* </tr>	Es wird eine Tabellenzeile erzeugt.
<td> *Zelleninhalt* </td>	Damit werden innerhalb einer Tabellenzeile die Daten aufgeführt.
<th> *Überschrift* </th>	Damit wird eine Kopfzeile in die Tabelle eingefügt.
<table border=n> *Tabelle* </table>	Es wird ein Rahmen um die *Tabelle* mit der Linienstärke n gezogen.
Links	
<a href=„Ziel“> *Text* </a>	Der *Text* wird andersfarbig oder unterstrichen dargestellt. Er ist die Markierung, von der aus gesprungen werden kann. Das Ziel ist die Sprungadresse.
Grafiken	
<img src= *„Dateiname“* >	Das Bild *„Dateiname“* wird eingefügt.

HTML (engl. Hypertext Markup Language)

Astronomie

Konstanten, Einheiten und Werte

Konstanten

Größe	Formelzeichen	Wert
Gravitationskonstante	γ, G, f	$6{,}673 \cdot 10^{-11}\ m^3/(kg \cdot s^2)$
Solarkonstante	S	$1{,}368\ kW/m^2$
Hubble-Konstante	H	50 … 100 km/(s · Mpc)
Masseverhältnis Erde – Mond	m_E/m_M	81,2
Masseverhältnis Sonne – Erde	m_S/m_E	332 964,0
Schiefe der Ekliptik (für das Jahr 2000)	ε	23° 26′ 21,488″
Nutationskonstante (für das Jahr 2000)	N	9,205 5″
Sonnenparallaxe	p_S	8,794 148″
Aberrationskonstante (für das Jahr 2000)	$\bar{k}$	20,495 52″

Einheiten der Länge

Name der Einheit	Einheitenzeichen	Beziehungen
Astronomische Einheit	AE	$1\ AE = 149{,}6 \cdot 10^9\ m = 4{,}85 \cdot 10^{-6}\ pc = 15{,}8 \cdot 10^{-6}\ Lj$
Parsec	pc	$1\ pc = 30{,}857 \cdot 10^{15}\ m = 0{,}206 \cdot 10^6\ AE = 3{,}26\ Lj$
Lichtjahr	Lj, ly	$1\ Lj = 9{,}460\,5 \cdot 10^{15}\ m = 63{,}239 \cdot 10^3\ AE = 0{,}306\,6\ pc$

Einheiten der Zeit

Tropisches Jahr	365 d 5 h 48 min 46 s
Siderisches Jahr	365 d 6 h 9 min 9 s
Siderischer Monat	27,322 d (27 d 7 h 43 min 12 s)
Synodischer Monat	29,53 d (29 d 12 h 44 min 3 s)
Sterntag	23 h 56 min 4,091 s = 86 164,091 s = 0,997 27 d
Sonnentag	1 d = 24 h = 86 400 s

Ausgewählte Zeitzonen

Zeitzone	Vergleich zur MGZ
Mittlere Greenwicher Zeit (MGZ)	= Westeuropäische Zeit (WEZ)
Mitteleuropäische Zeit	MGZ + 1 Stunde
Osteuropäische Zeit	MGZ + 2 Stunden
Atlantic Standard Time	MGZ – 4 Stunden
Pacific Standard Time	MGZ – 8 Stunden

Erde

Größe	Formelzeichen	Wert
Radius am Äquator Radius am Pol	$r_Ä$ r_P	6 378 km 6 357 km
Abplattung Volumen Masse	$(r_Ä - r_P) : r_Ä$ V_E m_E	0,003 3 $1{,}083 \cdot 10^{12}$ km^3 $5{,}976 \cdot 10^{24}$ kg
Mittlere Dichte Normfallbeschleunigung Luftdruck in Meereshöhe (Normdruck)	ϱ_E g_n p_n	5,52 g/cm^3 9,806 65 m/s^2 101,3 kPa = 1 013 hPa
Mittlere Entfernung von der Sonne Mittlere Bahngeschwindigkeit Siderische Umlaufzeit um die Sonne	r, S_S v_E T_{sid}	$149{,}6 \cdot 10^6$ km = 1 AE 29,79 km/s 365,26 d

Mond

Größe	Formelzeichen	Wert
Mittlere Entfernung von der Erde Mittlerer scheinbarer Radius Radius	s_M R'_M R_M	384 400 km ≈ 60,3 Erdradien 15′ 32,6″ = 0,259° 1 738 km ≈ 0,272 5 Erdradien
Volumen Masse Mittlere Dichte	V_M m_M ϱ_M	$2{,}192 \cdot 10^{10}$ km^3 ≈ 0,02 V_E $7{,}35 \cdot 10^{22}$ kg = 0,012 3 m_E 3,34 g/cm^3 = 0,61 ϱ_E
Fallbeschleunigung an der Oberfläche Mittlere Bahngeschwindigkeit Bahnneigung gegen die Erdbahn Siderische Umlaufzeit um die Erde	g_M v_M T_{sid}	1,62 m/s^2 = 0,165 g_n 1,02 km/s 5° 8′ 43″ 27,322 d

Planeten des Sonnensystems

Planet	Symbol	Mittlere Bahngeschwindigkeit in $\frac{km}{s}$	Mittlere Entfernung von der Sonne in 10^6 km	Äquatordurchmesser in km	Masse in Erdmassen ($5{,}976 \cdot 10^{24}$ kg)	Mittlere Dichte in $\frac{g}{cm^3}$
Merkur	☿	47,8	57,9	4 878	0,06	5,43
Venus	♀	35,03	108,2	12 104	0,82	5,24
Erde	♁, ⊕	29,79	149,6	12 756	1	5,52
Mars	♂	24,13	227,9	6 794	0,11	3,93
Jupiter	♃	13,06	778,3	143 600	317,9	1,31
Saturn	♄	9,64	1 427	120 000	95,15	0,69
Uranus	⛢	6,81	2 869,6	50 800	14,54	1,3
Neptun	♆	5,43	4 496,7	49 500	17,20	1,71
Pluto	♇	4,74	5 900	2 200	0,001 7	um 2

Sonne

Größe	Formelzeichen	Wert
Mittlere Entfernung zwischen Sonne und Erde	S_S	$149{,}6 \cdot 10^6$ km = 1 AE
Mittlerer scheinbarer Radius	R'_S	$16'\,1{,}2'' = 0{,}267°$
Radius	R_S	700 000 km = 109 Erdradien
Volumen	V_S	$1{,}414 \cdot 10^{18}\ \text{km}^3 = 1{,}3 \cdot 10^6\ V_E$
Masse	m_S	$2 \cdot 10^{30}\ \text{kg} = 3{,}35 \cdot 10^5\ m_E$
Mittlere Dichte	ϱ_S	$1{,}41\ \text{g/cm}^3 = 0{,}26\ \varrho_E$
Fallbeschleunigung an der Oberfläche	g_S	$274\ \text{m/s}^2 = 27{,}94\ g_n$
Oberflächentemperatur	T	≈ 6 000 K

Einige Daten unseres Milchstraßensystems (Galaxis)

Durchmesser der diskusähnlichen Scheibe	30 000 pc
Dicke	
– in den Randgebieten	1 000 pc
– im zentralen Kern	5 000 pc
Mittlere Dichte	$\approx 10^{-23}$ g/cm³
Abstand der Sonne vom Zentrum der „Scheibe"	≈ 10 000 pc ≈ 32 600 Lj
Zeit für einen vollen Umlauf der Sonne um das Zentrum	≈ 250 Mio. Jahre
Umlaufgeschwindigkeit der Sonne um das Zentrum	≈ 250 km/s
Mit bloßem Auge sichtbare Sterne	≈ 6 000
Gesamtanzahl der Sterne	≈ 100 Mrd.

Scheinbare Helligkeiten einiger Sterne

Stern (Sternbild)	Scheinbare Helligkeit	Farbe	Entfernung
Sirius (Großer Hund)	$-1{,}46^m$	weiß	8,8 Lj
Wega (Leier)	$0{,}04^m$	weiß	26 Lj
Rigel (Orion)	$0{,}12^m$	weiß	880 Lj
Atair (Adler)	$0{,}77^m$	gelblich	16,1 Lj
Aldebaran (Stier)	$0{,}85^m$	orange	68 Lj
Spica (Jungfrau)	$0{,}97^m$	bläulich	274 Lj
Pollux (Zwillinge)	$1{,}21^m$	orange	36 Lj

Radien und mittlere Dichten von Sternen

Stern	Radius in Sonnenradien	Mittlere Dichte in g/cm³
Überriesen	20 bis 750	10^{-7}
Riesen	3 bis 40	10^{-5} bis 10^{-2}
Massereiche Hauptreihensterne	1 bis 8	10^{-2}
Massearme Hauptreihensterne	0,2 bis 1	1 bis 3
Weiße Zwerge	≈ 0,01	10^5

Formeln

Grundlegende Größen

Fluchtgeschwindigkeit v eines Sternsystems (Gesetz von Hubble)	$v = H \cdot r$	H Hubble-Konstante r Entfernung des Sternsystems
Zusammenhang zwischen scheinbarer Helligkeit, absoluter Helligkeit und Entfernung eines Sterns	$m - M = 5 \cdot \lg r - 5$	m scheinbare Helligkeit M absolute Helligkeit r Entfernung des Sterns in pc
Leuchtkraft L	$L = \frac{E}{t}$	E ausgestrahlte Energie t Zeit
Zusammenhang zwischen Parallaxe und Entfernung eines Sterns	$r = \frac{1}{p}$	r Entfernung des Sterns in pc p Parallaxe in Bogensekunden

Die Kepler'schen Gesetze

Erstes Kepler'sches Gesetz	Alle Planeten bewegen sich auf Ellipsenbahnen, in deren einem Brennpunkt die Sonne steht.	A vom Leitstrahl überstrichene Fläche t erforderliche Zeit
Zweites Kepler'sches Gesetz	$\frac{\Delta A}{\Delta t} = \text{konst.}; \frac{\Delta A_1}{\Delta t_1} = \frac{\Delta A_2}{\Delta t_2}$	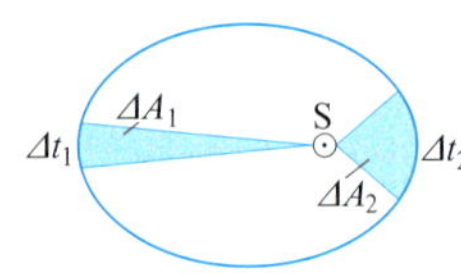
Drittes Kepler'sches Gesetz	$\frac{T_1^2}{T_2^2} = \frac{a_1^3}{a_2^3}$	T Umlaufzeit a große Halbachse der Planetenbahn
Numerische Exzentrizität ε (für Ellipse)	$\varepsilon = \frac{e}{a}$	e lineare Exzentrizität

Das Gravitationsgesetz

Gravitationsgesetz, Gravitationskraft F	$F = \gamma \cdot \frac{m_1 \cdot m_2}{r^2}$	γ Gravitationskonstante m_1, m_2 Massen der Körper r Abstand der beiden Massenmittelpunkte

Kosmische Geschwindigkeiten

1. kosmische Geschwindigkeit (Kreisbahn an der Erdoberfläche)	$v_K = \sqrt{\gamma \frac{m_E}{r_E}} = 7{,}9$ km/s	γ Gravitationskonstante m_E Masse der Erde r_E Radius der Erde
2. kosmische Geschwindigkeit (Fluchtgeschwindigkeit aus dem Gravitationsfeld der Erde)	$v_P = \sqrt{2\gamma \frac{m_E}{r_E}} = 11{,}2$ km/s	v_{P1} Parabelgeschwindigkeit für die Erde 11,2 km/s v_{P2} 12,4 km/s
3. kosmische Geschwindigkeit (Hyperbel, Fluchtgeschwindigkeit aus dem Gravitationsfeld der Sonne)	$v_H = \sqrt{v_{P1}^2 + v_{P2}^2} = 16{,}7$ km/s	

Physik

Größen und Einheiten

Basiseinheiten des Internationalen Einheitensystems (SI)

Name	Zeichen	Definition
Meter	m	**Das Meter** ist die Länge der Strecke, die Licht im Vakuum während der Dauer von $^{1}/_{299\,792\,458}$ Sekunde durchläuft.
Kilogramm	kg	**Das Kilogramm** ist die Masse des internationalen Kilogrammprototyps.
Sekunde	s	**Die Sekunde** ist die Dauer von 9 192 631 770 Perioden der Strahlung, die dem Übergang zwischen den beiden Hyperfeinstrukturniveaus des Grundzustandes des Atoms Caesium 133 entspricht.
Ampere	A	**Das Ampere** ist die Stärke des zeitlich unveränderten elektrischen Stromes durch zwei geradlinige, parallele, unendlich lange Leiter von vernachlässigbarem Querschnitt, die den Abstand 1 m haben und zwischen denen die durch den Strom elektrodynamisch hervorgerufene Kraft im leeren Raum je 1 m Länge der Doppelleitung $2 \cdot 10^{-7}$ N beträgt.
Kelvin	K	**Das Kelvin** ist der 273,16te Teil der thermodynamischen Temperatur des Tripelpunktes von Wasser.
Mol	mol	**Das Mol** ist die Stoffmenge eines Systems, das aus ebenso vielen Einzelteilchen besteht, wie Atome in 0,012 kg des Kohlenstoffnuklids ^{12}C enthalten sind.
Candela	cd	**Die Candela** ist die Lichtstärke in einer bestimmten Richtung einer Strahlungsquelle, die monochromatische Strahlung der Frequenz $540 \cdot 10^{12}$ Hertz aussendet und deren Strahlstärke in dieser Richtung $^{1}/_{683}$ Watt durch Steradiant beträgt.

Größen und Einheiten der Mechanik

Größe	Formelzeichen	Name der Einheit	Einheitenzeichen	Beziehungen zwischen den Einheiten
Arbeit, Energie	*W*, *E*	Joule	J	$1\,J = 1\,N \cdot m = 1\,\frac{kg \cdot m^2}{s^2}$
		Newtonmeter Wattsekunde Kilowattstunde	$N \cdot m$ $W \cdot s$ $kW \cdot h$	$1\,N \cdot m = 1\,J$ $1\,W \cdot s = 1\,J$ $1\,kW \cdot h = 3{,}6 \cdot 10^6\,W \cdot s$
Beschleunigung	*a*	Meter durch Quadratsekunde	$\frac{m}{s^2}$	

Größe	Formelzeichen	Name der Einheit	Einheitenzeichen	Beziehungen zwischen den Einheiten
Dichte	ϱ	Kilogramm durch Kubikmeter Gramm durch Kubikzentimeter	$\frac{kg}{m^3}$ $\frac{g}{cm^3}$	$1\,\frac{kg}{m^3} = 0{,}001\,\frac{g}{cm^3}$ $1\,\frac{g}{cm^3} = 1\,\frac{kg}{dm^3} = 1\,\frac{t}{m^3}$
Drehimpuls	L	Newtonmetersekunde	$N \cdot m \cdot s$	$1\,N \cdot m \cdot s = 1\,\frac{kg \cdot m^2}{s}$
Drehmoment	M	Newtonmeter	$N \cdot m$	$1\,N \cdot m = 1\,\frac{kg \cdot m^2}{s^2}$
Druck	p	Pascal Bar	Pa bar	$1\,Pa = 1\,\frac{N}{m^2} = 1\,\frac{kg}{m \cdot s^2}$ $1\,bar = 100\,000\,Pa = 10^5\,Pa$
Drehzahl	n	durch Sekunde	$\frac{1}{s}$	$\frac{1}{s} = 60\,\frac{1}{min}$
Federkonstante	D, k	Newton je Meter	$\frac{N}{m}$	$1\,\frac{N}{m} = 1\,\frac{kg}{s^2}$
Fläche, Flächeninhalt	A	Quadratmeter	m^2	$1\,m^2 = 1\,m \cdot 1\,m$
Frequenz	f, ν	Hertz	Hz	$1\,Hz = \frac{1}{s}$
Geschwindigkeit	v	Meter durch Sekunde Kilometer durch Stunde	$\frac{m}{s}$ $\frac{km}{h}$	 $1\,\frac{km}{h} = \frac{1}{3{,}6}\,\frac{m}{s}$
Impuls	p	Kilogrammmeter durch Sekunde	$\frac{kg \cdot m}{s}$	$1\,\frac{kg \cdot m}{s} = 1\,N \cdot s$
Kraft	F	Newton	N	$1\,N = 1\,\frac{kg \cdot m}{s^2}$
Länge	l	**Meter**	**m**	**Basiseinheit**
Leistung, Energiestrom	P	Watt	W	$1\,W = 1\,\frac{J}{s} = 1\,\frac{N \cdot m}{s} = 1\,\frac{kg \cdot m^2}{s^3}$
Masse	m	**Kilogramm** Tonne Karat	**kg** t Kt	**Basiseinheit** $1\,t = 10^3\,kg$ $1\,Kt = 0{,}2\,g$
Schwingungsdauer, Periodendauer	T	Sekunde	s	
Trägheitsmoment	J	Kilogramm mal Quadratmeter	$kg \cdot m^2$	

Größe	Formelzeichen	Name der Einheit	Einheitenzeichen	Beziehungen zwischen den Einheiten
Volumen	V	Kubikmeter Liter	m^3 l	$1\ m^3 = 1\ m \cdot 1\ m \cdot 1\ m$ $1\ l = 0{,}001\ m^3 = 10^{-3}\ m^3 = 1\ dm^3$
Wellenlänge	λ	Meter	m	
Winkelbeschleunigung	α	Radiant durch Quadratsekunde	$\frac{rad}{s^2}$	$1\ \frac{rad}{s^2} = \frac{1}{s^2}$
Winkelgeschwindigkeit Kreisfrequenz	ω	Radiant durch Sekunde Eins durch Sekunde	$\frac{rad}{s}$ $\frac{1}{s}$	$1\ \frac{rad}{s} = \frac{1}{s}$
Zeit	t	**Sekunde** Minute Stunde Tag Jahr	s min h d a	**Basiseinheit** 1 min = 60 s 1 h = 60 min = 3600 s 1 d = 24 h = 1440 min = 86 400 s 1 a = 365,242 d = 31 556 926 s

Größen und Einheiten der Akustik

Größe	Formelzeichen	Name der Einheit	Einheitenzeichen	Beziehungen zwischen den Einheiten
Lautstärkepegel	L_N, L_S	Phon	phon	
Schalldruckpegel	L_P	Dezibel	dB	
Schallintensität	I	Watt durch Quadratmeter	$\frac{W}{m^2}$	$1\ \frac{W}{m^2} = 1\ \frac{kg}{s^3}$

Größen und Einheiten der Thermodynamik

Größe	Formelzeichen	Name der Einheit	Einheitenzeichen	Beziehungen zwischen den Einheiten
Enthalpie	H	Joule	J	$1\ J = 1\ N \cdot m = 1\ \frac{kg \cdot m^2}{s^2}$
Entropie	S	Joule durch Kelvin	$\frac{J}{K}$	$1\ \frac{J}{K} = 1\ \frac{kg \cdot m^2}{s^2 \cdot K}$
Innere Energie	U	Joule	J	$1\ J = 1\ W \cdot s = 1\ N \cdot m$
Molare Masse	M	Kilogramm durch Mol	$\frac{kg}{mol}$	

Größe	Formelzeichen	Name der Einheit	Einheitenzeichen	Beziehungen zwischen den Einheiten
Molares Volumen	V_M	Kubikmeter durch Mol	$\frac{m^3}{mol}$	
Spezifische Wärmekapazität	c	Joule durch Kilogramm und Kelvin	$\frac{J}{kg \cdot K}$	$1 \frac{J}{kg \cdot K} = 1 \frac{W \cdot s}{kg \cdot K}$
Stoffmenge	$\boldsymbol{n}$	**Mol**	**mol**	**Basiseinheit**
Temperatur	$\boldsymbol{T}$ ϑ, t	**Kelvin** Grad Celsius	**K** °C	**Basiseinheit** 0 °C = 273,15 K
Wärme	Q	Joule	J	1 J = 1 W · s = 1 N · m
Wärmekapazität	C	Joule durch Kelvin	$\frac{J}{K}$	$1 \frac{J}{K} = 1 \frac{W \cdot s}{K}$

Größen und Einheiten der Optik

Größe	Formelzeichen	Name der Einheit	Einheitenzeichen	Beziehungen zwischen den Einheiten
Brechwert	D	Dioptrie	dpt	$1 \text{ dpt} = \frac{1}{m}$
Brechzahl	n	Eins	–	
Brennweite Objektweite Bildweite	f g, a, s b, a', s'	Meter	m	
Lichtstärke	$\boldsymbol{I}$	**Candela**	**cd**	**Basiseinheit**

Größen und Einheiten der Elektrizitätslehre und des Magnetismus

Größe	Formelzeichen	Name der Einheit	Einheitenzeichen	Beziehungen zwischen den Einheiten
Elektrische Arbeit Elektrische Energie	W (W_{el}) E (E_{el})	Joule Wattsekunde Kilowattstunde	J W · s kW · h	1 J = 1 W · s = 1 V · A · s 1 kW · h = 3,6 MJ
Elektrische Feldstärke	E	Volt durch Meter	$\frac{V}{m}$	$1 \frac{V}{m} = 1 \frac{N}{C} = 1 \frac{kg \cdot m}{s^3 \cdot A}$
Elektrische Kapazität	C	Farad	F	$1 \text{ F} = 1 \frac{C}{V} = 1 \frac{A \cdot s}{V}$
Elektrische Ladung	Q	Coulomb	C	1 C = 1 A · s

Größe	Formelzeichen	Name der Einheit	Einheitenzeichen	Beziehungen zwischen den Einheiten
Elektrische Leistung	P (P_{el})	Watt	W	$1\,W = 1\,V \cdot A = 1\,\frac{J}{s}$
Elektrische Spannung Elektrisches Potenzial	U φ	Volt	V	$1\,V = 1\,\frac{W}{A} = 1\,\frac{kg \cdot m^2}{s^3 \cdot A}$
Elektrische Stromstärke	I	**Ampere**	**A**	**Basiseinheit**
Elektrischer Widerstand	R	Ohm	Ω	$1\,\Omega = 1\,\frac{V}{A}$
Induktivität	L	Henry	H	$1\,H = 1\,\frac{V \cdot s}{A} = 1\,\frac{Wb}{A}$
Magnetische Feldstärke	H	Ampere durch Meter	$\frac{A}{m}$	
Magnetische Flussdichte	B	Tesla	T	$1\,T = 1\,\frac{V \cdot s}{m^2} = 1\,\frac{Wb}{m^2}$
Magnetischer Fluss	Φ	Weber	Wb	$1\,Wb = 1\,V \cdot s = 1\,T \cdot m^2$
Permeabilität	μ	Henry durch Meter	$\frac{H}{m}$	$1\,\frac{H}{m} = 1\,\frac{V \cdot s}{A \cdot m}$
Permittivität (früher Dielektrizitätskonstante)	ε	Farad durch Meter	$\frac{F}{m}$	$1\,\frac{F}{m} = 1\,\frac{A \cdot s}{V \cdot m}$
Spezifischer elektrischer Widerstand	ϱ	Ohm mal Quadratmillimeter durch Meter Ohmmeter	$\frac{\Omega \cdot mm^2}{m}$ $\Omega \cdot m$	$1\,\frac{\Omega \cdot mm^2}{m} = 10^{-6}\,\Omega \cdot m$

Größen und Einheiten im Strahlenschutz

Größe	Formelzeichen	Name der Einheit	Einheitenzeichen	Beziehungen zwischen den Einheiten
Aktivität	A	Becquerel	Bq	$1\,Bq = \frac{1}{s}$
Äquivalentdosis	H	Sievert rem	Sv rem	$1\,Sv = 1\,\frac{J}{kg}$ $1\,rem = 10^{-2}\,Sv$
Energiedosis	D	Gray	Gy	$1\,Gy = 1\,\frac{J}{kg}$
Ionendosis	J	Coulomb durch Kilogramm	$\frac{C}{kg}$	

Physikalische Formeln

Kraft, Geschwindigkeit, Beschleunigung

Zusammensetzung von zwei Kräften $\vec{F_1}$ und $\vec{F_2}$			
$\vec{F_1}$ und $\vec{F_2}$ sind gleich gerichtet.	$\vec{F_1}$ und $\vec{F_2}$ sind entgegengesetzt gerichtet.	$\vec{F_1}$ und $\vec{F_2}$ stehen senkrecht aufeinander.	$\vec{F_1}$ und $\vec{F_2}$ bilden einen beliebigen Winkel α miteinander.
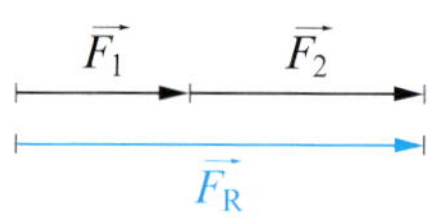	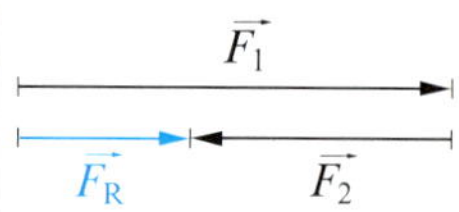	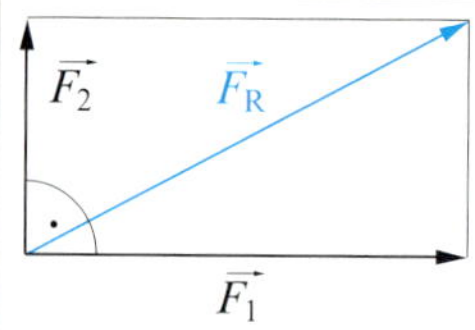	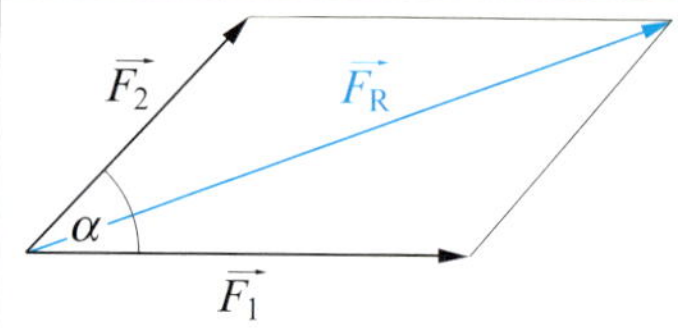
$F_R = F_1 + F_2$	$F_R = F_1 - F_2$	$F_R = \sqrt{F_1^2 + F_2^2}$	$F_R = \sqrt{F_1^2 + F_2^2 + 2F_1 \cdot F_2 \cdot \cos\alpha}$

F_R Betrag der resultierenden Kraft

Gleichgewichtsbedingung	
für einen Massenpunkt $\sum_{i=1}^{n} \vec{F_i} = 0$ $\vec{F_i}$ Kräfte	für einen drehbaren starren Körper $\sum_{i=1}^{n} \vec{M_i} = 0$ und $\sum_{i=1}^{n} \vec{F_i} = 0$ $\vec{M_i}$ Drehmomente

Grundgesetze der Dynamik	
Für die Translation	Für die Rotation
$\vec{F} = m \cdot \vec{a}$ F Kraft m Masse a Beschleunigung	$\vec{M} = J \cdot \vec{\alpha}$ M Drehmoment J Trägheitsmoment α Winkelbeschleunigung

Rotation eines starren Körpers		
Drehmoment M	Trägheitsmoment J	Drehimpuls L
$\vec{M} = \vec{r} \times \vec{F}$ F Kraft r Radius Unter der Bedingung $\vec{r} \perp \vec{F}$ gilt: $M = F \cdot r$	$J = \int r^2 \, dm$ r Radius m Masse	$\vec{L} = J \cdot \vec{\omega}$ J Trägheitsmoment ω Winkelgeschwindigkeit

Körper	Trägheitsmoment		Körper	Trägheitsmoment	
Massenpunkt	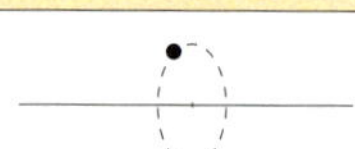	$J = m \cdot r^2$	Hohlzylinder	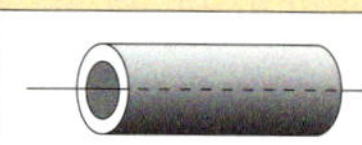	$J = \frac{1}{2} m (r_a^2 + r_i^2)$
Dünner Kreisring	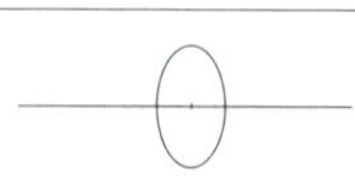	$J = m \cdot r^2$	Kugel	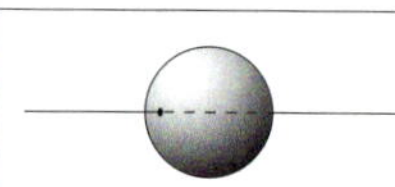	$J = \frac{2}{5} m \cdot r^2$
Vollzylinder	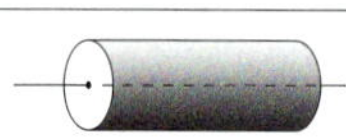	$J = \frac{1}{2} m \cdot r^2$	Langer dünner Stab	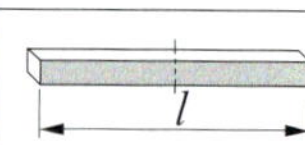	$J = \frac{1}{12} m \cdot l^2$

Bewegungsgesetze der Translation		
Gleichförmige geradlinige Bewegung	$s = v \cdot t + s_0$; $v = \frac{\Delta s}{\Delta t}$; $a = 0$	s Weg v Geschwindigkeit t Zeit s_0 Anfangsweg bei $t = 0$ a Beschleunigung v_0 Anfangsgeschwindigkeit bei $t = 0$
Gleichmäßig beschleunigte geradlinige Bewegung	$s = \frac{a}{2} \cdot t^2 + v_0 \cdot t + s_0$ $v = a \cdot t + v_0$; $a = \frac{\Delta v}{\Delta t} = \text{konst.}$ Bei der Bedingung $s_0 = 0$ und $v_0 = 0$ gilt: $s = \frac{a}{2} \cdot t^2$; $v = a \cdot t$; $v = \sqrt{2a \cdot s}$; $a = \frac{v}{t}$ Für den freien Fall gilt: $s = \frac{g}{2} \cdot t^2$; $v = g \cdot t$; $v = \sqrt{2g \cdot s}$	
Ungleichmäßig beschleunigte geradlinige Bewegung Momentangeschwindigkeit Momentanbeschleunigung Weg-Zeit-Gesetz Geschwindigkeit-Zeit-Gesetz	$v = \frac{ds}{dt} = \dot{s}$ $a = \frac{dv}{dt} = \dot{v} = \frac{d^2s}{dt^2} = \ddot{s}$ $s = s_0 + \int_{t_0}^{t} v \, dt$ $v = v_0 + \int_{t_0}^{t} a \, dt$	$s = s(t)$ Weg-Zeit-Funktion $v = v(t)$ Geschwindigkeit-Zeit-Funktion

Bewegungsgesetze der Rotation		
Größen	Gleichförmige Rotation	Gleichmäßig beschleunigte Rotation
Drehwinkel δ	$\delta = \omega \cdot t + \delta_0$	$\delta = \frac{\alpha}{2} \cdot t^2 + \omega_0 \cdot t + \delta_0$ $\delta = \frac{\alpha}{2} \cdot t^2 = \frac{\omega \cdot t}{2}$ $(\omega_0 = 0;\ \delta_0 = 0)$
Winkelgeschwindigkeit ω	$\omega = \text{konst.}$ $\omega = \frac{\Delta\delta}{\Delta t} = \frac{2\pi}{T} = 2\pi \cdot n$; $\omega = \frac{v}{r}$	$\omega = \alpha \cdot t + \omega_0$ $\omega = \alpha \cdot t$ $(\omega_0 = 0)$
Winkelbeschleunigung α	$\alpha = 0$	$\alpha = \text{konst.}$ $\alpha = \frac{\Delta\omega}{\Delta t}$; $\alpha = \frac{a}{r}$

Gleichförmige Kreisbewegung		
Geschwindigkeit	$v = \frac{2\pi \cdot r}{T} = 2\pi \cdot r \cdot n = \omega \cdot r$	r Kreisradius T Umlaufzeit n Drehzahl ω Winkelgeschwindigkeit
Radialbeschleunigung (Zentripetalbeschleunigung)	$a_r = \frac{v^2}{r} = \omega^2 \cdot r$	

Wurfbewegungen

Wurfart	Gesetze und Gleichungen		
Senkrechter Wurf		*Wurfrichtung nach oben*	*Wurfrichtung nach unten*
	Ort-Zeit-Gesetz	$y = v_0 \cdot t - \frac{g}{2} \cdot t^2$	$y = -v_0 \cdot t - \frac{g}{2} \cdot t^2$
	Geschwindigkeit-Zeit-Gesetz	$v = v_0 - g \cdot t$	$v = -v_0 - g \cdot t$
	Steigzeit t_h	$t_h = \frac{v_0}{g}$	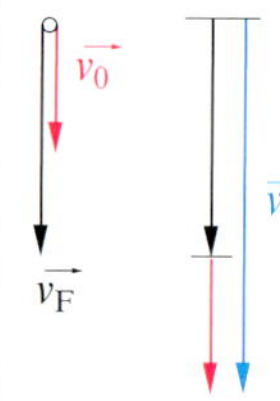
	Steighöhe s_h	$s_h = \frac{v_0^2}{2g}$	
Waagerechter Wurf	Ort-Zeit-Gesetz	$x = v_0 \cdot t; \quad y = -\frac{g}{2} \cdot t^2$	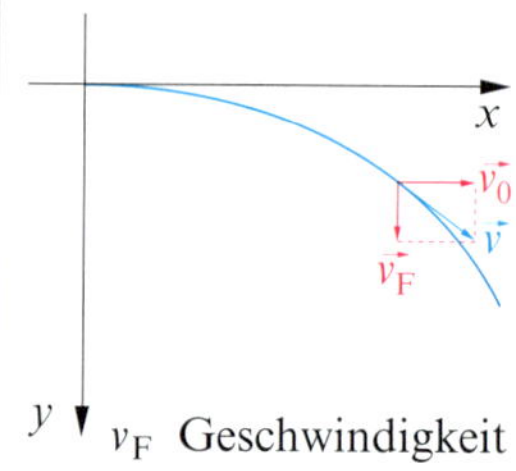
	Geschwindigkeit-Zeit-Gesetz	$v = \sqrt{v_0^2 + g^2 \cdot t^2}$	v_F Geschwindigkeit im freien Fall
	Wurfparabel	$y = -\frac{g}{2v_0^2} \cdot x^2$	
Schräger Wurf	Ort-Zeit-Gesetz	$x = v_0 \cdot t \cdot \cos \alpha; \quad y = -\frac{g}{2} \cdot t^2 + v_0 \cdot t \cdot \sin \alpha$	
	Geschwindigkeit-Zeit-Gesetz	$v = \sqrt{v_0^2 + g^2 \cdot t^2 - 2v_0 \cdot g \cdot t \cdot \sin \alpha}$	
	Wurfparabel	$y = -\frac{g}{2} \cdot \frac{x^2}{v_0^2 \cdot \cos^2 \alpha} + x \cdot \tan \alpha$	
	Wurfweite s_w	$s_w = \frac{v_0^2 \cdot \sin 2\alpha}{g}$	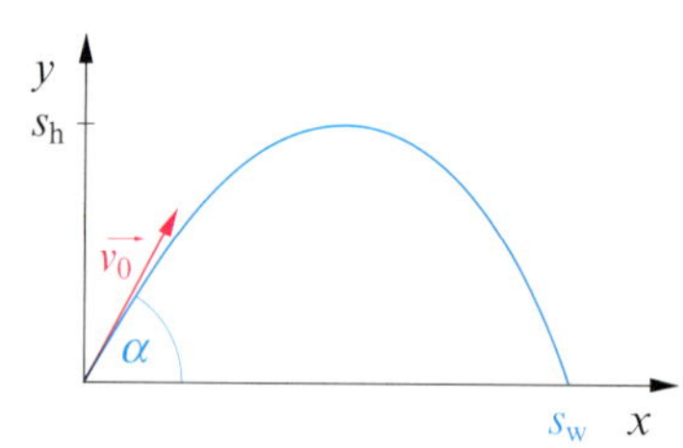
	Wurfhöhe s_h	$s_h = \frac{v_0^2 \cdot \sin^2 \alpha}{2g}$	
	Steigzeit t_h	$t_h = \frac{v_0 \cdot \sin \alpha}{g}$	v_0 Anfangsgeschwindigkeit

Kräfte in der Mechanik

Gewichtskraft F_G	$F_G = m \cdot g$	m Masse g Fallbeschleunigung
Reibungskraft F_R Gleitreibungskraft F_{GR}	$F_{GR} = \mu_{GR} \cdot F_N$	F_N Normalkraft μ_{GR} Gleitreibungszahl
Haftreibungskraft F_{HR}	$F_{HR} = \mu_{HR} \cdot F_N$	μ_{HR} Haftreibungszahl μ_{RR} Rollreibungszahl r Radius des rollenden Körpers
Rollreibungskraft F_{RR}	$F_{RR} = \mu_{RR} \cdot \frac{F_N}{r}$	

Radialkraft F_r, Zentripetalkraft F_Z	$F_r = \frac{m \cdot v^2}{r} = m \cdot a_r$ $F_r = \frac{4\pi^2 \cdot m \cdot r}{T^2} = m \cdot \omega^2 \cdot r$	m Masse v Geschwindigkeit r Radius a_r Radialbeschleunigung (Zentripetalbeschleunigung) T Umlaufzeit ω Winkelgeschwindigkeit D Federkonstante s Verlängerung ϱ Dichte der Flüssigkeit/des Gases V Volumen des Körpers g Fallbeschleunigung
Federspannkraft F_S (Hooke'sches Gesetz)	$F_S = D \cdot s$	
Auftriebskraft F_A	$F_A = \varrho \cdot V \cdot g$	

Arbeit, Energie, Leistung

Mechanische Arbeit W	$W = \int_{s_1}^{s_2} F(s)\mathrm{d}s$ wenn $F \neq$ konst.; $\sphericalangle(\vec{F}; \vec{s}) = 0$ $W = F \cdot s$ wenn $F =$ konst.; $\sphericalangle(\vec{F}; \vec{s}) = 0$ $W = F \cdot s \cdot \cos\alpha$ wenn $F =$ konst.; $\sphericalangle(\vec{F}; \vec{s}) = \alpha$	F Kraft s Weg F_G Gewichtskraft m Masse g Fallbeschleunigung h Höhe F_R Reibungskraft F_N Normalkraft μ_{GR} Gleitreibungszahl μ_{RR} Rollreibungszahl p Druck V Volumen F_B beschleunigende Kraft a Beschleunigung F_e Kraft am Ende des Spannvorgangs D Federkonstante
Hubarbeit W_{Hub}	$W_{Hub} = F_G \cdot s$; $W_{Hub} = m \cdot g \cdot h$	
Reibungsarbeit W_R	$W_R = F_R \cdot s$; $W_{GR} = \mu_{GR} \cdot F_N \cdot s$ $W_{RR} = \frac{\mu_{RR}}{r} \cdot F_N \cdot s$	
Volumenarbeit W_V	$W_V = -\int_{V_1}^{V_2} p(V)\,\mathrm{d}V$	
Beschleunigungsarbeit W_B	$W_B = F_B \cdot s$; $W_B = m \cdot a \cdot s$	
Federspannarbeit W_F	$W_F = \frac{1}{2} F_e \cdot s$; $W_F = \frac{1}{2} D \cdot s^2$ (Bedingung: Es gilt das Hooke'sche Gesetz.)	

Mechanische Energie			
Potenzielle Energie E_{pot}		Kinetische Energie E_{kin}	
im erdnahen Gravitationsfeld	einer gespannten Feder	Translation	Rotation
$E_{pot} = F_G \cdot h$ $E_{pot} = m \cdot g \cdot h$	$E_{pot} = \frac{1}{2} F_E \cdot s$ $E_{pot} = \frac{1}{2} D \cdot s^2$	$E_{kin} = \frac{1}{2} m \cdot v^2$	$E_{kin} = \frac{1}{2} J \cdot \omega^2$

Gesetz von der Erhaltung der mechanischen Energie	
In einem abgeschlossenen reibungsfreien „mechanischen" System gilt: $E_{ges} = E_{pot} + E_{kin} =$ konst.; $E_{pot,a} + E_{kin,a} = E_{pot,e} + E_{kin,e}$	$E_{pot,a}$; $E_{kin,a}$ potenzielle bzw. kinetische Energie am Anfang der Energieumwandlung $E_{pot,e}$; $E_{kin,e}$ potenzielle bzw. kinetische Energie am Ende der Energieumwandlung

Mechanische Leistung, Wirkungsgrad		
Leistung P, Energiestrom	$P = \frac{dW}{dt}$; $P = \frac{W}{t}$; $P = \frac{dE}{dt}$ $P = \frac{F \cdot s}{t} = F \cdot v$ (v und F konst.)	W verrichtete Arbeit E übertragene oder umgewandelte Energie t Zeit F Kraft s Weg v Geschwindigkeit
Wirkungsgrad η	$\eta = \frac{E_{ab}}{E_{zu}}$; $\eta = \frac{W_{ab}}{W_{zu}}$; $\eta = \frac{P_{ab}}{P_{zu}}$	E_{ab}, W_{ab}, P_{ab} Beträge der abgegebenen, nutzbaren Energie, Arbeit, Leistung E_{zu}, W_{zu}, P_{zu} zugeführte, aufgewandte Energie, Arbeit, Leistung

Impuls, Drehimpuls

Impuls $\vec{p}$ Gesamtimpuls eines Systems	$\vec{p} = m \cdot \vec{v}$; $\vec{p} = \vec{F} \cdot \Delta t$; $\vec{p} = \int_{t_1}^{t_2} \vec{F}(t)\,dt$ $\vec{p}_{ges} = \sum_{i=1}^{n} m_i \cdot \vec{v}_i$; $\vec{p}_{ges} = \sum_{i=1}^{n} \vec{p}_i$	F konstante Kraft Δt Zeitdauer $F(t)$ zeitabhängige Kraft m Masse v Geschwindigkeit J_A Trägheitsmoment (für eine feste Achse) ω Winkelgeschwindigkeit M Drehmoment
Drehimpuls $\vec{L}$ Drehmoment und Drehimpulsänderung	$\vec{L} = J_A \cdot \vec{\omega}$ $\Delta\vec{L} = \vec{M} \cdot \Delta t$	

Gesetz von der Erhaltung des Drehimpulses	Zusammenhang zwischen Kraft $\vec{F}$ und Impuls $\vec{p}$
$\vec{L} = \sum_{i=1}^{n} \vec{L}_i = \text{konst.}$	$\vec{F} = \frac{d\vec{p}}{dt}$

Gesetz von der Erhaltung des Impulses
für ein abgeschlossenes mechanisches System: $\sum_{k=1}^{n} \vec{p}_k = \text{konst.}$

Stoßarten

Elastischer Stoß (gerade, zentral)		
Impuls	$m_1 \cdot \vec{v_1} + m_2 \cdot \vec{v_2} = m_1 \cdot \vec{u_1} + m_2 \cdot \vec{u_2}$	m_1, m_2 Massen der Körper v_1, v_2 Geschwindigkeiten der Körper vor dem Stoß u_1, u_2 Geschwindigkeiten der Körper nach dem Stoß $E_{kin,a}$ Energie vor dem Stoß $E_{kin,e}$ Energie nach dem Stoß
Energie	$E_{kin,a} = E_{kin,e}$; $\Delta E_{kin} = 0$	
Geschwindigkeiten nach dem Stoß	$u_1 = \frac{(m_1 - m_2)v_1 + 2m_2 \cdot v_2}{m_1 + m_2}$ $u_2 = \frac{(m_2 - m_1)v_2 + 2m_1 \cdot v_1}{m_1 + m_2}$ $v_1 + u_1 = v_2 + u_2$	

Unelastischer Stoß (gerade, zentral)		
Impuls	$m_1 \cdot \vec{v_1} + m_2 \cdot \vec{v_2} = (m_1 + m_2)\ \vec{u}$	m_1, m_2 Massen der Körper v_1, v_2 Geschwindigkeiten der Körper vor dem Stoß u Geschwindigkeiten der Körper nach dem Stoß $E_{kin,a}, E_{kin,e}$ Energie vor bzw. nach dem Stoß
Energie	$E_{kin,a} > E_{kin,e}$ $\Delta E_{kin} = \frac{1}{2}(m_1 \cdot v_1^2 + m_2 \cdot v_2^2) - \frac{1}{2}u^2(m_1 + m_2)$ $\Delta E_{kin} = \frac{m_1 \cdot m_2}{2(m_1 + m_2)} \cdot (v_1 - v_2)^2$	
Geschwindigkeit nach dem Stoß	$u = \frac{m_1 \cdot v_1 + m_2 \cdot v_2}{m_1 + m_2}$	

Gravitation

Gravitationskraft F (Gravitationsgesetz)	$F = \gamma \cdot \frac{m_1 \cdot m_2}{r^2}$	γ (G) Gravitationskonstante m_1, m_2 Massen der Körper r Abstand der beiden Massenmittelpunkte r_1, r_2 Abstände $\gamma = 6{,}673 \cdot 10^{-11}\ \mathrm{m^3/(kg \cdot s^2)}$
Arbeit W_G im Gravitationsfeld	$W_G = \gamma \cdot m_1 \cdot m_2\left(\frac{1}{r_1} - \frac{1}{r_2}\right)$	
Energie E_{pot} eines Körpers im Gravitationsfeld der Erde	$E_{pot} = -\gamma \cdot \frac{m_E \cdot m}{r}$ (für $r > r_E$)	m_E Masse der Erde m Masse des Körpers r Abstand zwischen Erdmittelpunkt und Körper r_E Radius der Erde
Gravitationsfeldstärke g der Erde	$g = \frac{\gamma \cdot m_E}{r^2}$ (für $r > r_E$)	m_E Masse der Erde r Abstand vom Erdmittelpunkt r_E Radius der Erde

Mechanische Schwingungen

Periodendauer T Schwingungsdauer T	$T = \frac{t}{n}$; $T = \frac{1}{f}$	n Anzahl der Schwingungen t Zeit
Frequenz f	$f = \frac{n}{t}$; $f = \frac{1}{T}$	
Kreisfrequenz ω	$\omega = 2\pi \cdot f$; $\omega = \frac{2\pi}{T}$	
Weg-Zeit-Gesetz einer harmonischen Schwingung	$y = y_{max} \cdot \sin(\omega \cdot t + \varphi_0)$	y Auslenkung y_{max} Amplitude ω Kreisfrequenz t Zeit φ_0 Phasenwinkel v Geschwindigkeit a Beschleunigung δ Abklingkoeffiziet
Geschwindigkeit-Zeit-Gesetz einer harmonischen Schwingung	$v = \frac{dy}{dt} = \dot{y}$ $v = y_{max} \cdot \omega \cdot \cos(\omega \cdot t + \varphi_0)$	

Beschleunigung-Zeit-Gesetz einer harmonischen Schwingung	$a = \frac{dv}{dt} = \frac{d^2y}{dt^2} = \ddot{y}$ $a = -y_{max} \cdot \omega^2 \cdot \sin(\omega \cdot t + \varphi_0)$	ω Kreisfrequenz a Beschleunigung v Geschwindigkeit t Zeit y Auslenkung y_{max} Amplitude δ Abklingkoeffizient
Weg-Zeit-Gesetz einer gedämpften Schwingung	$y = -y_{max} \cdot e^{-\delta t} \cdot \sin(\omega \cdot t + \varphi_0)$	
Schwingungsdauer T eines Fadenpendels	Für kleinen Ausschlag gilt: $T = 2\pi \sqrt{\frac{l}{g}}$	l Länge g Fallbeschleunigung $g = 9{,}806\,65\ \mathrm{m/s^2}$
Schwingungsdauer T eines Federpendels	$T = 2\pi \sqrt{\frac{m}{D}}$	m Masse des Körpers D Federkonstante

Mechanische Wellen

Ausbreitungs-geschwindigkeit c	$c = \lambda \cdot f$	λ Wellenlänge f Frequenz y Auslenkung y_{max} Amplitude t Zeit x Ort T Periodendauer, Schwingungsdauer
Wellengleichung	$y = y_{max} \cdot \sin 2\pi \left(\frac{t}{T} - \frac{x}{\lambda}\right)$	

Doppler-Effekt		
Ruhender Sender, bewegter Empfänger	$f' = f\left(1 \pm \frac{v_E}{c}\right)$	f' vom Empfänger aufgenommene Frequenz f Frequenz des Senders c Schallgeschwindigkeit v_S Geschwindigkeit des Senders v_E Geschwindigkeit des Empfängers
Ruhender Empfänger, bewegter Sender	$f' = f \frac{1}{1 \mp \frac{v_S}{c}}$	
Bewegter Sender, bewegter Empfänger	$f' = f \frac{c \pm v_E}{c \mp v_S}$	oberes Zeichen gilt für Annäherung, unteres Zeichen gilt für Entfernungszunahme

Mechanik der Flüssigkeiten und Gase

Druck	Dichte	Schweredruck
$p = \frac{F}{A}$ Bedingung: Die Kraft ist senkrecht zur Fläche gerichtet.	$\varrho = \frac{m}{V}$	$p = \varrho \cdot g \cdot h = \frac{F_G}{A}$

Barometrische Höhenformel	
$p = p_0 \cdot e^{-\varrho_0 \cdot g \cdot \frac{h}{p_0}}$	ϱ_0 Dichte der Luft bei 0 °C und 101,325 kPa p_0 Luftdruck in 0 m Höhe

Hydraulische Anlagen		
$\frac{F_P}{F_A} = \frac{A_P}{A_A}$ Bedingung: Vernachlässigung der Reibung	F_P Kraft am Pumpenkolben A_P Fläche des Pumpenkolbens F_A Kraft am Arbeitskolben A_A Fläche des Arbeitskolbens	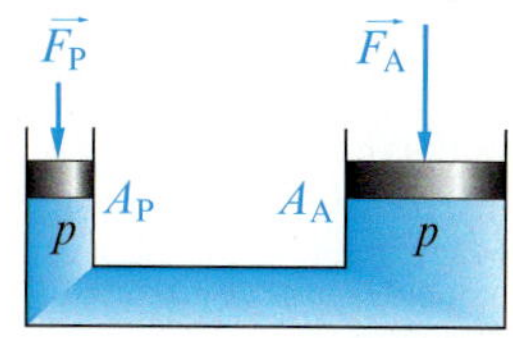

Auftrieb			
Auftriebskraft			
$F_A = \varrho \cdot V \cdot g$ (Archimedisches Prinzip)	V Volumen der verdrängten Flüssigkeit/des verdrängten Gases ϱ Dichte der Flüssigkeit/des Gases g Fallbeschleunigung		
Sinken	**Schweben**	**Steigen**	**Schwimmen**
$F_G > F_A$	$F_G = F_A$	$F_G < F_A$	$F_G = F_A$

Stationäre Strömung		
$\frac{A_1}{A_2} = \frac{v_2}{v_1}$	A_1, A_2 Querschnittsflächen v_1, v_2 Geschwindigkeiten der Strömung	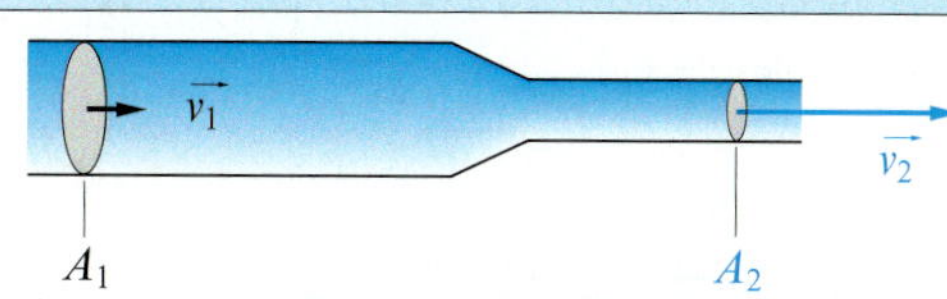

Strömungswiderstand	
$F_w = \frac{1}{2} c_w \cdot \varrho \cdot v^2 \cdot A$	c_w Widerstandsbeiwert ϱ Dichte des strömenden Stoffes v Strömungsgeschwindigkeit ($\vec{v}$ senkrecht zur durchströmten Fläche A) A Querschnittsfläche des umströmten Körpers

Spezielle Relativitätstheorie

Galilei-transformation	$x = x' + v \cdot t \qquad t = t'$	x Koordinate in einem Inertialsystem S x' Koordinate in einem zweiten Inertialsystem S' v Relativgeschwindigkeit t, t' Zeiten in den jeweiligen Systemen
Lorentz-transformation	$x = \frac{x' + v \cdot t'}{\sqrt{1 - \frac{v^2}{c^2}}} \qquad t = \frac{t' + x' \cdot \frac{v}{c^2}}{\sqrt{1 - \frac{v^2}{c^2}}}$	
Relativistisches Additionsgesetz für Geschwindigkeiten	$u = \frac{u' + v}{1 + \frac{u' \cdot v}{c^2}}$	u, u' Geschwindigkeit des Körpers von S bzw. von S' aus gemessen v Relativgeschwindigkeit zwischen S und S' c Lichtgeschwindigkeit t, t' Zeiten in den jeweiligen Systemen l, l' Längen in den jeweiligen Systemen
Zeitdilatation	$t = \frac{t'}{\sqrt{1 - \frac{v^2}{c^2}}}$	
Längen-kontraktion	$l = l' \cdot \sqrt{1 - \frac{v^2}{c^2}}$	

Relativistische Masse	$m = \dfrac{m_0}{\sqrt{1 - \dfrac{v^2}{c^2}}}$	m_0 Ruhmasse
Masse-Energie-Beziehung	$E = m \cdot c^2$; $E_0 = m_0 \cdot c^2$; $E_{kin} = E - E_0$	E Gesamtenergie m_0 Ruhmasse E_0 Ruhenergie c Lichtgeschwindigkeit

Wärme, Wärmeübertragung

Berechnung der Wärme Q (Wärmemenge) Grundgleichung der Wärmelehre	$Q = m \cdot c \cdot \Delta T = C \cdot \Delta T$ (Bedingung: keine Änderung des Aggregatzustandes)	c spezifische Wärmekapazität m Masse ΔT Temperaturänderung C Wärmekapazität

Feste Stoffe und Flüssigkeiten

Spezifische Schmelzwärme q_S	$q_S = \dfrac{Q_S}{m}$	Q_S Schmelzwärme m Masse
Spezifische Verdampfungswärme q_V	$q_V = \dfrac{Q_V}{m}$	Q_V Verdampfungswärme m Masse
Längenänderung Δl	$\Delta l = \alpha \cdot l_0 \cdot \Delta T$ $l = l_0 (1 + \alpha \cdot \Delta T)$	α linearer Ausdehnungskoeffizient (Längenausdehnungskoeffizient) ΔT Temperaturänderung l_0 Anfangslänge
Volumenänderung ΔV	$\Delta V = \gamma \cdot V_0 \cdot \Delta T$ $V = V_0 (1 + \gamma \cdot \Delta T)$	γ kubischer Ausdehnungskoeffizient (Volumenausdehnungskoeffizient) V_0 Anfangsvolumen $\gamma \approx 3\alpha$

Ideales Gas

Normzustand	$T_n = 273{,}15$ K $p_n = 1{,}013\,25 \cdot 10^5$ Pa $= 1{,}013\,25$ bar $V_{m,0} = 22{,}414$ l/mol	T_n Normtemperatur p_n Normdruck $V_{m,0}$ molares Normvolumen des idealen Gases
Allgemeine Zustandsgleichung	$\dfrac{p_1 \cdot V_1}{T_1} = \dfrac{p_2 \cdot V_2}{T_2} = \dfrac{p \cdot V}{T} =$ konst.	V Volumen p Druck T Temperatur n Stoffmenge m Masse R universelle Gaskonstante $R = 8{,}314\,510$ J/(K · mol)
Universelle Gasgleichung	$p \cdot V = n \cdot R \cdot T$ (n = konst.) $R = \dfrac{p_n \cdot V_{m,0}}{T_n}$	

Isotherme Zustandsänderung (Gesetz von Boyle und Mariotte)	$p_1 \cdot V_1 = p_2 \cdot V_2$ $p \cdot V = \text{konst.}$ (Bedingung: $T = \text{konst.}$)	V Volumen p Druck T Temperatur
Isochore Zustandsänderung (Gesetz von Amontons)	$\frac{p_1}{T_1} = \frac{p_2}{T_2}$ $\frac{p}{T} = \text{konst.}$ (Bedingung: $V = \text{konst.}$)	
Isobare Zustandsänderung (Gesetz von Gay-Lussac)	$\frac{V_1}{T_1} = \frac{V_2}{T_2}$ $\frac{V}{T} = \text{konst.}$ (Bedingung: $p = \text{konst.}$)	
Adiabatische Zustandsänderung (Gesetz von Poisson)	$p_1 \cdot V_1^{\varkappa} = p_2 \cdot V_2^{\varkappa}$ $p \cdot V^{\varkappa} = \text{konst.}$ (Bedingung: $Q = 0$) $\varkappa = \frac{c_p}{c_V}$	$\varkappa$ Adiabatenexponent $\varkappa \approx 1{,}67$ (einatomiges Gas) $\varkappa = 1{,}40$ (zweiatomiges Gas) c_p spezifische Wärmekapazität bei konstantem Druck c_V spezifische Wärmekapazität bei konstantem Volumen

Reales Gas

van-der-Waals'sche Zustandsgleichung	$\left(p + a\frac{n^2}{V^2}\right)(V - nb) = nRT$	p Druck a, b van-der-Waals'sche Konstanten n Stoffmenge V Volumen R (universelle) Gaskonstante T Temperatur

Energie, Enthalpie, Entropieänderung

Erster Hauptsatz der Wärmelehre	$\Delta U = Q + W$	ΔU Änderung der inneren Energie (des Systems) Q Wärme W Arbeit
Volumenarbeit W_V – bei konstantem Druck – bei veränderlichem Druck	$W_V = -p \cdot \Delta V$ $W_V = -\int_{V_1}^{V_2} p(V)\,\mathrm{d}V$	p Druck V Volumen 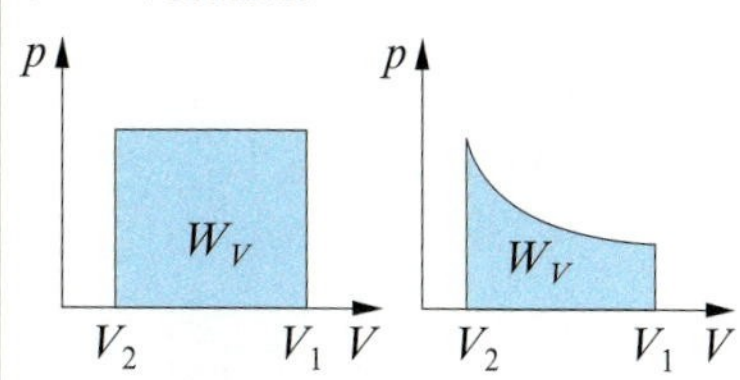
Enthalpie H (Wärmeinhalt)	$H = U + p \cdot V$	p Druck V Volumen
Wärmekapazität C eines Körpers – bei konstantem Volumen – bei konstantem Druck	$C_V = \frac{\Delta U}{\Delta T}$ für $V = \text{konst.}$ $C_p = \frac{\Delta U - W_V}{\Delta T}$ für $p = \text{konst.}$	ΔU Änderung der inneren Energie ΔT Temperaturänderung W_V Volumenarbeit V Volumen p Druck

Spezifische Wärmekapazität c – einatomiger Gase – zweiatomiger Gase	$c_V = 3/2\ R/M \quad c_p = 5/2\ R/M$ $c_V = 5/2\ R/M \quad c_p = 7/2\ R/M$	c_p für p = konst. c_V für V = konst. R (universelle) Gaskonstante M molare Masse W_{ab} abgegebene Arbeit Q_{zu} zugeführte Wärme Q_{ab} abgegebene Wärme T_{ab} Temperatur, bei der die Wärme abgegeben wird T_{zu} Temperatur, bei der die Wärme zugeführt wird
Wirkungsgrad η – von Wärmekraftmaschinen – für Carnot-Prozesse	$\eta = \frac{\lvert W_{ab} \rvert}{Q_{zu}}$ $\eta = \frac{Q_{zu} + Q_{ab}}{Q_{zu}} = \frac{T_{zu} - T_{ab}}{T_{zu}} = 1 - \frac{T_{ab}}{T_{zu}}$	
Entropieänderung ΔS	$\Delta S = \frac{Q_{rev}}{T}$ $\Delta S = k \cdot \ln \frac{W_e}{W_a}$	Q_{rev} reversibel aufgenommene Wärme T Temperatur, bei der die Wärme zugeführt wird W_a Wahrscheinlichkeit für den Ausgangszustand W_e Wahrscheinlichkeit für den Endzustand k Boltzmann-Konstante
Zweiter Hauptsatz der Wärmelehre (für abgeschlossene Systeme)	$\Delta S \geq 0$	ΔS Entropieänderung für reversible Prozesse $\Delta S = 0$ für irreversible Prozesse $\Delta S > 0$

Kinetische Gastheorie

Anzahl N der Teilchen	$N = N_A \cdot n$	n Stoffmenge V Volumen m Masse N_A Avogadro-Konstante $N_A = 6{,}022\,136\,7 \cdot 10^{23}\ \text{mol}^{-1}$
Molares Volumen V_m	$V_m = \frac{V}{n}$	
Molare Masse M	$M = \frac{m}{n}$	
Mittlere kinetische Energie $\bar{E}_{kin}$ der Teilchen des idealen Gases	$\bar{E}_{kin} = \frac{3}{2} k \cdot T$	k Boltzmann-Konstante T Temperatur
Innere Energie U des idealen Gases	$U = N \cdot \bar{E}_{kin}$	N Anzahl der Teilchen $\bar{E}_{kin}$ mittlere kin. Energie der Teilchen
Druck-Volumen-Gesetz	$p \cdot V = \frac{2}{3} N \cdot \bar{E}_{kin}$ $p \cdot V = \frac{1}{3} N \cdot m_T \cdot \overline{v^2}$	N Anzahl der Teilchen $\bar{E}_{kin}$ mittlere kin. Energie der Teilchen $\overline{v^2}$ mittlere quadratische Geschwindigkeit m_T Masse eines Teilchens
Quadratisch gemittelte Geschwindigkeit v_q der Teilchen	$v_q = \sqrt{\frac{3k \cdot T}{m_T}}$	T Temperatur m_T Masse eines Teilchens
Grundgleichung der kinetischen Gastheorie	$P = \frac{1}{3} \frac{N}{V} \cdot m_T \overline{v^2}$ $= \frac{1}{3} \cdot \varrho \overline{v^2}$	N Anzahl der Teilchen V Volumen des Gases ϱ Dichte des Gases

Schaltzeichen

Symbol	Bedeutung
	Leiter, Leitung, Stromweg
	Abzweig von 2 Leitern
	Doppelabzweig von Leitern
	Erde, allgemein Verbindung mit der Erde
	Masse, Gehäuse
	Anschluss (z. B. Buchse)
	Verbindung von Leitern
	Buchse, Pol einer Steckdose
	Stecker, Pol eines Steckers
	Buchse und Stecker Steckverbindung
	elektrische Energiequelle, allgemein
	Primärzelle, Akkumulator
	Batterie von Primärelementen, Akkumulatorenbatterie
	Sicherung, allgemein
	Schließer, Schalter, allgemein
	Öffner
	Wechsler mit Unterbrechung
	Zweiwegschließer mit Mittelstellung „Aus“

Symbol	Bedeutung
	Relais mit Schließkontakt
	Widerstand, allgemein
	Widerstand mit Schleifkontakt, Potenziometer
	Widerstand mit Schleifkontakt, einstellbar
	Widerstand, veränderbar, allgemein
	Fotowiderstand
	Heizelement
	Kondensator, allgemein
	Kondensator, gepolt
	Spule, Wicklung
	Spule mit Eisenkern
	Tansformator mit zwei Wicklungen
	Transformator, veränderbare Kopplung
	Transformator mit Mittelanzapfung an einer Wicklung
	Antenne, allgemein
	Halbleiterdiode
	npn-Transistor, bei dem der Kollektor mit dem Gehäuse verbunden ist

Symbol	Bedeutung
	Fotoelement, Fotozelle
	Diode, lichtempfindlich Fotodiode
	Leuchtdiode, allgemein
	Oszilloskop
	Glühlampe
	Glimmlampe
	Lautsprecher, allgemein
	Mikrofon, allgemein
	Hörer, allgemein
	Summer
	Generator, nicht umlaufend
	Generator
	Elektromotor
	Gleichstrommotor
	Thermoelement
	Messgerät, anzeigend, allgemein, ohne Kennzeichnung der Messgröße
	Strommessgerät, anzeigend
	Spannungsmessgerät, anzeigend
	Leistungsmessgerät, anzeigend
	Galvanometer

Gleichstrom

Elektrische Stromstärke I	$I = \frac{Q}{t}$	Q elektrische Ladung t Zeit W_{el} elektrische Arbeit P_{el} elektrische Leistung
Elektrische Spannung U	$U = \frac{W_{el}}{Q}$; $U = \frac{P_{el}}{I}$	
Elektrischer Widerstand R	$R = \frac{U}{I}$	
Ohm'sches Gesetz (bei konstanter Temperatur)	$U \sim I$ $U = R \cdot I$ $R = \text{konst.}$	
Widerstandsgesetz	$R = \frac{\varrho \cdot l}{A}$	ϱ spezifischer elektrischer Widerstand l Länge des Leiters A Querschnittsfläche
Elektrische Arbeit W_{el} (Joule'sches Gesetz) übertragene elektrische Energie E_{el}	$W_{el} = U \cdot I \cdot t$	U elektrische Spannung I elektrische Stromstärke t Zeit
Elektrische Leistung P_{el}	$P_{el} = U \cdot I = \frac{W_{el}}{t}$	

Gesetze im unverzweigten und verzweigten Stromkreis

Unverzweigter Stromkreis (Reihenschaltung)	Verzweigter Stromkreis (Parallelschaltung)
$I = I_1 = I_2$ $U = U_1 + U_2$ $R = R_1 + R_2$ 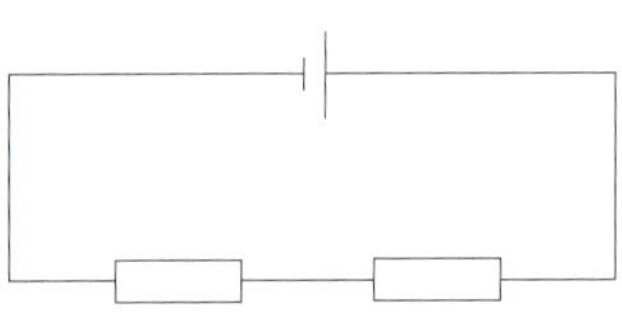 Spannungsteilerregel $\frac{U_1}{U_2} = \frac{R_1}{R_2}$	$I = I_1 + I_2$ $U = U_1 = U_2$ $\frac{1}{R} = \frac{1}{R_1} + \frac{1}{R_2}$; $R = \frac{R_1 \cdot R_2}{R_1 + R_2}$ 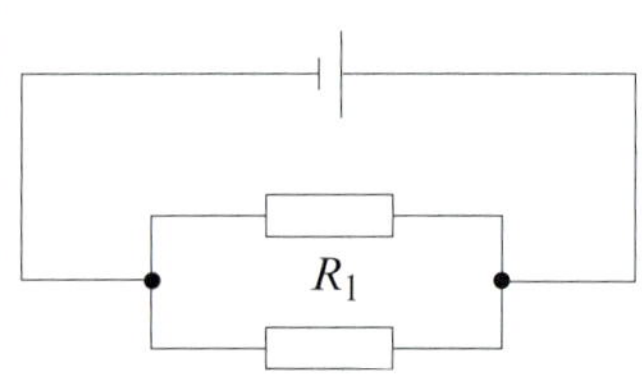 Stromteilerregel $\frac{I_1}{I_2} = \frac{R_2}{R_1}$
Reihenschaltung von Kondensatoren	**Parallelschaltung von Kondensatoren**
$\frac{1}{C} = \frac{1}{C_1} + \frac{1}{C_2}$	$C = C_1 + C_2$
Reihenschaltung von Spannungsquellen	**Parallelschaltung von Spannungsquellen**
$U = U_1 + U_2 + \ldots + U_n$	Für gleiche Spannungsquellen gilt: $U = U_1 = U_2 = \ldots = U_n$

Elektrisches Feld

Elektrische Ladung Q – allgemein – für I = konst.	$Q = \int_{t_1}^{t_2} I\,\mathrm{d}t$ $Q = I \cdot t$	I elektrische Stromstärke t Zeit
Coulomb'sches Gesetz (Kraft F zwischen zwei Ladungen im Vakuum)	$F = \frac{1}{4\pi \cdot \varepsilon_0 \cdot \varepsilon_r} \cdot \frac{Q_1 \cdot Q_2}{r^2}$	Q_1, Q_2 Punktladungen ε_0 elektrische Feldkonstante ε_r relative Permittivität r Abstand der Punktladungen voneinander
Permittivität ε	$\varepsilon = \varepsilon_0 \cdot \varepsilon_r$	
Elektrische Feldstärke $\vec{E}$ – allgemein – im homogenen Feld eines Plattenkondensators – im Abstand r von einer Punktladung Q im Vakuum	$\vec{E} = \frac{\vec{F}}{Q_P}$ $E = \frac{U}{s}$ $E = \frac{Q}{4\pi \cdot \varepsilon_0 \cdot r^2}$	F Kraft Q_P elektrische Ladung des in das Feld gebrachten Probekörpers U elektrische Spannung s Abstand der Platten Q felderzeugende elektrische Ladung ε_0 elektrische Feldkonstante
Elektrische Flussdichte $\vec{D}$	$\vec{D} = \varepsilon_0 \cdot \varepsilon_r \cdot \vec{E}$	ε_0 elektrische Feldkonstante ε_r relative Permittivität E elektrische Feldstärke
Elektrische Kapazität C – allgemein – für einen Plattenkondensator	$C = \frac{Q}{U}$ $C = \varepsilon_0 \cdot \varepsilon_r \cdot \frac{A}{s} = \varepsilon \cdot \frac{A}{s}$	Q elektrische Ladung U elektrische Spannung ε_0 elektrische Feldkonstante ε_r relative Permittivität des Stoffes im Plattenkondensator A Fläche der Platten s Abstand der Platten ε Permittivität
Kinetische Energie E_{kin} eines Ladungsträgers nach der Beschleunigung in einem elektrischen Feld	$E_{kin} = Q \cdot U$	U elektrische Spannung Q elektrische Ladung
Arbeit W_{el} im elektrischen Feld – allgemein – Beschleunigungsarbeit W beim Elektron	$W = Q \cdot U$ $W = e \cdot U$	Q elektrische Ladung U elektrische Spannung e Elementarladung $e = 1{,}602\,176\,462 \cdot 10^{-19}$ C
Energie E_{el} des elektrischen Feldes im Plattenkondensator Energiedichte w (ϱ_{el}) eines elektrischen Feldes	$E_{el} = \frac{1}{2} C \cdot U^2$ $w = \frac{\mathrm{d}E_{el}}{\mathrm{d}V}$; $w = \frac{E_{el}}{V}$ $w = \frac{1}{2} \varepsilon_0 \cdot \varepsilon_r \cdot E^2$	C Kapazität des Kondensators E_{el} elektrische Energie V Volumen ε_0 elektrische Feldkonstante ε_r relative Permittivität E elektrische Feldstärke

Magnetisches Feld

Magnetische Flussdichte B (Feldstärke B)* – allgemein – außerhalb eines geraden stromdurchflossenen Leiters – bei homogenem Feld im Inneren einer langen Spule	$B = \frac{F}{I \cdot l}$ (für $\vec{B}$ senkrecht zur Stromrichtung) $B = \frac{\mu_r \cdot \mu_0 \cdot I}{2\pi \cdot r}$ $B = \mu_r \cdot \mu_0 \cdot \frac{N \cdot I}{l}$	F Kraft auf den stromdurchflossenen Leiter im magnetischen Feld I elektrische Stromstärke r Abstand vom Leiter l Länge des Leiters bzw. der Spule N Windungszahl der Spule μ_r relative Permeabilität μ_0 magnetische Feldkonstante $\mu_0 = 4\pi \cdot 10^{-7}$ H/m *Die magnetische Flussdichte B wird manchmal auch als magnetische Feldstärke B bezeichnet.
Magnetische Feldstärke H	$B = \mu_r \cdot \mu_0 \cdot H$	
Permeabilität μ	$\mu = \mu_r \cdot \mu_0$	
Magnetischer Fluss Φ	$\Phi = B \cdot A$ (für $\vec{B}$ = konst. und $\vec{B}$ senkrecht zur Fläche)	B magnetische Flussdichte A Fläche
Kraft $\vec{F_L}$ auf einen bewegten Ladungsträger (Lorentzkraft)	$\vec{F_L} = Q \cdot \vec{v} \times \vec{B}$ $F_L = Q \cdot v \cdot B$ (für $\vec{v} \perp \vec{B}$)	Q elektrische Ladung v Geschwindigkeit B magnetische Flussdichte
Kraft F auf einen stromdurchflossenen Leiter	$F = l \cdot I \cdot B$ (für $\vec{B}$ senkrecht zur Stromrichtung)	l Länge des Leiters I elektrische Stromstärke B magnetische Flussdichte
Hall-Spannung U_H	$U_H = R_H \frac{I \cdot B}{d}$ $R_H = \frac{1}{n \cdot e}$	I elektrische Stromstärke des Gleichstroms durch die Folie B magnetische Flussdichte senkrecht zur Folienfläche R_H Hall-Konstante d Dicke des Leiterbandes n Elektronendichte in der Folie e Elementarladung

Elektromagnetische Induktion

Induktionsgesetz – für eine Leiterschleife – für eine Spule – für einen bewegten Leiter	$U_i = -\frac{\Delta\Phi}{\Delta t}$; $U_i = -\frac{d\Phi}{dt}$ $U_i = -N\frac{d\Phi}{dt}$ $\|U_i\| = B \cdot l \cdot v$ ($\vec{v} \perp \vec{B}$)	Φ magnetischer Fluss durch eine Leiterschleife U_i Induktionsspannung N Windungszahl der Spule B magnetische Flussdichte l Länge des Leiters v Geschwindigkeit des Leiters
Selbstinduktionsspannung U_i in einer Spule – allgemein – bei gleichmäßiger Änderung der Stromstärke	$U_i = -L\frac{dI}{dt}$ $U_i = -L\frac{\Delta I}{\Delta t}$	L Induktivität I elektrische Stromstärke t Zeit

Induktivität L für eine lange Spule	$L = \frac{\mu_0 \cdot \mu_r \cdot N^2 \cdot A}{l}$	μ_0 magnetische Feldkonstante μ_r relative Permeabilität N Windungszahl A Querschnittsfläche der Spule l Länge der Spule
Energie E_{mag} des magnetischen Feldes einer stromdurchflossenen Spule	$E_{mag} = \frac{1}{2} \cdot L \cdot I^2$	L Induktivität der Spule I elektrische Stromstärke

Wechselstrom

Momentanwert – Wechselspannung u – Wechselstromstärke i	$u = u_{max} \cdot \sin(\omega \cdot t + \varphi_1)$ $i = i_{max} \cdot \sin(\omega \cdot t + \varphi_2)$	u_{max}, i_{max} Scheitelwert (Amplitude) der elektrischen Spannung bzw. Stromstärke ω Kreisfrequenz φ_1, φ_2 Phasenwinkel t Zeit
Effektivwert – Wechselspannung U – Wechselstromstärke I	$U = \frac{u_{max}}{\sqrt{2}}$ $I = \frac{i_{max}}{\sqrt{2}}$	
Leistungsfaktor $\cos \varphi$	$\cos \varphi = \frac{P_W}{P_S}$	φ Phasenverschiebung zwischen Stromstärke und Spannung U, I Effektivwerte der elektrischen Spannung bzw. Stromstärke t Zeit
Wirkleistung P_W	$P_W = U \cdot I \cdot \cos \varphi = P_S \cdot \cos \varphi$	
Scheinleistung P_S	$P_S = U \cdot I$	
Blindleistung P_B	$P_B = P_S \cdot \sin \varphi$	
Scheinarbeit W_S	$W_S = P_S \cdot t = U \cdot I \cdot t$	
Wirkarbeit W_W	$W_W = P_W \cdot t = U \cdot I \cdot t \cdot \cos \varphi$	

Widerstände im Wechselstromkreis

Ohmscher Widerstand R	Induktiver Widerstand X_L (R_L)	Kapazitiver Widerstand X_C (R_C)
$R = \frac{U}{I}$ bei ϑ = konst.	$X_L = \frac{U}{I}$; $X_L = \omega \cdot L$ $\varphi = \frac{\pi}{2}$	$X_C = \frac{U}{I}$; $X_C = \frac{1}{\omega \cdot C}$ $\varphi = -\frac{\pi}{2}$
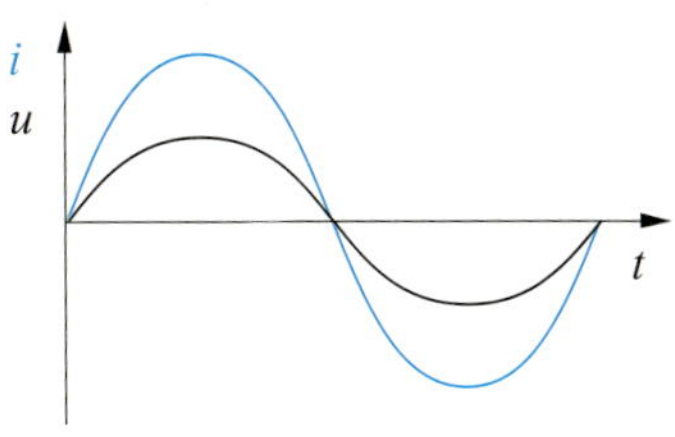	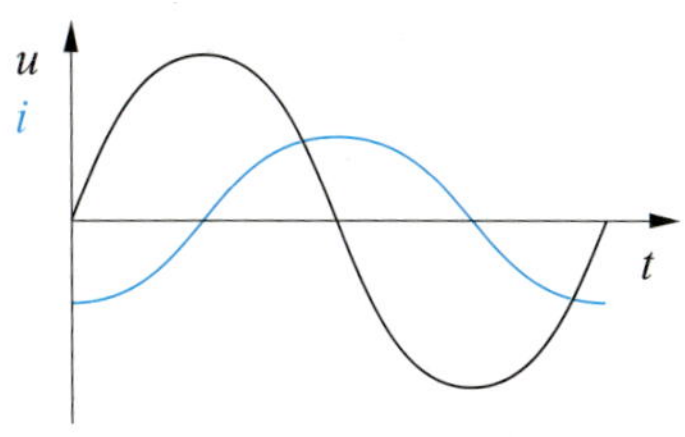	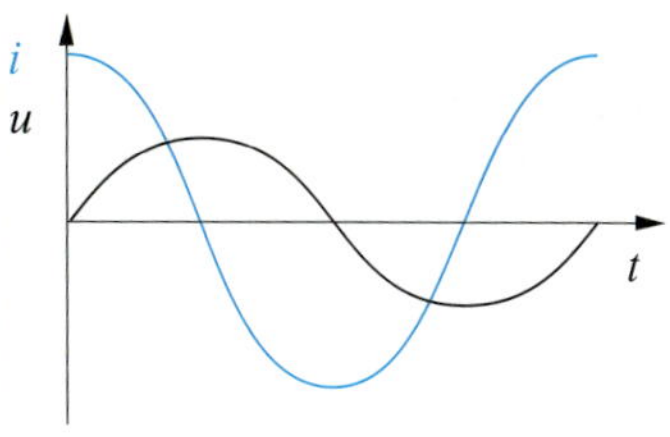

	Reihenschaltung von R, X_L und X_C	Parallelschaltung von R, X_L und X_C
Zeigerdiagramm	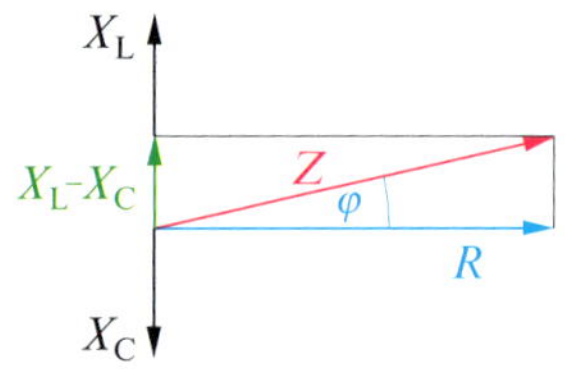	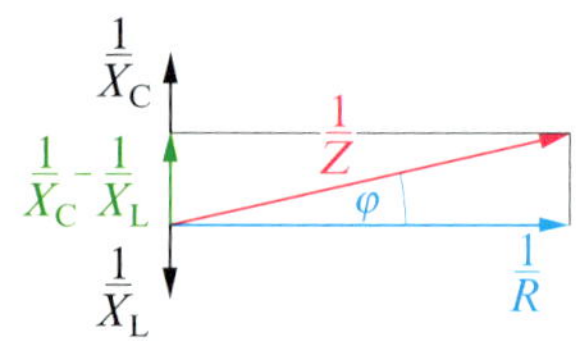
Blindwiderstand X	$X = \omega \cdot L - \frac{1}{\omega \cdot C}$	$\frac{1}{X} = \omega \cdot C - \frac{1}{\omega \cdot L}$
Scheinwiderstand Z (Wechselstromwiderstand)	$Z = \sqrt{R^2 + X^2}$	$\frac{1}{Z} = \sqrt{\frac{1}{R^2} + \frac{1}{X^2}}$
Tangens der Phasenverschiebung φ	$\tan \varphi = \frac{X_L - X_C}{R}$	$\tan \varphi = R\left(\frac{1}{X_C} - \frac{1}{X_L}\right)$

Transformator

Spannungsverhältnis am unbelasteten (idealen) Transformator	$\frac{U_1}{U_2} = \frac{N_1}{N_2}$	U_1 Primärspannung U_2 Sekundärspannung N_1 Windungszahl der Primärspule N_2 Windungszahl der Sekundärspule I_1 Primärstromstärke I_2 Sekundärstromstärke
Stromstärkeverhältnis am stark belasteten Transformator	$\frac{I_1}{I_2} = \frac{N_2}{N_1}$	

Elektromagnetischer Schwingkreis

Thomson'sche Schwingungsgleichung	$T = 2\pi \cdot \sqrt{L \cdot C}$	T Periodendauer L Induktivität C Kapazität
Eigenfrequenz f eines elektrischen Schwingkreises – ungedämpft ($R = 0$) – gedämpft Eigenfrequenz f eines Dipols	$f = \frac{1}{2\pi \cdot \sqrt{L \cdot C}}$ $f = \frac{1}{2\pi} \cdot \sqrt{\frac{1}{L \cdot C} - \frac{R^2}{4L^2}}$ $f = \frac{c}{2l}$	R ohmscher Widerstand L Induktivität C Kapazität c Ausbreitungsgeschwindigkeit l Länge des Dipols

Elektromagnetische Wellen

Ausbreitungsgeschwindigkeit c (im Vakuum)	$c = \lambda \cdot f$ $c = \sqrt{\frac{1}{\varepsilon_0 \cdot \mu_0}}$	λ Wellenlänge f Frequenz ε_0 elektrische Feldkonstante μ_0 magnetische Feldkonstante

Strahlenoptik

Brechzahl n	$n = \frac{c_{\text{Vakuum}}}{c_{\text{Medium}}}$	α Einfallswinkel β Brechungswinkel n_1, n_2 Brechzahlen der Medien 1 und 2 c_1, c_2 Lichtgeschwindigkeit im Medium 1 bzw. im Medium 2
Brechungsgesetz	$\frac{\sin \alpha}{\sin \beta} = \frac{n_2}{n_1} = \frac{c_1}{c_2}$	
Grenzwinkel α_G der Totalreflexion	$\sin \alpha_G = \frac{n_2}{n_1}$	n_1 Brechzahl des optisch dichteren Mediums n_2 Brechzahl des optisch dünneren Mediums
Abbildungsgleichung (für dünne Linsen)	$\frac{1}{f} = \frac{1}{g} + \frac{1}{b}$	f Brennweite g Gegenstandsweite b Bildweite G Gegenstandsgröße B Bildgröße
Abbildungsmaßstab A	$A = \frac{B}{G} = \frac{b}{g}$	
Brechwert D einer Linse	$D = \frac{1}{f}$	

Wellenoptik

Ausbreitungsgeschwindigkeit einer Lichtwelle	$c = \lambda \cdot f$	λ Wellenlänge f Frequenz
Interferenz am Einzelspalt – für Maxima – für Minima	$\frac{2n+1}{2d} \lambda \approx \sin \alpha_n = \frac{s_n}{e_n}$ $\frac{n \cdot \lambda}{d} = \sin \alpha_n = \frac{s_n}{e_n}$	d Spaltbreite λ Wellenlänge s_n Abstand zwischen dem n-ten jeweiligen Maximum/Minimum und dem Maximum 0-ter Ordnung e_n Abstand zwischen dem n-ten Interferenzstreifen und dem Doppelspalt bzw. dem Gitter b Abstand der Spalte (Gitterkonstante) ($n = 1, 2, 3, \ldots$)
Interferenz am Doppelspalt – für Maxima – für Minima	$\frac{n \cdot \lambda}{b} = \sin \alpha_n = \frac{s_n}{e_n}$ $\frac{2n+1}{2b} \cdot \lambda \approx \sin \alpha_n = \frac{s_n}{e_n}$	
Interferenz am Gitter für Hauptmaxima	$\frac{n \cdot \lambda}{b} = \sin \alpha_n$	
Interferenz an dünnen Schichten (reflektiertes Licht)	$d_A = \frac{2m}{n} \cdot \frac{\lambda}{4}$ $d_V = \frac{2m+1}{n} \cdot \frac{\lambda}{4}$	d_A Schichtdicke bei Auslöschung d_V Schichtdicke bei Verstärkung n Brechzahl der Schicht λ Wellenlänge im Stoff ($m = 0, 1, 2, \ldots$)
Brewster'sches Gesetz (Lichtwellen)	$\tan \alpha_p = \frac{n_2}{n_1}$	α_p Polarisationswinkel n_1, n_2 Brechzahlen der Medien 1 und 2

Doppler-Effekt für Licht (bewegter Sender, ruhender Empfänger)	$f' = f \cdot \frac{\sqrt{1 \pm \frac{v}{c}}}{\sqrt{1 \mp \frac{v}{c}}}$	f' vom Empfänger gemessene Frequenz f Frequenz des Senders v Relativgeschwindigkeit zwischen Sender und Empfänger c Lichtgeschwindigkeit

Quantenphysik

Energie E eines Lichtquants	$E = h \cdot f$	h Planck'sches Wirkungsquantum f Frequenz E_{kin} kinetische Energie f_g Grenzfrequenz c Lichtgeschwindigkeit λ Wellenlänge $h = 6{,}626\,068\,76 \cdot 10^{-34}\ \text{J} \cdot \text{s}$
Energiebilanz beim Fotoeffekt	$h \cdot f = E_{kin} + W_A$	
Austrittsarbeit W_A (Auslöseenergie E_A)	$W_A = h \cdot f_g$	
Masse m eines Lichtquants	$m = \frac{h \cdot f}{c^2}$	
Impuls p eines Lichtquants	$p = \frac{h}{\lambda}$	
Compton-Effekt – Energiebilanz – Wellenlängenänderung	$h \cdot f_0 = E_{kin} + h \cdot f$ $\Delta\lambda = \lambda c\,(1 - \cos\vartheta)$ mit $\lambda_C = \frac{h}{m_e \cdot c}$	f_0 Frequenz des auftreffenden Quants f Frequenz des gestreuten Quants E_{kin} kinetische Energie des Elektrons λ_C Compton-Wellenlänge m_e Ruhmasse des Elektrons ϑ Streuwinkel $\lambda_C = 2{,}426\,310\,215 \cdot 10^{-12}\ \text{m}$
De-Broglie-Wellenlänge λ	$\lambda = \frac{h}{p} = \frac{h}{m \cdot v}$	p Impuls v Geschwindigkeit des Teilchens
Heisenberg'sche Unschärferelation	$\Delta x \cdot \Delta p_x \geq h$	Δx Unschärfe der Ortskoordinate Δp_x Unschärfe der Impulskoordinate ΔE Unschärfe der Energie Δt Unschärfe der Zeit
Energie – Zeit – Unschärfe-relation	$\Delta E \cdot \Delta t \geq h$	
Bohr'sche Frequenzbedingung	$h \cdot f = E_m - E_n = \Delta E$	ΔE abgegebener Energiebetrag n, m Bezeichnung der Energie-zustände des Atoms
Spektrallinien für das H-Atom – Lyman-Serie – Balmer-Serie	$f = R_H \left(\frac{1}{n^2} - \frac{1}{m^2}\right)$ $n = 1; m = 2, 3, 4, \ldots$ $n = 2; m = 3, 4, 5, \ldots$	R_H Rydberg-Frequenz für das Wasserstoffatom $R_H = 3{,}289\,841\,844\,99 \cdot 10^{15}\ \text{Hz}$

Temperaturstrahlung

Kirchhoff'sches Strahlungsgesetz	$\varepsilon(\lambda, T) = \alpha(\lambda, T)$	$\varepsilon(\lambda, T)$ Emissionsgrad eines nichtschwarzen Körpers $\alpha(\lambda, T)$ Absorptionsgrad eines nichtschwarzen Körpers
Stefan-Boltzmann'sches Strahlungsgesetz (für den schwarzen Strahler)	$\Phi = \sigma \cdot A \cdot T^4$	Φ Strahlungsfluss (Energiestrom P) σ Stefan-Boltzmann-Konstante T Temperatur des Strahlers A Senderfläche

Kernphysik

Atomare Masseneinheit u	$1\,\text{u} = \frac{1}{12} m_a\,({}^{12}_{6}\text{C})$	m_a Atommasse
Relative Atommasse A_r	$A_r = \frac{m_a}{\text{u}}$	m_a Atommasse u atomare Masseneinheit
Massenzahl A	$A = Z + N$	Z Protonenanzahl N Neutronenanzahl
Massendefekt	$\Delta m = (Z \cdot m_p + N \cdot m_n) - m_k$	m_p Masse eines Protons m_n Masse eines Neutrons m_k Gesamtmasse des Kerns
Kernbindungsenergie E_B	$E_B = \Delta m \cdot c^2$	c Lichtgeschwindigkeit
Halbwertszeit $T_{1/2}$ (t_H)	$T_{1/2} = \frac{\ln 2}{\lambda}$	λ Zerfallskonstante N_0 Anzahl der Kerne zum Zeitpunkt $t = 0$ N Anzahl der Kerne zum Zeitpunkt t t Zeit
Zerfallsgesetz	$N = N_0 \cdot e^{-\lambda \cdot t}$ $N = N_0 \cdot \left(\frac{1}{2}\right)^{\frac{t}{T_{1/2}}}$	
Aktivität A eines Radionuklids	$A = \frac{\Delta N}{\Delta t}$; $A = \lambda \cdot N$	ΔN Anzahl der zerfallenen Kerne in der Zeitdauer Δt
Energiedosis D	$D = \frac{E}{m}$	E aufgenommene Strahlungsenergie m Masse des bestrahlten Körpers
Äquivalentdosis H	$H = D \cdot q$	D Energiedosis q Bewertungsfaktor
Ionendosis	$J = \frac{Q}{m}$	Q Betrag der von ionisierender Strahlung in Luft gebildeten elektrischen Ladung m Masse der Luft

Wertetafeln

Dichten (↗ Chemie)

Feste Stoffe (bei 25 °C)			
Stoff	Dichte ϱ in $\frac{g}{cm^3}$	Stoff	Dichte ϱ in $\frac{g}{cm^3}$
Aluminium	2,70	Holz (Kiefer)	0,3 … 0,7
Beton	2,3	Konstantan	8,8
Blei	11,34	Kork	0,2 … 0,35
Diamant	3,51	Kupfer	8,96
Eis (bei 0 °C)	0,917	Lehm	1,5 … 1,8
Eisen	7,86	Magnesium	1,74
Glas (Fensterglas)	2,4 … 2,6	Papier	0,7 … 1,2
Glas (Quarzglas)	2,20	Porzellan	2,2 … 2,4
Gold	19,3	Silber	10,50
Graphit	2,26	Stahl	7,8
Hartgummi	1,2 … 1,8	Zink	7,14
Holz (Eiche)	0,5 … 1,3	Zinn	7,28
Flüssigkeiten (bei 25 °C)			
Stoff	Dichte ϱ in $\frac{g}{cm^3}$	Stoff	Dichte ϱ in $\frac{g}{cm^3}$
Aceton	0,79	Petroleum	0,76
Benzin	0,68 … 0,72	Quecksilber	13,53
Dieselkraftstoff	0,84	Spiritus	0,83
Erdöl	0,7 … 0,9	Wasser (destilliert)	0,99
Glycerin	1,26	Wasser (Meerwasser)	1,02
Gase (bei 101,325 kPa und 0 °C)			
Stoff	Dichte ϱ in $\frac{kg}{m^3}$	Stoff	Dichte ϱ in $\frac{kg}{m^3}$
Ammoniak	0,77	Luft	1,29
Chlor	3,214	Propan	2,01
Erdgas	0,73 … 0,83	Sauerstoff	1,429
Helium	0,179	Stickstoff	1,251
Kohlenstoffdioxid	1,977	Wasserstoff	0,0899

Lichtgeschwindigkeiten in Stoffen und im Vakuum

Stoff	c in $10^8\ \frac{m}{s}$	Stoff	c in $10^8\ \frac{m}{s}$
Diamant	1,22	Kohlenstoffdisulfid	1,84
Flintglas	1,86	Wasser	2,24
Kronglas	1,97	Luft	2,997 11
Polystyrol	1,89	Vakuum	2,997 924 58

Eigenschaften von festen Stoffen (↗ Chemie)

Stoff	Linearer Ausdehnungskoeffizient α in $\frac{1}{K}$	Schmelztemperatur ϑ_S in °C (bei 101,325 kPa)	Siedetemperatur ϑ_V in °C (bei 101,325 kPa)	Spezifische Wärmekapazität c in $\frac{kJ}{kg \cdot K}$	Spezifische Schmelzwärme q_S in $\frac{kJ}{kg}$
Aluminium	0,000 023	660	2 450	0,90	397
Beton	0,000 012			0,92	
Bismut	0,000 014	271	1 560	0,12	52,2
Blei	0,000 029	327	1 740	0,13	26
Diamant	0,000 001	ab 3 550	4 830	0,50	
Fensterglas	0,000 010			0,17	
Gold	0,000 014	1 063	2 970	0,13	65
Graphit	0,000 002	3 730	4 830	0,71	
Holz (Eiche)	0,000 008			2,39	
Konstantan	0,000 015			0,41	
Kupfer	0,000 016	1 083	2 600	0,39	205
Magnesium	0,000 026	650	1 110	1,02	382
Mauerwerk	0,000 005			0,86	
Platin	0,000 009	1 770	3 825	0,13	113
Porzellan	0,000 004			≈ 0,84	
Quarzglas	< 0,000 001	1 700		0,73	
Silber	0,000 020	961	2 212	0,23	104
Stahl	0,000 013	≈ 1 500		≈ 0,47	
Wolfram	0,000 004	3 350	5 700	0,13	192
Zink	0,000 036	419	906	0,39	111
Zinn	0,000 027	232	2 350	0,23	59

Eigenschaften von Flüssigkeiten (↗ Chemie)

Stoff	Kubischer Ausdehnungskoeffizient γ in $\frac{1}{K}$ (bei 18 °C)	Schmelztemperatur ϑ_S in °C (bei 101,3 kPa)	Siedetemperatur ϑ_V in °C (bei 101,3 kPa)	Spezifische Wärmekapazität c in $\frac{kJ}{kg \cdot K}$	Spezifische Schmelzwärme q_S in $\frac{kJ}{kg}$	Spezifische Verdampfungswärme q_V in $\frac{kJ}{kg}$ (bei 101,3 kPa)
Benzol	0,001 1	5,49	80,1	1,70	127	394
Diethylether	0,001 6	– 116,3	34,5	2,35	98	384
Ethanol	0,001 1	– 114,2	78,4	2,42	108	842
Glycerin	0,000 5	18	290	2,39	188	853
Methanol	0,001 2	– 97,7	64,7	2,49	69	1 102
Petroleum	0,000 9			2,00		
Quecksilber	0,000 18	– 39	357	0,14	11	285
Trichlormethan	0,001 28	– 63,5	61,2	0,95	75	245
Wasser	0,000 207	0	100	4,186	334	2 260

Eigenschaften von Gasen (↗ Chemie)

Stoff	Schmelztemperatur ϑ_S in °C (bei 101,3 kPa) (* bei 2,6 MPa)	Siedetemperatur ϑ_V in °C (bei 101,3 kPa)	Spezifische Wärmekapazität c_V bei konstantem Volumen in $\frac{kJ}{kg \cdot K}$	Spezifische Wärmekapazität c_p bei konstantem Druck in $\frac{kJ}{kg \cdot K}$	Spezifische Verdampfungswärme q_V in $\frac{kJ}{kg}$
Ammoniak	– 78	– 33	1,56	2,05	1 370
Helium	– 270*	– 269	3,22	5,23	25
Kohlenstoffdioxid	– 57	– 79	0,65	0,85	574
Luft	– 213	– 193	0,72	1,01	190
Propan	– 187,7	– 42	1,36	1,55	427
Sauerstoff	– 219	– 183	0,65	0,92	213
Stickstoff	– 210	– 195,8	0,75	1,04	198
Wasserstoff	– 259,3	– 252,8	10,13	14,28	455

Heizwerte

Feste Brennstoffe	Heizwert in $\frac{MJ}{kg}$	Flüssige Brennstoffe	Heizwert in $\frac{MJ}{l}$	Heizwert in $\frac{MJ}{kg}$	Gasförmige Brennstoffe	Heizwert in $\frac{MJ}{m^3}$
Anthrazit	32	Benzol	35	40	Butan	134
Rohbraunkohle	8 … 12	Flugbenzin	45	59	Erdgas	19 … 54
Braunkohle-		Erdöl	36 … 41	42 … 48	Kokereigas	20
brikett	20	Dieselkraftstoff	35 … 38	41 … 44	Methan	36
Holz, trocken	15	Heizöl	42	43	Propan	102
Magerkohle	33	Methanol	16	20	Schwefelwasserstoff	24
Steinkohle	30	Petroleum	41	50	Stadtgas	18
Steinkohlenteer	36	Spiritus	32	39	Steinkohlengas	23
Torf, trocken	15	Vergaserkraftstoff	32 … 38	44 … 53	Wasserstoff	11
Zechenkoks	28 … 30					

Druckabhängigkeit der Siedetemperatur des Wassers

Druck in kPa	Siedetemperatur in °C	Druck in kPa	Siedetemperatur in °C	Druck in kPa	Siedetemperatur
50	81,34	94	97,91	105	101,00
55	83,78	95	98,20	106	101,27
60	85,95	96	98,49	107	101,53
65	88,02	97	98,78	200	120,2
70	89,96	98	99,07	300	133,5
75	91,78	99	99,35	400	143,6
80	93,51	100	99,63	500	151,8
85	95,15	101	99,91	600	158,8
90	96,71	101,325	100,00	700	164,9
91	97,01	102	100,18	800	170,4
92	97,32	103	100,46	900	175,4
93	97,62	104	100,73	1 000	180,0

Widerstandsbeiwerte c_w einiger Körper (Kreisscheibe: $c_w = 1$)

Körper	c_w	Körper	c_w
Hohlhalbkugel (Strömung zur Höhlung)	1,4	Pkw (geschlossen)	≈ 0,3
Hohlhalbkugel (Strömung zur Wölbung)	0,3 … 0,4	Lkw	0,6 … 1,3
Kugel	0,45	Motorrad	0,6 … 0,7
Stromlinienkörper (Strömung zur Spitze)	0,2	Rennwagen	0,15 … 0,2
Stromlinienkörper (Strömung zur Wölbung)	< 0,1	Fallschirm	1,4

Reibungszahlen (Richtwerte)

Werkstoffe	Haftreibungszahl μ_{HR}	Gleitreibungszahl μ_{GR}
Stahl auf Stahl	0,15	0,03 … 0,09
Stahl auf Gusseisen	0,18	0,16
Stahl auf Eis	0,03	0,01
Gummireifen auf Asphalt, trocken	< 0,9	< 0,3
Gummireifen auf Asphalt, nass	< 0,5	< 0,15
Gummireifen auf Beton, trocken	< 1,0	< 0,5
Gummireifen auf Beton, nass	< 0,6	< 0,3
Holz auf Holz	0,5 … 0,65	0,2 … 0,4
Metall auf Holz	0,5 … 0,6	0,2 … 0,5
Leder auf Metall (Dichtungen)	0,6	0,25

Werkstoffe	Rollreibungszahl μ_{RR} in cm	Werkstoffe	Rollreibungszahl μ_{RR} in cm
Gummireifen auf Asphalt	0,002	Eisenreifen auf Schotter	0,04
Gummireifen auf Pflaster	0,05	Eisenreifen auf Pflaster	0,02
Eisenreifen auf Asphalt	0,01	Stahlreifen auf Schienen	0,006

Schallgeschwindigkeiten (Richtwerte für 20 °C und 101,3 kPa)

Feste Stoffe	v in $\frac{m}{s}$	Flüssigkeiten und Gase	v in $\frac{m}{s}$
Aluminium	5 100	Benzin	1 160
Beton	3 800	Leinöl	1 770
Blei	1 300	Methylalkohol	1 150
Eichenholz	4 100	Paraffinöl	1 420
Eis bei – 4 °C	3 230	Petroleum	1 290
Glas	4 000 … 5 000	Quecksilber	1 460
Granit	3 950	Wasser bei 4 °C	1 400
Gummi	40	Wasser bei 20 °C	1 484
Kork	500	Ammoniak	428
Kupfer	3 900	Chlor bei 0 °C	206
Marmor	3 800	Helium	1 020
Messing	3 400	Kohlenstoffdioxid	260
PVC, weich	80	Luft bei 0 °C	331
PVC, hart	1 700	Luft bei 10 °C	337
Silber	3 650	Luft bei 20 °C	343
Stahl	5 100	Stickstoff	348
Ziegel	3 600	Wasserstoff	1 280

Spezifische elektrische Widerstände (bei 20 °C)

Metalle	ϱ in $\frac{\Omega \cdot mm^2}{m}$	Kohle und Widerstandslegierungen	ϱ in $\frac{\Omega \cdot mm^2}{m}$	Halbleiter und Isolierstoffe	ϱ in $\frac{\Omega \cdot cm^2}{cm}$
Aluminium	0,028	Bogenlampenkohle	60 … 80	Bernstein	bis 10^{18}
Blei	0,21	Bürstenkohle	40 … 100	Holz, trocken	$10^{11} \ldots 10^{15}$
Eisen	0,10	Chromnickel	1,1	Kupferoxid	$10^{3} \ldots 10^{8}$
Gold	0,022	Eisen, legiert (4 Si)	0,5	Quarzglas	$10^{13} \ldots 10^{15}$
Kupfer	0,0172	Konstantan	0,50	Polyethylen	$10^{12} \ldots 10^{15}$
Quecksilber	0,96	Leitungskupfer	0,0178	Polyvinylchlorid	$10^{14} \ldots 10^{15}$
Silber	0,016	Manganin	0,43	Porzellan	bis 10^{15}
Wolfram	0,055	Nickelin	0,43	Silicium	$10^{-1} \ldots 10^{5}$
Zinn	0,11	Stahlguss	0,18	Transformatorenöl	$10^{12} \ldots 10^{15}$

Elektromagnetisches Spektrum

Bezeichnung	Frequenz *f* in Hz	Wellenlänge λ
Hertz'sche Wellen	$10^{4} \ldots 10^{13}$	30 km … 0,03 mm
Langwellen	$1{,}5 \cdot 10^{5} \ldots 3 \cdot 10^{5}$	2000 m … 1000 m
Mittelwellen	$0{,}5 \cdot 10^{6} \ldots 2 \cdot 10^{6}$	600 m … 150 m
Kurzwellen	$0{,}6 \cdot 10^{7} \ldots 2 \cdot 10^{7}$	50 m … 15 m
Ultrakurzwellen	$10^{8} \ldots 3 \cdot 10^{8}$	30 m … 1 m
Mikrowellen	$3 \cdot 10^{8} \ldots 10^{13}$	1 m … 0,03 mm
Lichtwellen	$10^{12} \ldots 5 \cdot 10^{16}$	0,3 mm … 5 nm
infrarotes Licht	$10^{12} \ldots 3{,}9 \cdot 10^{14}$	0,3 mm … 770 nm
sichtbares Licht	$3{,}9 \cdot 10^{14} \ldots 7{,}7 \cdot 10^{14}$	770 nm … 390 nm
– Rot	$3{,}9 \cdot 10^{14} \ldots 4{,}7 \cdot 10^{14}$	770 nm … 640 nm
– Orange	$4{,}7 \cdot 10^{14} \ldots 5 \cdot 10^{14}$	640 nm … 600 nm
– Gelb	$5 \cdot 10^{14} \ldots 5{,}3 \cdot 10^{14}$	600 nm … 570 nm
– Grün	$5{,}3 \cdot 10^{14} \ldots 6{,}1 \cdot 10^{14}$	570 nm … 490 nm
– Blau	$6{,}1 \cdot 10^{14} \ldots 6{,}5 \cdot 10^{14}$	490 nm … 430 nm
– Violett	$7 \cdot 10^{14} \ldots 7{,}7 \cdot 10^{14}$	430 nm … 390 nm
ultraviolettes Licht	$7{,}7 \cdot 10^{14} \ldots 5 \cdot 10^{16}$	390 nm … 5 nm
Röntgenstrahlung	$3 \cdot 10^{16} \ldots 3 \cdot 10^{21}$	10 nm … 0,1 pm
Gammastrahlung	$10^{18} \ldots 10^{23}$	300 pm … 0,003 pm
Kosmische Strahlung	$10^{21} \ldots 10^{24}$	0,3 pm … 0,0003 pm

Brechzahlen *n*
für den Übergang des Lichtes aus dem Vakuum in den betreffenden Stoff
für die gelbe Natriumlinie (λ = 589,3 nm)

Stoff	Brechzahl *n*	Stoff	Brechzahl *n*
Diamant	2,417	Kronglas, leicht	1,515
Eis	1,31	Kronglas, schwer	1,615
Flintglas, leicht	1,608	Quarzglas	1,459
Flintglas, schwer	1,754	Steinsalz	1,544
Glycerin	1,469	Luft	1,0003
Kohlenstoffdisulfid	1,629	Wasser	1,333

Austrittsarbeiten W_A (Auslöseenergie E_A) der Elektronen aus reinen Metalloberflächen

Metall	W_A in eV	Metall	W_A in eV	Metall	W_A in eV
Aluminium	4,20	Calcium	3,20	Platin	5,36
Barium	2,52	Gold	4,71	Wolfram	4,53
Cadmium	4,04	Eisen	4,63	Zink	3,95
Caesium	1,94	Magnesium	3,70	Zinn	4,39

Hall-Konstanten R_H

Metall	R_H in $10^{-11}\,\frac{m^3}{C}$	Metall	R_H in $10^{-11}\,\frac{m^3}{C}$	Metall	R_H in $10^{-11}\,\frac{m^3}{C}$
Aluminium	– 3,5	Gold	– 7,2	Silber	– 8,9
Bismut	$-(5{,}3 \ldots 6{,}8) \cdot 10^4$	Kupfer	+ 5,9	Wolfram	+ 1,15
Blei	+ 0,9	Palladium	– 8,6	Zink	+ 6,4
Cadmium	+ 5,9	Platin	– 2,0	Zinn	– 0,3

Relative Permittivitäten ε_r (Permittivitätszahlen)

Stoff	ε_r	Stoff	ε_r
Bernstein	2,8	Paraffin	2,3
Glas	5 … 16	Polystyrol	2,6
Hartpapier	3,5 … 5	Porzellan	4,5 … 6,5
Keramische Werkstoffe für Kondensatoren	100 … 10 000	Transformatorenöl	2,5
Luft	1,000 6	Vakuum	1
		Wasser	81

Relative Permeabilitäten μ_r (Permeabilitätszahlen) magnetischer Werkstoffe

Stoff	Anfangspermeabilität $\mu_{r,a}$	Maximalpermeabilität $\mu_{r,max}$
Elektrolyteisen	600	15 000
Ferrite	300 … 3 000	
Nickel-Eisen-Legierung	2 700	20 000
Sonderlegierungen	bis 100 000	bis 300 000
Technisches Eisen	250	7 000
Transformatorenblech	600	7 600

Halbwertszeiten $T_{1/2}$

Element	Radionuklid	Halbwertszeit	Element	Radionuklid	Halbwertszeit
Kohlenstoff	C-14	5 730 Jahre	Iridium	Ir-192	73,8 Tage
Natrium	Na-22	2,6 Jahre		Ir-195	2,5 Stunden
Phosphor	P-29	4,1 Sekunden	Blei	Pb-210	22,5 Jahre
	P-32	14,5 Tage	Radium	Ra-226	1 600 Jahre
Cobalt	Co-60	5,3 Jahre	Uran	U-238	4,5 Milliarden Jahre
Krypton	Kr-85	10,7 Jahre	Plutonium	Pu-236	2,9 Jahre
Caesium	Cs-137	30,3 Jahre		Pu-239	24 110 Jahre

Auszug aus der Nuklidkarte (vereinfacht)

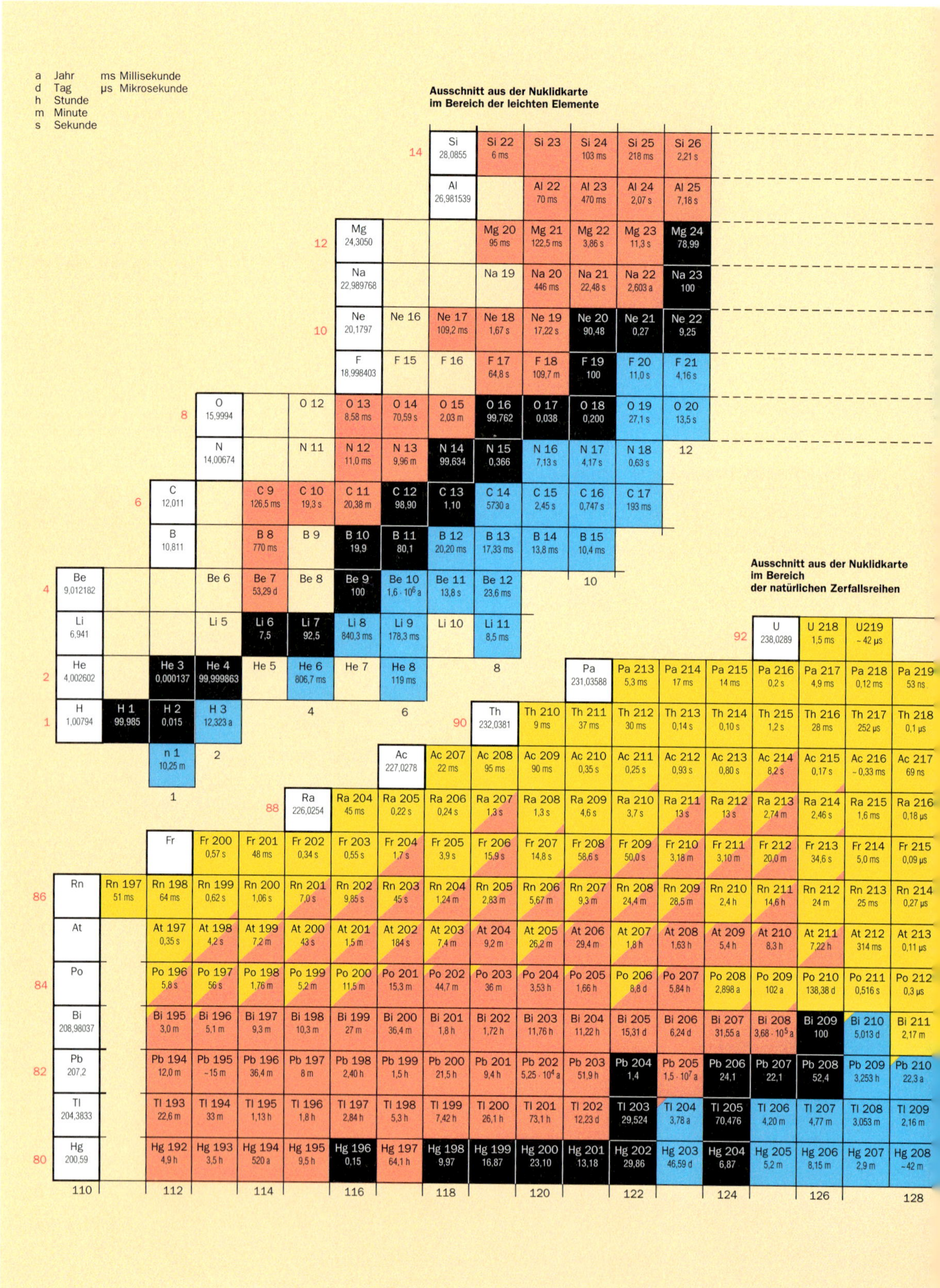

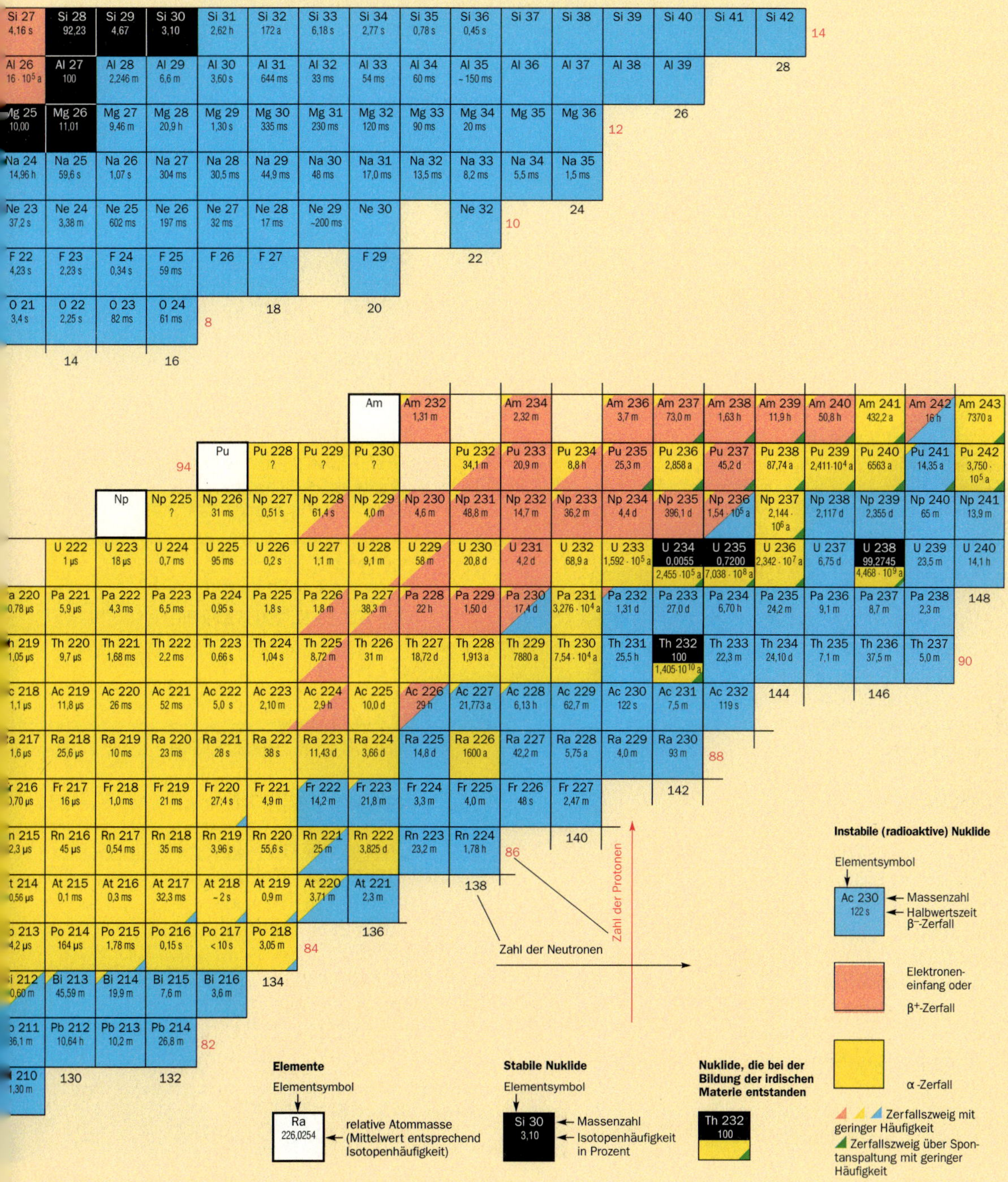

Nach: G. Pfennig, H. Klewe-Nebenius, W. Seelmann-Eggebert: Karlsruher Nuklidkarte. 6. Aufl. 1995, Copyright by Forschungszentrum Karlsruhe GmbH

α-, β- und γ-Strahlung

Name	Art	Symbol	Elektrische Ladung	Massenzahl
α	Heliumkern	$^{4}_{2}\mathrm{He}$	$+ 2e$	4
β^-	Elektron	$^{0}_{-1}\mathrm{e}$	$- 1e$	0
β^+	Positron	$^{0}_{+1}\mathrm{e}$	$+ 1e$	0
γ	elektromagnetische Strahlung	$^{0}_{0}\gamma$	ungeladen	0

Naturkonstanten

Konstante	Formelzeichen	Betrag
Atomare Masseneinheit	u	$1{,}660\,538\,73 \cdot 10^{-27}$ kg
Avogadro-Konstante	N_A	$6{,}022\,141\,99 \cdot 10^{23}\ \mathrm{mol^{-1}}$
Boltzmann-Konstante	k	$1{,}380\,650\,3 \cdot 10^{-23}\ \mathrm{J \cdot K^{-1}}$
Compton-Wellenlänge	λ_C	$2{,}426\,310\,215 \cdot 10^{-12}$ m
Elektrische Feldkonstante	ε_0	$8{,}854\,187\,817 \cdot 10^{-12}\ \mathrm{C \cdot V^{-1} \cdot m^{-1}}$
Elementarladung	e	$1{,}602\,176\,462 \cdot 10^{-19}$ C
Faraday-Konstante	F	$96\,485{,}341\,5\ \mathrm{C \cdot mol^{-1}}$
Gravitationskonstante	$G\ (\gamma)$	$6{,}673 \cdot 10^{-11}\ \mathrm{m^3 \cdot kg^{-1} \cdot s^{-2}}$
Lichtgeschwindigkeit im Vakuum	$c_0\ (c)$	$299\,792\,458\ \mathrm{m \cdot s^{-1}}$
Loschmidt-Konstante	$n_0\ (N_L, L)$	$2{,}686\,777\,5 \cdot 10^{25}\ \mathrm{m^{-3}}$ (bei 273,15 K; 101,325 kPa)
Magnetische Feldkonstante	μ_0	$4\pi \cdot 10^{-7}\ \mathrm{H \cdot m^{-1}}$
Molares Normvolumen des idealen Gases	$V_{m,0}$	$22{,}4141\ \mathrm{l \cdot mol^{-1}}$ (bei 273,15 K; 101,325 kPa)
Planck'sches Wirkungsquantum	h	$6{,}626\,068\,76 \cdot 10^{-34}\ \mathrm{J \cdot s}$
Ruhmasse des α-Teilchens	m_α	$6{,}644\,655\,98 \cdot 10^{-27}$ kg
Ruhmasse des Elektrons	m_e	$9{,}109\,381\,88 \cdot 10^{-31}$ kg
Ruhmasse des Neutrons	m_n	$1{,}674\,927\,16 \cdot 10^{-27}$ kg
Ruhmasse des Protons	m_p	$1{,}672\,621\,58 \cdot 10^{-27}$ kg
Rydberg-Frequenz für das H-Atom	$R_\infty \cdot c_0$	$3{,}289\,841\,960\,368 \cdot 10^{15}$ Hz
Rydberg-Konstante	R_∞	$10\,973\,731{,}568\,549\ \mathrm{m^{-1}}$
Spezifische Ladung des Elektrons	$e \cdot m_e^{-1}$	$1{,}758\,820\,174 \cdot 10^{11}\ \mathrm{C \cdot kg^{-1}}$
Stefan-Boltzmann-Konstante	σ	$5{,}670\,400 \cdot 10^{-8}\ \mathrm{W \cdot m^{-2} \cdot K^{-4}}$
Temperatur des Tripelpunkts von Wasser	T_{tr}	273,16 K = 0,01 °C
Universelle Gaskonstante	R	$8{,}314\,472\ \mathrm{J \cdot K^{-1} \cdot mol^{-1}}$

Chemie

Übersichten zur Chemie

Chemische Elemente

Die Werte in eckigen Klammern geben die Atommassen der längstlebigen zurzeit bekannten Atomart des betreffenden Elements an.
Die Massenzahlen der Elemente sind nach der Häufigkeit der natürlich vorkommenden Isotope geordnet.

Element	Symbol	Ordnungszahl	Atommasse in u (gerundet)	Massenzahlen natürlicher Isotope	Oxidationszahlen (häufig auftretende)	Elektronegativitätswert
Actinium	Ac	89	227	227; 228	+3	1,1
Aluminium	Al	13	27	27	+3	1,5
Americium	Am	95	[243]		+3	1,3
Antimon	Sb	51	122	121; 123	+3; +5; −3	1,9
Argon	Ar	18	40	40; 36; 38	±0	
Arsen	As	33	75	75	+3; +5; −3	2,0
Astat	At	85	[210]	215; 216; 218	−1	2,2
Barium	Ba	56	137	138; 137; 136; 135; 134; 130; 132	+2	0,9
Berkelium	Bk	97	[247]		+3	1,3
Beryllium	Be	4	9	9	+2	1,5
Bismut	Bi	83	209	209	+3; −3	1,9
Blei	Pb	82	207	208; 206; 207; 204	+2; +4	1,8
Bor	B	5	11	11; 10	+3	2,0
Brom	Br	35	80	79; 81	+1; +5; −1	2,8
Cadmium	Cd	48	112,5	114; 112; 111; 110; 113; 116; 106; 108	+2	1,7
Caesium	Cs	55	133	133	+1	0,7
Calcium	Ca	20	40	40; 44; 42; 48; 43; 46	+2	1,0
Californium	Cf	98	[251]		+3	1,3
Cer	Ce	58	140	140; 142; 138; 136	+3	1,1
Chlor	Cl	17	35,5	35; 37	+1; +3; +5; +7; −1	3,0
Chrom	Cr	24	52	52; 53; 50; 54	+2; +3; +6	1,6
Cobalt	Co	27	59	59	+2; +3	1,8
Curium	Cm	96	[247]		+3	1,3
Dysprosium	Dy	66	162,5	164; 162; 163; 161; 160; 158; 156	+3	1,2
Einsteinium	Es	99	[252]			1,3
Eisen	Fe	26	56	56; 54; 57; 58	+2; +3; +6	1,8
Erbium	Er	68	167	166; 168; 167; 170; 164; 162	+3	1,2
Europium	Eu	63	152	153; 151	+3	1,2
Fermium	Fm	100	[257]			1,3
Fluor	F	9	19	19	−1	4,0
Francium	Fr	87	[223]	223	+1	0,7
Gadolinium	Gd	64	157	158; 160; 156; 157; 155; 154; 152	+3	1,1

Element	Symbol	Ordnungszahl	Atommasse in u (gerundet)	Massenzahlen natürlicher Isotope	Oxidationszahlen (häufig auftretende)	Elektronegativitätswert
Gallium	Ga	31	70	69; 71	+3	1,6
Germanium	Ge	32	72,5	74; 72; 70; 73; 76	+4	1,8
Gold	Au	79	197	197	+1; +3	2,4
Hafnium	Hf	72	178,5	180; 178; 177; 179; 176; 174	+4	1,3
Helium	He	2	4	4; 3	±0	
Holmium	Ho	67	165	165	+3	1,2
Indium	In	49	115	115; 113	+3	1,7
Iod	I	53	127	127	+1; +5; +7; −1	2,5
Iridium	Ir	77	192	193; 191	+3; +4	2,2
Kalium	K	19	39	39; 41; 40	+1	0,8
Kohlenstoff	C	6	12	12; 13	+2; +4; −2	2,5
Krypton	Kr	36	84	84; 86; 83; 82; 80; 78	±0	
Kupfer	Cu	29	63,5	63; 65	+1; +2	1,9
Lanthan	La	57	139	139; 138	+3	1,1
Lithium	Li	3	7	7; 6	+1	1,0
Lutetium	Lu	71	175	175; 176	+3	1,2
Magnesium	Mg	12	24	24; 26; 25	+2	1,2
Mangan	Mn	25	55	55	+2; +4; +6; +7	1,5
Molybdän	Mo	42	96	98; 96; 95; 92; 100; 97; 94	+6	1,8
Natrium	Na	11	23	23	+1	0,9
Neodym	Nd	60	144	142; 144; 146; 143; 145; 148; 150	+3	1,2
Neon	Ne	10	20	20; 22; 21	±0	
Neptunium	Np	93	[237]	237	+5	1,3
Nickel	Ni	28	59	58; 60; 62; 61; 64	+2	1,8
Niob	Nb	41	93	93	+5	1,6
Osmium	Os	76	190	192; 190; 189; 188; 187; 186; 184	+4; +8	2,2
Palladium	Pd	46	106	106; 108; 105; 110; 104; 102	+2; +4	2,2
Phosphor	P	15	31	31	+3; +5; −3	2,1
Platin	Pt	78	195	195; 194; 196; 198; 192; 190	+2; +4	2,2
Plutonium	Pu	94	[244]	239	+4	1,3
Polonium	Po	84	[209]	209; 210; 211; 212; 214; 215; 216; 218	+4; −2	2,0
Praseodym	Pr	59	141	141	+3	1,1
Promethium	Pm	61	[145]	147	+3	1,2
Protactinium	Pa	91	231	231; 234	+5	1,5
Quecksilber	Hg	80	200,5	202; 200; 199; 201; 198; 204; 196	+1; +2	1,9
Radium	Ra	88	226	223; 224; 226; 228	+2	0,9
Radon	Rn	86	[222]	218; 219; 220; 222	±0	
Rhenium	Re	75	186	187; 185	+7	1,9
Rhodium	Rh	45	103	103	+3; +4	2,2
Rubidium	Rb	37	85,5	85; 87	+1	0,8
Ruthenium	Ru	44	101	102; 104; 101; 99; 100; 96; 98	+4; +8	2,2
Samarium	Sm	62	150	152; 154; 147; 149; 148; 150; 144	+3	1,2

Element	Symbol	Ordnungszahl	Atommasse in u (gerundet)	Massenzahlen natürlicher Isotope	Oxidationszahlen (häufig auftretende)	Elektronegativitätswert
Sauerstoff	O	8	16	16; 18; 17	–2	3,5
Scandium	Sc	21	45	45	+3	1,3
Schwefel	S	16	32	32; 34; 33; 36	+4; +6; –2	2,5
Selen	Se	34	79	80; 78; 82; 76; 77; 74	+4; +6; –2	2,4
Silber	Ag	47	108	107; 109	+1	1,9
Silicium	Si	14	28	28; 29; 30	+4; –4	1,8
Stickstoff	N	7	14	14; 15	+3; +5; –3	3,0
Strontium	Sr	38	87,5	88; 86; 87; 84	+2	1,0
Tantal	Ta	73	181	181; 180	+5	1,5
Technetium	Tc	43	[98]		+7	1,9
Tellur	Te	52	127,5	130; 128; 126; 125; 124; 122; 123; 120	+4; +6; –2	2,1
Terbium	Tb	65	159	159	+3	1,2
Thallium	Tl	81	204	205; 203	+3	1,8
Thorium	Th	90	232	227; 228; 230; 231; 234	+4	1,3
Thulium	Tm	69	169	169	+3	1,2
Titan	Ti	22	48	48; 46; 47; 49; 50	+4	1,5
Uran	U	92	238	238; 234; 235	+4; +5; +6	1,7
Vanadium	V	23	51	51; 50	+5	1,6
Wasserstoff	H	1	1	1; 2	+1; –1	2,1
Wolfram	W	74	184	184; 186; 182; 183; 180	+6	1,7
Xenon	Xe	54	131	132; 129; 131; 134; 136; 130; 128; 124; 126	±0	
Ytterbium	Yb	70	173	174; 172; 173; 171; 176; 170; 168	+3	1,1
Yttrium	Y	39	89	89	+3	1,3
Zink	Zn	30	65	64; 66; 68; 67; 70	+2	1,6
Zinn	Sn	50	119	120; 118; 116; 119; 117; 124; 122; 112; 114; 115	+2; +4	1,8
Zirconium	Zr	40	91	90; 94; 92; 91; 96	+4	1,4

Atom- und Ionenradien einiger Elemente

Symbol	Atomradius in 10^{-12} m	Ionenradius in 10^{-12} m	Symbol	Atomradius in 10^{-12} m	Ionenradius in 10^{-12} m	Symbol	Atomradius in 10^{-12} m	Ionenradius in 10^{-12} m
Al	143	50 (+3)	I	133	216 (–1)	S	104	184 (–2)
Ba	217	135 (+2)	K	231	133 (+1)	Se	117	198 (–2)
Be	112	31 (+2)	Cu	128	72 (+2)	Ag	144	126 (+1)
Br	114	195 (–1)	Li	152	60 (+1)	Si	117	41 (+4)
Cs	262	169 (+1)	Mg	160	65 (+2)	N	70	171 (–3)
Ca	197	97 (+2)	Na	186	95 (+1)	Sr	215	113 (+2)
Cl	99	181 (–1)	P	110	212 (–3)	Te	137	221 (–2)
Fe	124	64 (+3)	Rb	244	148 (+1)	Zn	133	74 (+2)
F	64	136 (–1)	O	66	140 (–2)			

Elektronenkonfiguration der Atome im Grundzustand

Bei den mit * gekennzeichneten Atomen bestehen Abweichungen in der Anordnung der neu hinzukommenden Elektronen oder ist die Anordnung derselben nicht gesichert. *Z* Ordnungszahl

Periode	*Z*	Name	Symbol	Elektronenkonfiguration der Atome																	
				1s	2s	2p	3s	3p	3d	4s	4p	4d	4f	5s	5p	5d	5f	6s	6p	6d	7s
1	1	Wasserstoff	H	1																	
	2	Helium	He	2																	
2	3	Lithium	Li	2	1																
	4	Beryllium	Be	2	2																
	5	Bor	B	2	2	1															
	6	Kohlenstoff	C	2	2	2															
	7	Stickstoff	N	2	2	3															
	8	Sauerstoff	O	2	2	4															
	9	Fluor	F	2	2	5															
	10	Neon	Ne	2	2	6															
3	11	Natrium	Na	2	2	6	1														
	12	Magnesium	Mg	2	2	6	2														
	13	Aluminium	Al	2	2	6	2	1													
	14	Silicium	Si	2	2	6	2	2													
	15	Phosphor	P	2	2	6	2	3													
	16	Schwefel	S	2	2	6	2	4													
	17	Chlor	Cl	2	2	6	2	5													
	18	Argon	Ar	2	2	6	2	6													
4	19	Kalium	K	2	2	6	2	6		1											
	20	Calcium	Ca	2	2	6	2	6		2											
	21	Scandium	Sc	2	2	6	2	6	1	2											
	22	Titan	Ti	2	2	6	2	6	2	2											
	23	Vanadium	V	2	2	6	2	6	3	2											
	24	Chrom	Cr	2	2	6	2	6	4	2*											
	25	Mangan	Mn	2	2	6	2	6	5	2											
	26	Eisen	Fe	2	2	6	2	6	6	2											
	27	Cobalt	Co	2	2	6	2	6	7	2											
	28	Nickel	Ni	2	2	6	2	6	8	2											
	29	Kupfer	Cu	2	2	6	2	6	9	2*											
	30	Zink	Zn	2	2	6	2	6	10	2											
	31	Gallium	Ga	2	2	6	2	6	10	2	1										
	32	Germanium	Ge	2	2	6	2	6	10	2	2										
	33	Arsen	As	2	2	6	2	6	10	2	3										
	34	Selen	Se	2	2	6	2	6	10	2	4										
	35	Brom	Br	2	2	6	2	6	10	2	5										
	36	Krypton	Kr	2	2	6	2	6	10	2	6										
5	37	Rubidium	Rb	2	2	6	2	6	10	2	6			1							
	38	Strontium	Sr	2	2	6	2	6	10	2	6			2							
	39	Yttrium	Y	2	2	6	2	6	10	2	6	1		2							
	40	Zirkonium	Zr	2	2	6	2	6	10	2	6	2		2							
	41	Niob	Nb	2	2	6	2	6	10	2	6	3		2*							
	42	Molybdän	Mo	2	2	6	2	6	10	2	6	4		2*							
	43	Technetium	Tc	2	2	6	2	6	10	2	6	5		2*							
	44	Ruthenium	Ru	2	2	6	2	6	10	2	6	6		2*							
	45	Rhodium	Rh	2	2	6	2	6	10	2	6	7		2*							
	46	Palladium	Pd	2	2	6	2	6	10	2	6	8		2*							
	47	Silber	Ag	2	2	6	2	6	10	2	6	9		2*							
	48	Cadmium	Cd	2	2	6	2	6	10	2	6	10		2							
	49	Indium	In	2	2	6	2	6	10	2	6	10		2	1						
	50	Zinn	Sn	2	2	6	2	6	10	2	6	10		2	2						

Periode	Z	Name	Symbol	1s	2s	2p	3s	3p	3d	4s	4p	4d	4f	5s	5p	5d	5f	6s	6p	6d	7s
				Elektronenkonfiguration der Atome																	
	51	Antimon	Sb	2	2	6	2	6	10	2	6	10		2	3						
	52	Tellur	Te	2	2	6	2	6	10	2	6	10		2	4						
	53	Iod	I	2	2	6	2	6	10	2	6	10		2	5						
	54	Xenon	Xe	2	2	6	2	6	10	2	6	10		2	6						
6	55	Caesium	Cs	2	2	6	2	6	10	2	6	10		2	6			1			
	56	Barium	Ba	2	2	6	2	6	10	2	6	10		2	6			2			
	57	Lanthan	La	2	2	6	2	6	10	2	6	10		2	6	1		2			
	58	Cer	Ce	2	2	6	2	6	10	2	6	10	1	2	6	1		2*			
	59	Praseodym	Pr	2	2	6	2	6	10	2	6	10	2	2	6	1		2			
	60	Neodym	Nd	2	2	6	2	6	10	2	6	10	3	2	6	1		2*			
	61	Promethium	Pm	2	2	6	2	6	10	2	6	10	4	2	6	1		2*			
	62	Samarium	Sm	2	2	6	2	6	10	2	6	10	5	2	6	1		2*			
	63	Europium	Eu	2	2	6	2	6	10	2	6	10	6	2	6	1		2*			
	64	Gadolinium	Gd	2	2	6	2	6	10	2	6	10	7	2	6	1		2			
	65	Terbium	Tb	2	2	6	2	6	10	2	6	10	8	2	6	1		2			
	66	Dysprosium	Dy	2	2	6	2	6	10	2	6	10	9	2	6	1		2			
	67	Holmium	Ho	2	2	6	2	6	10	2	6	10	10	2	6	1		2			
	68	Erbium	Er	2	2	6	2	6	10	2	6	10	11	2	6	1		2			
	69	Thulium	Tm	2	2	6	2	6	10	2	6	10	12	2	6	1		2*			
	70	Ytterbium	Yb	2	2	6	2	6	10	2	6	10	13	2	6	1		2*			
	71	Lutetium	Lu	2	2	6	2	6	10	2	6	10	14	2	6	1		2			
	72	Hafnium	Hf	2	2	6	2	6	10	2	6	10	14	2	6	2		2			
	73	Tantal	Ta	2	2	6	2	6	10	2	6	10	14	2	6	3		2			
	74	Wolfram	W	2	2	6	2	6	10	2	6	10	14	2	6	4		2			
	75	Rhenium	Re	2	2	6	2	6	10	2	6	10	14	2	6	5		2			
	76	Osmium	Os	2	2	6	2	6	10	2	6	10	14	2	6	6		2			
	77	Iridium	Ir	2	2	6	2	6	10	2	6	10	14	2	6	7		2			
	78	Platin	Pt	2	2	6	2	6	10	2	6	10	14	2	6	8		2*			
	79	Gold	Au	2	2	6	2	6	10	2	6	10	14	2	6	9		2*			
	80	Quecksilber	Hg	2	2	6	2	6	10	2	6	10	14	2	6	10		2			
	81	Thallium	Tl	2	2	6	2	6	10	2	6	10	14	2	6	10		2	1		
	82	Blei	Pb	2	2	6	2	6	10	2	6	10	14	2	6	10		2	2		
	83	Bismut	Bi	2	2	6	2	6	10	2	6	10	14	2	6	10		2	3		
	84	Polonium	Po	2	2	6	2	6	10	2	6	10	14	2	6	10		2	4		
	85	Astat	At	2	2	6	2	6	10	2	6	10	14	2	6	10		2	5		
	86	Radon	Rn	2	2	6	2	6	10	2	6	10	14	2	6	10		2	6		
7	87	Francium	Fr	2	2	6	2	6	10	2	6	10	14	2	6	10		2	6		1
	88	Radium	Ra	2	2	6	2	6	10	2	6	10	14	2	6	10		2	6		2
	89	Actinium	Ac	2	2	6	2	6	10	2	6	10	14	2	6	10		2	6	1	2
	90	Thorium	Th	2	2	6	2	6	10	2	6	10	14	2	6	10	1	2	6	1	2*
	91	Protactinium	Pa	2	2	6	2	6	10	2	6	10	14	2	6	10	2	2	6	1	2*
	92	Uran	U	2	2	6	2	6	10	2	6	10	14	3	6	10	3	2	6	1	2*
	93	Neptunium	Np	2	2	6	2	6	10	2	6	10	14	2	6	10	4	2	6	1	2*
	94	Plutonium	Pu	2	2	6	2	6	10	2	6	10	14	2	6	10	5	2	6	1	2*
	95	Americium	Am	2	2	6	2	6	10	2	6	10	14	2	6	10	6	2	6	1	2*
	96	Curium	Cm	2	2	6	2	6	10	2	6	10	14	2	6	10	7	2	6	1	2*
	97	Berkelium	Bk	2	2	6	2	6	10	2	6	10	14	2	6	10	8	2	6	1	2*
	98	Californium	Cf	2	2	6	2	6	10	2	6	10	14	2	6	10	9	2	6	1	2*
	99	Einsteinium	Es	2	2	6	2	6	10	2	6	10	14	2	6	10	10	2	6	1	2*
	100	Fermium	Fm	2	2	6	2	6	10	2	6	10	14	2	6	10	11	2	6	1	2*
	101	Mendelevium	Md[1]	2	2	6	2	6	10	2	6	10	14	2	6	10	12	2	6	1	2*
	102	Nobelium	No[1]	2	2	6	2	6	10	2	6	10	14	2	6	10	13	2	6	1	2*
	103	Lawrencium	Lr[1]	2	2	6	2	6	10	2	6	10	14	2	6	10	14	2	6	1	2*
	104	Rutherfordium	Rf[1]	2	2	6	2	6	10	2	6	10	14	2	6	10	14	2	6	2	2*
	105	Dubnium	Db[1]	2	2	6	2	6	10	2	6	10	14	2	6	10	14	2	6	3	2*

[1] IUPAC-Empfehlung für Namen und Symbole (1997)

Anorganische Stoffe (zers.: zersetzlich; subl.: sublimiert, [1] bei 101,3 kPa)

Name	Symbol/ Formel	Molare Masse M in g · mol^{-1} (gerundet)	Aggregat-zustand bei 25 °C	Dichte ϱ in g · cm^{-3} bei 25 °C (* bei 0 °C)	Schmelz-tempe-ratur[1] ϑ_S in °C	Siede-tempe-ratur[1] ϑ_V in °C
Aluminium	Al	27	s	2,70	660	2450
Aluminiumchlorid	$AlCl_3$	133	s	2,44	192,5 (u. Druck)	subl. bei 180
Aluminiumhydroxid	$Al(OH)_3$	78	s	2,42	zers. ab 170	–
Aluminiumoxid	Al_2O_3	102	s	3,90	2045	2980
Aluminiumsulfat-18-Wasser	$Al_2(SO_4)_3 \cdot 18\,H_2O$	666	s	1,69	zers. ab 86	–
Ammoniak	NH_3	17	g	0,77 g · l^{-1}*	−78	−33
Ammoniumcarbonat-1-Wasser	$(NH_4)_2CO_3 \cdot H_2O$	114	s		zers. ab 58	–
Ammoniumchlorid	NH_4Cl	53,5	s	1,52	zers. ab 350	subl. bei 340
Ammoniumnitrat	NH_4NO_3	80	s	1,73	169	zers. ab 200
Ammoniumsulfat	$(NH_4)_2SO_4$	132	s	1,77	zers. ab 280	–
Argon	Ar	40	g	1,78 g · l^{-1}*	−189	−186
Barium	Ba	137	s	3,50	725	1640
Bariumcarbonat	$BaCO_3$	197	s	4,40	zers. ab 1350	–
Bariumchlorid	$BaCl_2$	208	s	3,9	963	1562
Bariumhydroxid	$Ba(OH)_2$	171	s	4,5	408	–
Bariumsulfat	$BaSO_4$	233	s	4,48	1350	–
Blei	Pb	207	s	11,34	327	1740
Blei(II)-chlorid	$PbCl_2$	278	s	5,85	498	954
Blei(II)-oxid	PbO	223	s	9,53	890	1470
Blei(II, IV)-oxid	Pb_3O_4	685	s	9,10	zers. ab 550	–
Blei(IV)-oxid	PbO_2	239	s	9,37	zers. ab 290	–
Blei(II)-sulfat	$PbSO_4$	303	s	6,2	1170	–
Brom	Br_2	160	l	3,12	−7	58,7
Bromwasserstoff	HBr	81	g	3,64 g · l^{-1}*	−87	−67
Caesium	Cs	133	s	1,9	29	690
Calcium	Ca	40	s	1,55	838	1490
Calciumbromid	$CaBr_2$	200	s	3,35	730	810
Calciumcarbonat	$CaCO_3$	100	s	2,93	zers. ab 825	–
Calciumchlorid	$CaCl_2$	111	s	2,15	772	>1600
Calciumhydroxid	$Ca(OH)_2$	74	s	2,23	zers. ab 580	–
Calciumoxid	CaO	56	s	3,40	≈2570	2850
Calciumsulfat	$CaSO_4$	136	s	2,96	1450	–
Calciumsulfat-2-Wasser	$CaSO_4 \cdot 2\,H_2O$	172	s	2,32	zers. ab 100	–
Chlor	Cl_2	71	g	3,214 g · l^{-1}*	−101	−35
Chlorwasserstoff	HCl	36,5	g	1,639 g · l^{-1}*	−112	−85
Chrom	Cr	52	s	7,19	≈1900	2642
Chrom(III)-chlorid	$CrCl_3$	158	s	2,76	≈1150	subl. bei ≈ 1300
Chrom(III)-oxid	Cr_2O_3	152	s	5,21	2437	≈3000
Chrom(III)-sulfat-18-Wasser	$Cr_2(SO_4)_3 \cdot 18\,H_2O$	716	s	1,86	zers. ab 100	–
Cobalt	Co	59	s	8,90	1490	≈2900
Cobalt(II)-chlorid	$CoCl_2$	130	s	3,36	727	1050
Deuterium	D_2	4	g	0,170 g · l^{-1}*	−254,6	−249,7
Deuteriumoxid	D_2O	20	l	1,11	3,8	101,4

Aggregatzustand: s = fest; l = flüssig; g = gasförmig

Name	Symbol/ Formel	Molare Masse M in $g \cdot mol^{-1}$ (gerundet)	Aggregatzustand bei 25 °C	Dichte ϱ in $g \cdot cm^{-3}$ bei 25 °C (* bei 0 °C)	Schmelztemperatur[1] ϑ_S in °C	Siedetemperatur[1] ϑ_V in °C
Eisen	Fe	56	s	7,86	1 540	≈ 3 000
Eisen(III)-chlorid	$FeCl_3$	162	s	2,80	306	zers. ab 315
Eisen(III)-hydroxid	$Fe(OH)_3$	107	s	3,4 … 3,9	zers. ab 500	–
Eisen(II)-oxid	FeO	72	s	5,70	1 360	–
Eisen(III)-oxid	Fe_2O_3	160	s	5,24	zers. ab 1 560	–
Eisen(II, III)-oxid	Fe_3O_4	231,5	s	5,18	zers. ab 1 538	–
Eisen(II)-sulfat	$FeSO_4$	152	s	2,84	zers.	–
Eisen(II)-sulfid	FeS	88	s	4,84	1 195	zers.
Fluor	F_2	38	g	1,69 $g \cdot l^{-1}$*	–220	–188
Fluorwasserstoff	HF	20	g	0,99 (l)	–83	19
Gold	Au	197	s	19,3	1 063	2 970
Helium	He	4	g	0,179 $g \cdot l^{-1}$*	–270	–269
Iod	I_2	254	s	4,94	114	182,8
Iodwasserstoff	HI	128	g	5,79 $g \cdot l^{-1}$*	–51	–35
Kalium	K	39	s	0,86	64	760
Kaliumbromid	KBr	119	s	2,75	734	1 382
Kaliumcarbonat	K_2CO_3	138	s	2,43	897	zers.
Kaliumchlorid	KCl	74,5	s	1,98	770	1 405
Kaliumfluorid	KF	58	s	2,48	857	1 502
Kaliumhydroxid	KOH	56	s	2,04	360	1 320
Kaliumiodid	KI	166	s	3,13	682	1 324
Kaliumnitrat	KNO_3	101	s	2,11	339	zers. ab 400
Kaliumnitrit	KNO_2	85	s	1,92	zers. ab 350	–
Kaliumpermanganat	$KMnO_4$	158	s	2,70	zers. ab 240	–
Kaliumsulfat	K_2SO_4	174	s	2,66	1 074	1 688
Kohlenstoff (Diamant)	C	12	s	3,51	ab 3 550	–
Kohlenstoff (Graphit)	C	12	s	2,26	3 730	–
Kohlenstoffdioxid	CO_2	44	g	1,977 $g \cdot l^{-1}$*	–57 (u. Druck)	subl. bei –79
Kohlenstoffdisulfid	CS_2	76	l	1,26	–112	46
Kohlenstoffmonooxid	CO	28	g	1,250 $g \cdot l^{-1}$*	–205	–192
Krypton	Kr	84	g	3,71 $g \cdot l^{-1}$*	–157	–152
Kupfer	Cu	63,5	s	8,96	1 083	2 600
Kupfer(I)-chlorid	$CuCl$	99	s	4,14	422	1 367
Kupfer(II)-chlorid	$CuCl_2$	134,5	s	3,4	630	zers. ab 990
Kupfer(I)-oxid	Cu_2O	143	s	6,0	1 232	zers. ab 1 800
Kupfer(II)-oxid	CuO	79,5	s	6,45	1 326	–
Kupfer(II)-sulfat	$CuSO_4$	159,5	s	3,61	200	zers. ab 650
Kupfer(II)-sulfat-5-Wasser	$CuSO_4 \cdot 5\,H_2O$	249,5	s	2,3	zers. ab 110	–
Kupfer(II)-sulfid	CuS	95,5	s	4,6	zers. ab 200	–
Lithium	Li	7	s	0,534	180	1 372
Lithiumhydrid	LiH	8	s	0,82	680	–
Magnesium	Mg	24	s	1,74	650	1 110
Magnesiumchlorid	$MgCl_2$	95	s	2,32	712	1 420
Magnesiumhydroxid	$Mg(OH)_2$	58	s	2,4	zers. ab 350	–
Magnesiumoxid	MgO	40	s	3,65	2 800	3 600
Magnesiumsulfat	$MgSO_4$	120	s	2,66	1 127	–
Mangan	Mn	55	s	7,43	1 244	≈ 2 100
Mangan(II)-chlorid	$MnCl_2$	126	s	2,98	650	1 190
Mangan(IV)-oxid	MnO_2	87	s	5,03	535	zers.
Mangan(II)-sulfat	$MnSO_4$	151	s	3,18	700	zers. bei 850

Name	Symbol/ Formel	Molare Masse M in $g \cdot mol^{-1}$ (gerundet)	Aggregat-zustand bei 25 °C	Dichte ϱ in $g \cdot cm^{-3}$ bei 25 °C (* bei 0 °C)	Schmelz-temperatur[1] ϑ_S in °C	Siede-temperatur[1] ϑ_V in °C
Natrium	Na	23	s	0,97	98	892
Natriumbromid	NaBr	103	s	3,21	747	1 390
Natriumcarbonat-10-Wasser	$Na_2CO_3 \cdot 10\,H_2O$	286	s	1,46	33	–
Natriumchlorid	NaCl	58,5	s	2,16	800	1 465
Natriumhydrogencarbonat	$NaHCO_3$	84	s	2,20	zers. ab 270	–
Natriumhydroxid	NaOH	40	s	2,13	322	1 390
Natriumiodid	NaI	150	s	3,67	662	1 305
Natriumnitrat	$NaNO_3$	85	s	2,25	310	zers. ab 380
Natriumsulfat	Na_2SO_4	142	s	2,69	884	–
Neon	Ne	20	g	$0{,}899\ g \cdot l^{-1}$*	–249	–246
Ozon	O_3	48	g	$2{,}14\ g \cdot l^{-1}$*	–193	–111
Perchlorsäure	$HClO_4$	100,5	l	1,76	–112	zers. ab 90
Phosphor (weiß)	P	31	s	1,82	44	280
Phosphor(V)-oxid	P_2O_5	142	s	2,30	562	subl. bei 358
Phosphorsäure	H_3PO_4	98	s	1,88	42	zers. ab 213
Platin	Pt	195	s	21,45	1 770	3 825
Quecksilber	Hg	200,5	l	13,53	–39	357
Quecksilber(I)-chlorid	Hg_2Cl_2	472	s	7,15	525	subl. bei 383
Quecksilber(II)-oxid	HgO	216,5	s	11,14	zers. ab 500	–
Salpetersäure	HNO_3	63	l	1,51	–42	86
Sauerstoff	O_2	32	g	$1{,}429\ g \cdot l^{-1}$*	–219	–183
Schwefel (amorph)	S	32	s	1,92	120	444,6
Schwefel (monoklin)	S	32	s	1,96	119	444,6
Schwefel (rhombisch)	S	32	s	2,07	113	444,6
Schwefeldioxid	SO_2	64	g	$2{,}926\ g \cdot l^{-1}$*	–76	–10
Schwefelsäure	H_2SO_4	98	l	1,83	11	zers. ab 338
Schwefeltrioxid (α)	SO_3	80	l	1,99	17	45
Silber	Ag	108	s	10,50	961	2 212
Silberbromid	AgBr	188	s	6,47	430	zers. ab 700
Silberchlorid	AgCl	143	s	5,56	455	1 554
Silberiodid	AgI	235	s	5,71	557	1 506
Silbernitrat	$AgNO_3$	170	s	4,35	209	zers. ab 444
Silicium	Si	28	s	2,33	1 410	3280
Siliciumdioxid	SiO_2	60	s	2,65	1 713	>2 200
Stickstoff	N_2	28	g	$1{,}251\ g \cdot l^{-1}$*	–210	–195,8
Stickstoffdioxid	NO_2	46	g	$1{,}45\ g \cdot l^{-1}$*	–11	21
Stickstoffmonooxid	NO	30	g	$1{,}340\ g \cdot l^{-1}$*	–164	–152
Strontium	Sr	88	s	2,58	757	1 364
Wasser	H_2O	18	l	1,0	0	100
Wasserstoff	H_2	2	g	$0{,}0899\ g \cdot l^{-1}$*	–259,3	–252,8
Wasserstoffperoxid	H_2O_2	34	l	1,46	–0,43	150
Xenon	Xe	131	g	$5{,}89\ g \cdot l^{-1}$*	–112	–108,0
Zink	Zn	65	s	7,14	419	906
Zinkchlorid	$ZnCl_2$	136	s	2,90	318	732
Zinkoxid	ZnO	81,5	s	5,47	1 975 (u. Druck)	subl. bei 1800

Organische Stoffe (zers.: zersetzlich; subl.: sublimiert; [1] bei 101,3 kPa)

Name	Formel	Molare Masse M in $g \cdot mol^{-1}$ (gerundet)	Aggregatzustand bei 25 °C	Dichte ϱ in $g \cdot cm^{-3}$ bei 25 °C (* bei 0 °C)	Schmelztemperatur [1] ϑ_S in °C	Siedetemperatur [1] ϑ_V in °C
Acrylnitril	$CH_2=CH-CN$	53	l	0,81	–82	78
Aminobenzol (Anilin)		93	l	1,02	–6,2	184,4
2-Amino-ethansäure (Glycin)	$CH_2(NH_2)-COOH$	75	s	1,16	zers. ab 232	–
2-Amino-propansäure (Alanin)	$CH_3-CH(NH_2)-COOH$	89	s	1,40	zers. ab 295	–
Anthracen	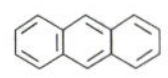	178	s	1,242	216	340
Benzaldehyd	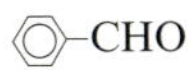	106	l	1,05	–26	178
Benzoesäure		122	s	1,27 (15 °C)	121,7	249
Benzol (Benzen)		78	l	0,88	5,49	80,1
Benzolsulfonsäure	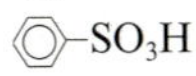	158	s	–	≈60	–
Brenztraubensäure (2-Ketopropansäure)	$CH_3-C(=O)-COOH$	88	l	1,26	11	165
Biphenyl	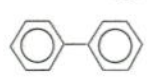	154	s	0,9896 (77 °C)	69	255
Brombenzol	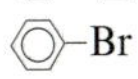	157	l	1,495	–30,6	155,6
Bromethan	CH_3-CH_2-Br	109	l	1,46	–94	38,4
Brommethan	CH_3-Br	95	g	1,73 (0 °C)	–	4
1,3-Butadien	$CH_2=CH-CH=CH_2$	54	g	0,65 (–6 °C)	–109	–4,5
Butan	$CH_3-(CH_2)_2-CH_3$	58	g	2,703 $g \cdot l^{-1}$*	–135	–0,5
1-Butanol	$CH_3-(CH_2)_3-OH$	74	l	0,81	–89	117
2-Butanol	$CH_3-CH(OH)-CH_2-CH_3$	74	l	0,81	–115	99
Butansäure (Buttersäure)	C_3H_7-COOH	88	l	0,96	–5	164
Butansäureethylester	$C_3H_7-COO-C_2H_5$	116	l	0,879 (20°C)	–93,3	120
Chlorbenzol	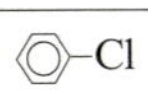	113	l	1,10	–45	132
Chlorethan	CH_3-CH_2-Cl	64,5	g	0,92 (6 °C)	–136,4	12,3
Chlorethen (Vinylchlorid)	$CH_2=CH-Cl$	62,5	g	0,97 (–13 °C)	–159,7	–13,5
Chlormethan	CH_3Cl	50,5	g	2,31 $g \cdot l^{-1}$*	–97	–23,7
Citronensäure	CH_2-COOH $HO-C-COOH$ CH_2-COOH	192	s	1,54	153	zers.
Cyclohexan	C_6H_{12}	84	l	0,779	6,6	80,8
Cyclohexen	C_6H_{10}	82	l	0,81	–104	83
1,2-Dibromethan	$Br-CH_2-CH_2-Br$	188	l	2,18	10	131,6
1,2-Dichlorbenzol	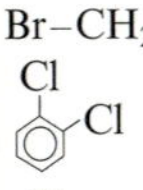	147	l	1,31	–17,5	179,2
1,3-Dichlorbenzol	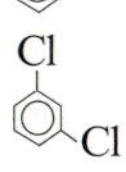	147	l	1,29	–24,4	172
1,4-Dichlorbenzol		147	s	1,26 (55 °C)	54	173,7
Dichlordifluormethan (Freon 12)	CCl_2F_2	121	g	1,468 (–30°C)	–158	–30

Aggregatzustand: s = fest; l = flüssig; g = gasförmig

Name	Formel	Molare Masse M in $g \cdot mol^{-1}$ (gerundet)	Aggregatzustand bei 25 °C	Dichte ϱ in $g \cdot cm^{-3}$ bei 25 °C (* bei 0 °C)	Schmelztemperatur[1] ϑ_S in °C	Siedetemperatur[1] ϑ_V in °C
1,2-Dichlorethan	$Cl{-}CH_2{-}CH_2{-}Cl$	99	l	1,26	–35,5	83,7
Dichlormethan	$Cl{-}CH_2{-}Cl$	85	l	1,34	–96,7	40,7
Diethylether	$C_2H_5{-}O{-}C_2H_5$	74	l	0,714	–116,3	34,5
1,2-Dihydroxybenzol (Benzcatechin)	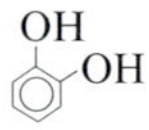	110	s	1,344	103	246
1,3-Dihydroxybenzol (Resorcin)	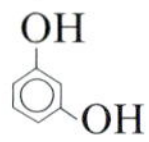	110	s	1,271 (15 °C)	110	280
1,4-Dihydroxybenzol (p-Hydrochinon)		110	s	1,358	170	286
1,2-Dimethylbenzol (o-Xylol)	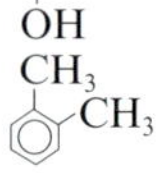	106	l	0,875	–25	144
1,3-Dimethylbenzol (m-Xylol)	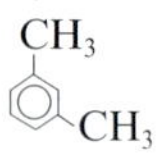	106	l	0,864	–48	139
1,4-Dimethylbenzol (p-Xylol)	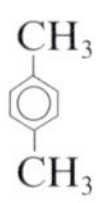	106	l	0,861	13	138
Ethan	$CH_3{-}CH_3$	30	g	1,356 $g \cdot l^{-1}$*	–183,2	–88,5
Ethanal (Acetaldehyd)	CH_3CHO	44	g	0,788 (13 °C)	–123	20,2
Ethanol	C_2H_5OH	46	l	0,79	–114,2	78,4
Ethansäure (Essigsäure)	CH_3COOH	60	l	1,05	16,6	118,1
Ethansäureethylester	$CH_3{-}COO{-}C_2H_5$	88	l	0,899	–83,6	77,1
Ethansäuremethylester	$CH_3{-}COO{-}CH_3$	74	l	0,92	–98	56,9
Ethen (Ethylen)	$CH_2{=}CH_2$	28	g	1,260 $g \cdot l^{-1}$*	–169,5	–103,9
Ethin (Acetylen)	$CH{\equiv}CH$	26	g	1,17 $g \cdot l^{-1}$*	–81,8	–83,8
Ethylbenzol	$-CH_2{-}CH_3$	106	l	0,87	–93,9	136,2
Ethylenglykol (Glykol)	$HO{-}CH_2{-}CH_2{-}OH$	62	l	1,113	–12,9	197,8
Furan		68	l	0,94	–86	32
Glucose (Traubenzucker)	$C_6H_{12}O_6$	180	s	1,54	146	zers. ab 200
Glycerin (Gycerol)	$CH_2{-}CH{-}CH_2$ (je OH an jedem C: OH OH OH)	92	l	1,26	18	zers. bei 290
Harnstoff	$CO(NH_2)_2$	60	s	1,34	132,7	zers.
Heptan	$CH_3{-}(CH_2)_5{-}CH_3$	100	l	0,68	–90	98
1-Hepten	$CH_2{=}CH{-}(CH_2)_4{-}CH_3$	98	l	0,70	–119	94
Hexachlorcyclohexan (Lindan)	$C_6H_6Cl_6$	291	s	1,85	113	323
Hexadecansäure (Palmitinsäure)	$CH_3{-}(CH_2)_{14}{-}COOH$	256	s	0,85	62	271 (133 kPa)
Hexan	$CH_3{-}(CH_2)_4{-}CH_3$	86	l	0,659	–94,3	68,7
1-Hexen	C_6H_{12}	84	l	0,6732	–139,8	63,5
1-Hexin	C_6H_{10}	82	l	0,719 (15 °C)	–124	71,5
2-Hydroxybenzoesäure (Salicylsäure)	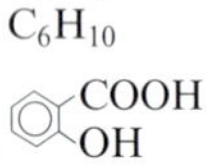	138	s	1,44	158	sub. bei 76 zers. 200 °C
Isopropylbenzol (Cumol)	$C_6H_5{-}CH(CH_3)_2$	120	l	0,86	–97	153

Name	Formel	Molare Masse M in $g \cdot mol^{-1}$ (gerundet)	Aggregatzustand bei 25 °C	Dichte ϱ in $g \cdot cm^{-3}$ bei 25 °C (* bei 0 °C)	Schmelztemperatur[1] ϑ_S in °C	Siedetemperatur[1] ϑ_V in °C
Methan	CH_4	16	g	0,717 $g \cdot l^{-1}$*	–182,5	–161,4
Methanal (Formaldehyd)	HCHO	30	g	0,82 (–20 °C)	–92	–21
Methanol	CH_3OH	32	l	0,79	–97,7	64,7
Methansäure (Ameisensäure)	HCOOH	46	l	1,22	8,4	100,5
Methylbenzol (Toluol)	–CH_3	92	l	0,87 (15 °C)	–95,3	110,8
2-Methylpropan (Isobutan)	$(CH_3)_2$–CH–CH_3	58	g	2,67 $g \cdot l^{-1}$*	–145	–11,7
2-Methyl-2-propanol	$(CH_3)_3$C–OH	74	l	0,78	24	82
Milchsäure (2-Hydroxypropansäure)	CH_3–CH(OH)–COOH	90	l	1,21	18	119 zers.
Naphthalin	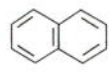	128	s	1,168 (22 °C)	80,4	217,9
Nitrobenzol	–NO_2	123	l	1,20	5,7	210,9
Octadecansäure (Stearinsäure)	CH_3–$(CH_2)_{16}$–COOH	284,5	s	0,94 (20 °C)	69	383
Octadecen-(9)-säure (Ölsäure)	$C_{17}H_{33}$COOH	282,5	l	0,89 (25 °C)	16	360
Octan	CH_3–$(CH_2)_6$–CH_3	114	l	0,7024	–56,5	125,8
Oxalsäure (Ethandisäure)	HOOC–COOH	90	s	1,901 (25 °C)	189,5	subl.
Pentan	CH_3–$(CH_2)_3$–CH_3	72	l	0,6337 (15 °C)	–129,7	36,2
Phenol	–OH	94	s	1,05 (45 °C)	41	181,4
Phthalsäure	 COOH, COOH	166	s	1,59	210	zers. ab 231
Propan	CH_3–CH_2–CH_3	44	g	2,01 $g \cdot l^{-1}$*	–187,1	–42,1
1-Propanol	CH_3–$(CH_2)_2$–OH	60	l	0,8035	–126	97,2
2-Propanol	CH_3–CH(OH)–CH_3	60	l	0,7854	–89,5	82
Propanon (Aceton)	CH_3–CO–CH_3	58	l	0,79	–95	56,1
Propen (Propylen)	CH_3–CH=CH_2	42	g	1,937 $g \cdot l^{-1}$*	–185,2	–47,7
Propin	CH_3–C≡CH	40	g	1,787 $g \cdot l^{-1}$*	–102	–23,3
Terephthalsäure	HOOC––COOH	166	s	1,51	subl.	subl. bei ≈ 300
Tetrachlormethan (Tetrachlorkohlenstoff)	CCl_4	154	l	1,60	–22,9	76,7
Thiophen		84	l	1,06	–38	84
Trichlormethan (Chloroform)	$CHCl_3$	119,5	l	1,50 (15 °C)	–63,5	61,2
Triiodmethan (Iodoform)	CHI_3	394	s	4,008 (17 °C)	123	218
1,3,5-Trimethylbenzol	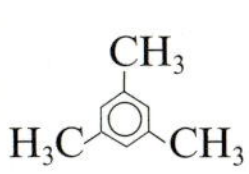	120	l	0,86	–44	164
2,2,4-Trimethylpentan (Isooctan)	$(CH_3)_3$C–CH_2–$CH(CH_3)_2$	114	l	0,69	–107	99
Vinylbenzol (Styrol, Styren)	–CH=CH_2	104	l	0,91	–31	145

Molare Standardgrößen

Tabellierungsbedingungen für molare Standardgrößen: 25 °C (298 K) und 101,3 kPa; $\Delta_B H_m^{\ominus}$: molare Standardbildungsenthalpie; $\Delta_B G_m^{\ominus}$: molare freie Standardbildungsenthalpie; $S_m^{\ominus}$: molare Standardentropie

Anorganische Verbindungen

Name	Symbol/ Formel	Aggregat-zustand	$\Delta_B H_m^{\ominus}$ in $kJ \cdot mol^{-1}$	$\Delta_B G_m^{\ominus}$ in $kJ \cdot mol^{-1}$	$S_m^{\ominus}$ in $J \cdot K^{-1} \cdot mol^{-1}$
Aluminium	Al	s	0	0	28
Aluminium-Ionen	Al^{3+}	aq	–525	–481	–322
Aluminiumchlorid	$AlCl_3$	s	–706	–630	109
Aluminiumoxid	Al_2O_3	s	–1676	–1582	51
Ammoniak	NH_3	g	–46	–16	193
Ammoniaklösung	NH_3	aq	–80	–26	111
Ammonium-Ionen	NH_4^+	aq	–132	–79	113
Ammoniumchlorid	NH_4Cl	s	–315	–203	95
Ammoniumnitrat	NH_4NO_3	s	–366	–184	151
Barium-Ionen	Ba^{2+}	aq	–538	–561	10
Bariumchlorid	$BaCl_2$	s	–859	–810	124
Blei	Pb	s	0	0	65
Blei(II)-Ionen	Pb^{2+}	aq	–2	–24	10
Blei(II)-chlorid	$PbCl_2$	s	–359	–314	136
Blei(II)-oxid (rot)	PbO	s	–219	–189	66
Blei(II)-sulfat	$PbSO_4$	s	–923	–816	148
Blei(II)-sulfid	PbS	s	–99	–97	91
Brom	Br_2	g	31	3	245
Brom	Br_2	l	0	0	152
Brom-Atome	Br	g	112	82	175
Bromid-Ionen	Br^-	aq	–122	–104	82
Bromwasserstoff	HBr	g	–36	–53	199
Bromwasserstoffsäure	HBr	aq	–122	–104	82
Calcium-Ionen	Ca^{2+}	aq	–543	–554	–53
Calciumcarbonat	$CaCO_3$	s	–1207	–1129	93
Calciumchlorid	$CaCl_2$	s	–796	–748	105
Calciumchlorid-6-Wasser	$CaCl_2 \cdot 6\ H_2O$	s	–2609		
Calciumoxid	CaO	s	–635	–604	38
Calciumsulfat	$CaSO_4$	s	–1434	–1322	107
Calciumsulfat-1/2-Wasser	$CaSO_4 \cdot 1/2\ H_2O$	s	–1577	–1437	130
Calciumsulfat-2-Wasser	$CaSO_4 \cdot 2\ H_2O$	s	–2023	–1797	194
Carbonat-Ionen	CO_3^{2-}	aq	–677	–528	–57
Chlor	Cl_2	g	0	0	223
Chlor-Atome	Cl	g	121	105	165
Chlorid-Ionen	Cl^-	aq	–167	–131	56
Chlorwasserstoff	HCl	g	–92	–95	187
Chlorwasserstoffsäure (Salzsäure)	HCl	aq	–167	–131	56
Distickstoffpentaoxid	N_2O_5	g	11	118	347
Distickstofftetraoxid	N_2O_4	g	9	98	304
Eisen	Fe	s	0	0	27
Eisen(II)-Ionen	Fe^{2+}	aq	–89	–79	–138
Eisen(III)-Ionen	Fe^{3+}	aq	–49	–5	–316
Eisen(III)-chlorid	$FeCl_3$	s	–399	–334	142
Eisen(II)-oxid	FeO	s	–272	–251	61
Eisen(III)-oxid (Hämatit)	Fe_2O_3	s	–824	–742	87
Eisen(II, III)-oxid	Fe_3O_4	s	–1118	–1015	146
Eisen(II)-sulfid	FeS	s	–102	–102	60
Eisen(II)-sulfid (Pyrit)	FeS_2	s	–172	–160	53
Fluor	F_2	g	0	0	203
Fluor-Atome	F	g	79	62	159
Fluorid-Ionen	F^-	aq	–333	–279	–14
Fluorwasserstoff	HF	g	–273	–275	174

Aggregatzustand: s = fest; l = flüssig; g = gasförmig; aq = in wässriger Lösung bei $c = 1\ mol \cdot l^{-1}$

Name	Symbol/ Formel	Aggregat-zustand	$\Delta_B H_m^\ominus$ in $kJ \cdot mol^{-1}$	$\Delta_B G_m^\ominus$ in $kJ \cdot mol^{-1}$	$S_m^\ominus$ in $J \cdot K^{-1} \cdot mol^{-1}$
Hydronium-Ionen	H_3O^+	aq	–286	–237	70
Hydroxid-Ionen	OH^-	aq	–230	–157	–11
Iod	I_2	g	62	19	261
Iod	I_2	s	0	0	116
Iod-Atome	I	g	107	70	181
Iodid-Ionen	I^-	aq	–55	–52	111
Iodwasserstoff	HI	g	26	2	207
Kalium	K	s	0	0	65
Kalium-Atome	K	g	89	60	160
Kalium-Ionen	K^+	aq	–252	–283	102
Kaliumbromid	KBr	s	–394	–380	96
Kaliumcarbonat	K_2CO_3	s	–1150	–1065	156
Kaliumchlorid	KCl	s	–437	–409	83
Kaliumhydroxid	KOH	s	–425	–379	79
Kaliumiodid	KI	s	–328	–323	106
Kaliumnitrat	KNO_3	s	–495	–395	133
Kaliumoxid	K_2O	s	–361	–323	102
Kaliumpermanganat	$KMnO_4$	s	–813	–714	172
Kohlenstoff (Diamant)	C	s	2	3	2
Kohlenstoff (Graphit)	C	s	0	0	6
Kohlenstoff-Atome	C	g	717	671	158
Kohlenstoffdioxid	CO_2	g	–394	–394	214
Kohlenstoffdisulfid	CS_2	g	117	67	238
Kohlenstoffdisulfid	CS_2	l	90	65	151
Kohlenstoffmonooxid	CO	g	–111	–137	198
Kupfer	Cu	s	0	0	33
Kupfer-Atome	Cu	g	338	298	166
Kupfer(I)-Ionen	Cu^+	aq	72	50	41
Kupfer(II)-Ionen	Cu^{2+}	aq	65	66	–100
Kupfer(II)-chlorid	$CuCl_2$	s	–218	–174	108
Kupfer(I)-oxid	Cu_2O	s	–171	–148	92
Kupfer(II)-oxid	CuO	s	–156	–128	43
Kupfer(II)-sulfat	$CuSO_4$	s	–771	–662	109
Kupfer(II)-sulfat-5-Wasser	$CuSO_4 \cdot 5\,H_2O$	s	–2280	–1880	300
Kupfer(II)-sulfid	CuS	s	–53	–53	66
Lithium	Li	s	0	0	29
Lithium-Ionen	Li^+	aq	–279	–293	–13
Lithiumoxid	Li_2O	s	–599	–562	38
Magnesium	Mg	s	0	0	33
Magnesium-Atome	Mg	g	146	112	149
Magnesium-Ionen	Mg^{2+}	aq	–467	–455	–138
Magnesiumchlorid	$MgCl_2$	s	–642	–592	90
Magnesiumoxid	MgO	s	–601	–569	27
Mangan(II)-Ionen	Mn^{2+}	aq	–221	–228	–74
Mangan(II)-oxid	MnO	s	–385	–363	60
Mangan(IV)-oxid	MnO_2	s	–520	–465	53
Natrium	Na	s	0	0	51
Natrium-Atome	Na	g	107	77	154
Natrium-Ionen	Na^+	g	611	573	148
Natrium-Ionen	Na^+	aq	–240	–262	59
Natriumbromid	NaBr	s	–361	–349	87
Natriumcarbonat	Na_2CO_3	s	–1131	–1048	139
Natriumcarbonat-10-Wasser	$Na_2CO_3 \cdot 10\,H_2O$	s	–4085		
Natriumchlorid	NaCl	g	–181	–201	230
Natriumchlorid	NaCl	s	–411	–384	72
Natriumhydroxid	NaOH	s	–426	–380	64
Natriumiodid	NaI	s	–288	–285	98
Natriumnitrat	$NaNO_3$	s	–468	–367	116
Natriumoxid	Na_2O	s	–418	–379	75
Natriumperoxid	Na_2O_2	s	–513	–450	95

Name	Symbol/ Formel	Aggregat-zustand	$\Delta_B H_m^\ominus$ in kJ · mol^{-1}	$\Delta_B G_m^\ominus$ in kJ · mol^{-1}	$S_m^\ominus$ in J · K^{-1} · mol^{-1}
Natriumsulfat	Na_2SO_4	s	–1388	–1270	150
Natriumsulfat-10-Wasser	$Na_2SO_4 \cdot 10\ H_2O$	s	–4324	–3644	593
Nitrat-Ionen	NO_3^-	aq	–205	–109	146
Ozon	O_3	g	143	164	239
Permanganat-Ionen	MnO_4^-	aq	–541	–447	191
Phosphat-Ionen	PO_4^{3-}	aq	–1277	–1019	–222
Phosphor (weiß)	P	s	0	0	41
Phosphor (rot)	P	s	–17	–12	23
Phosphor	P_4	g	59	24,5	280
Phosphor(V)-oxid (dimer)	P_4O_{10}	s	–3010	–2723	229
Phosphorsäure	H_3PO_4	s	–1279	–1119	110
Quecksilber(II)-chlorid	$HgCl_2$	s	–230	–184	144
Quecksilber(II)-oxid (rot)	HgO	s	–91	–59	70
Salpetersäure	HNO_3	g	–134	–74	266
Salpetersäure	HNO_3	l	–174	–81	156
Sauerstoff	O_2	g	0	0	205
Sauerstoff-Atome	O	g	249	232	161
Schwefel (rhombisch)	S	s	0	0	32
Schwefel (monoklin)	S	s	0,4	0,1	33
Schwefel	S_8	g	100	49	430
Schwefeldioxid	SO_2	g	–297	–300	248
Schwefelsäure	H_2SO_4	l	–814	–690	157
Schwefeltrioxid	SO_3	g	–396	–371	257
Schwefelwasserstoff	H_2S	g	–21	–33	206
Sulfat-Ionen	SO_4^{2-}	aq	–909	–744	20
Sulfid-Ionen	S^{2-}	aq	33	86	–15
Sulfit-Ionen	SO_3^{2-}	aq	–625		44
Silber	Ag	s	0	0	43
Silber-Atome	Ag	g	284	245	173
Silber-Ionen	Ag^+	aq	106	77	73
Silberbromid	AgBr	s	–101	–97	107
Silberchlorid	AgCl	s	–127	–110	96
Silberiodid	AgI	s	–62	–66	115
Silbersulfid	Ag_2S	s	–33	–41	144
Siliciumdioxid (Quarz)	SiO_2	s	–911	–856	41
Stickstoff	N_2	g	0	0	192
Stickstoff-Atome	N	g	473	456	153
Stickstoffdioxid	NO_2	g	33	51	240
Stickstoffmonooxid	NO	g	90	87	211
Thiosulfat-Ionen	$S_2O_3^{2-}$	aq	–645		121
Tetraamminkupfer(II)-Ionen	$[Cu(NH_3)_4]^{2+}$	aq	334	–256	807
Wasser	H_2O	g	–242	–229	189
Wasser	H_2O	l	–286	–237	70
Wasserstoff	H_2	g	0	0	131
Wasserstoff-Atome	H	g	218	203	115
Wasserstoff-Ionen	H^+	aq	0	0	0
Wasserstoffperoxid	H_2O_2	l	–188	–120	110
Zink	Zn	s	0	0	42
Zink-Atome	Zn	g	130	95	161
Zink-Ionen	Zn^{2+}	aq	–154	–147	–112
Zinkchlorid	$ZnCl_2$	s	–415	–369	111
Zinkiodid	ZnI_2	s	–208	–209	161
Zinkoxid	ZnO	s	–350	–320	44

Molare Standardgrößen

Tabellierungsbedingungen für molare Standardgrößen: 25 °C (298 K) und 101,3 kPa; $\Delta_B H_m^\ominus$: molare Standardbildungsenthalpie; $\Delta_B G_m^\ominus$: molare freie Standardbildungsenthalpie; $S_m^\ominus$: molare Standardentropie; $\Delta_V H_m^\ominus$ molare Standardverbrennungsenthalpie

Organische Verbindungen

Name	Formel	Aggregatzustand	$\Delta_B H_m^\ominus$ in $kJ \cdot mol^{-1}$	$\Delta_B G_m^\ominus$ in $kJ \cdot mol^{-1}$	$S_m^\ominus$ in $J \cdot K^{-1} \cdot mol^{-1}$	$\Delta_V H_m^\ominus$ in $kJ \cdot mol^{-1}$
Aminobenzol (Anilin)	$C_6H_5NH_2$	l	31	148	192	
Acetat-Ionen	CH_3COO^-	aq	–486	–368	86	
Benzoesäure	C_6H_5COOH	s	–385	–245	167	–3221
Benzol		g	83	130	269	–3265 (l)
Benzol		l	49	125	173	
Brommethan	CH_3Br	g	–36	–27	246	
1,3-Butadien	$CH_2{=}CHCH{=}CH_2$	g	110	151	279	
Butan	$CH_3(CH_2)_2CH_3$	g	–126	–17	310	–2874
1-Buten	C_4H_8	g	0	71	306	–271,5
Campher	$C_{10}H_{16}O$	s				–5910
Chlormethan	CH_3Cl	g	–86	–63	235	
Cyclohexan	C_6H_{12}	g	–123	32	298	–3916 (l)
Cyclohexan	C_6H_{12}	l	–156	27	204	
Essigsäureethylester	$CH_3COOC_2H_5$	l	–479	–333	259	
Ethan	C_2H_6	g	–85	–33	230	–1557
Ethanal (Acetaldehyd)	CH_3CHO	g	–166	–133	264	–1191
Ethanol	C_2H_5OH	l	–277	–174	161	–1364
Ethansäure(Essigsäure)	CH_3COOH	l	–484	–389	160	–872
Ethen	C_2H_4	g	+52	68	219	–1409
Ethin	C_2H_2	g	227	209	201	–1299
Ethylenglykol (Glykol)	$HO{-}CH_2{-}CH_2{-}OH$	l	–454	–327	179	
Fluormethan	CH_3F	g	–234	–210	223	
Formiat-Ionen	$HCOO^-$	aq	–426	–351	92	
α-D-Glucose	$C_6H_{12}O_6$	s	–1274	–910	212	–2820
Glycerin	$C_3H_5(OH)_3$	l	–666	–480	205	–1650
Glycin	NH_2CH_2COOH	s	–529	–369	104	
Harnstoff	$CO(NH_2)_2$	s	–333	–197	105	
Heptan	C_7H_{16}	l	–224	1	329	
Heptan	C_7H_{16}	g	–188	8	428	
Hexan	C_6H_{14}	l	–199	–4	296	–4158
Hexan	C_6H_{14}	g	–167	0	389	
Methan	CH_4	g	–75	–51	186	–889
Methanal (Formaldehyd)	$HCHO$	g	–116	–110	219	–563
Methanol	CH_3OH	g	–201	–162	240	–725 (l)
Methanol	CH_3OH	l	–239	–166	127	
Methansäure (Ameisensäure)	$HCOOH$	l	–425	–361	129	–270
Methansäure (Ameisensäure)	$HCOOH$	aq	–426	–351	92	
Methylbenzol (Toluol)	–CH_3	l	12	114	221	–3907
Nitrobenzol	–NO_2	l	16	146	224	
Nonan	C_9H_{20}	g	–229	25	506	–6118
Nonan	C_9H_{20}	l	–275	12	394	
Octan	C_8H_{18}	g	–208	17	467	
Octan	C_8H_{18}	l	–250	7	361	–5464
Palmitinsäure	$C_{15}H_{31}COOH$	s	–903	–315	476	

Aggregatzustand: s = fest; l = flüssig; g = gasförmig; aq = in wässriger Lösung bei $c = 1\ mol \cdot l^{-1}$

Name	Formel	Aggregatzustand	$\Delta_B H_m^\ominus$ in $kJ \cdot mol^{-1}$	$\Delta_B G_m^\ominus$ in $kJ \cdot mol^{-1}$	$S_m^\ominus$ in $J \cdot K^{-1} \cdot mol^{-1}$	$\Delta_V H_m^\ominus$ in $kJ \cdot mol^{-1}$
Pentan	C_5H_{12}	g	–146	–8	349	
Pentan	C_5H_{12}	l	–173	–9	263	–3509
Phenol	–OH	s	–165	–50	144	–3050
Propan	C_3H_8	g	–104	–23	270	–2217
Propanal	CH_3CH_2CHO	g	–192	–131	305	–1815 (l)
1-Propanol	C_3H_7OH	g	–258	–163	325	–2016 (l)
2-Propanol	C_3H_7OH	g	–272	–173	310	–2003
2-Propanol	C_3H_7OH	l	–318	–180	180	
Propanon (Aceton)	CH_3COCH_3	l	–248	–155	200	–1785
Propen	$CH_3CH{=}CH_2$	g	20	63	267	–2056
Propin	$CH_3C{\equiv}CH$	g	185	194	248	–1936
Saccharose	$C_{12}H_{22}O_{11}$	s	–2222	–1544	360	–5650
Stearinsäure	$C_{17}H_{35}COOH$	s	–949			–11298
Tetrabrommethan	CBr_4	g	50	36	358	
Tetrachlormethan	CCl_4	l	–133	–63	216	
Tetrachlormethan	CCl_4	g	–100	–58	310	
Trichlormethan (Chloroform)	$CHCl_3$	g	–101	–68	296	
Trichlormethan (Chloroform)	$CHCl_3$	l	–132	–71	203	
Triiodmethan (Iodoform)	CHI_3	g	220	187	356	

Griechische Zahlwörter in der chemischen Nomenklatur

Ziffer	Zahlwort	Ziffer	Zahlwort	Ziffer	Zahlwort
1/2	hemi	7	hepta	14	tetradeca
1	mono	8	octa	15	pentadeca
2	di, bis	9	nona	16	hexadeca
3	tri	10	deca	17	heptadeca
4	tetra	11	undeca	18	octadeca
5	penta	12	dodeca	19	enneadeca
6	hexa	13	trideca	20	eicosa

Massenanteil und Dichte von sauren und alkalischen Lösungen

Lösung	Verdünnte Lösung * gesättigte Lösung bei 20 °C			Konzentrierte Lösung		
	Massenanteil in %	Dichte bei 20 °C in $g \cdot cm^{-3}$	Stoffmengenkonzentration in $mol \cdot l^{-1}$	Massenanteil in %	Dichte bei 20 °C in $g \cdot cm^{-3}$	Stoffmengenkonzentration in $mol \cdot l^{-1}$
Salzsäure	7	1,033	2	37	1,18	12
Schwefelsäure	9	1,059	1	96	1,84	17,97
Salpetersäure	12	1,066	2	65	1,39	14,35
Phosphorsäure	10	1,05	1,1	85	1,69	14,65
Essigsäure	12	1,015	2	98	1,05	17,22
Natronlauge	8	1,087	2,2	32	1,35	10,79
Kalilauge	11	1,1	2,2	27	1,26	6,12
Kalkwasser	0,12*	1,001*	0,017*			
Barytwasser	1,8*	1,04*	0,11*			
Ammoniaklösung	3	0,987	1,7	25	0,91	13,35

Molare Gitterenthalpie $\Delta_G H_m$ von Ionensubstanzen bei 25 °C

Verbindung	$\Delta_G H_m$ in $kJ \cdot mol^{-1}$	Verbindung	$\Delta_G H_m$ in $kJ \cdot mol^{-1}$	Verbindung	$\Delta_G H_m$ in $kJ \cdot mol^{-1}$	Verbindung	$\Delta_G H_m$ in $kJ \cdot mol^{-1}$
LiF	−1039	NaCl	−780	CaF_2	−2617	MgO	−3929
LiCl	−850	KCl	−710	$CaCl_2$	−2231	CaO	−3477
LiBr	−802	RbCl	−686	$CaBr_2$	−2134	SrO	−3205
LiI	−742	CsCl	−651	CaI_2	−2043	BaO	−3042

Molare Hydratationsenthalpie $\Delta_H H_m$ einiger Ionen bei 25 °C

Ion	$\Delta_H H_m$ in $kJ \cdot mol^{-1}$	Ion	$\Delta_H H_m$ in $kJ \cdot mol^{-1}$	Ion	$\Delta_H H_m$ in $kJ \cdot mol^{-1}$
H_3O^+	−1085	Be^{2+}	−2500	OH^-	−365
Li^+	−510	Mg^{2+}	−1910	F^-	−510
Na^+	−400	Ca^{2+}	−1580	Cl^-	−380
K^+	−325	Sr^{2+}	−1430	Br^-	−340
Rb^+	−300	Ba^{2+}	−1290	I^-	−300
Cs^+	−270	Al^{3+}	−4610	NO_3^-	−256

Umschlagsbereiche für Säure-Base-Indikatoren

Indikator	pH-Wert-Bereich des Farbumschlages	Farbe des Indikatoren	
		unterer pH-Wert	oberer pH-Wert
Thymolblau 1. Stufe	1,2 … 2,8	rot	gelb
Methylgelb	2,4 … 4,0	rot	gelb
Methylorange	3,0 … 4,4	rot	gelborange
Methylrot	4,4 … 6,2	rosa	gelb
Lackmus	5,0 … 8,0	rot	blau
Bromthymolblau	6,0 … 7,6	gelb	blau
Thymolblau 2. Stufe	8,0 … 9,6	gelb	blau
Phenolphthalein	8,3 … 10,0	farblos	rot
Alizaringelb	10,1 … 12	gelb	orangebraun

Komplexzerfallskonstanten (Dissoziationskonstanten) bei 25 °C

Gleichgewicht	Komplexzerfallskonstante K_D	lg $\{K_D\}$
$[Ag(CN)_2]^- \rightleftharpoons Ag^+ + 2\,CN^-$	$1{,}0 \cdot 10^{-20}\ mol^2 \cdot l^{-2}$	20
$[Ag(NH_3)_2]^+ \rightleftharpoons Ag^+ + 2\,NH_3$	$6{,}0 \cdot 10^{-8}\ mol^2 \cdot l^{-2}$	7,2
$[Ag(S_2O_3)_2]^{3-} \rightleftharpoons Ag^+ + 2\,S_2O_3^{2-}$	$5{,}0 \cdot 10^{-14}\ mol^2 \cdot l^{-2}$	13,3
$[AlF_6]^{3-} \rightleftharpoons Al^{3+} + 6\,F^-$	$1{,}4 \cdot 10^{-20}\ mol^6 \cdot l^{-6}$	19,9
$[Co(NH_3)_6]^{2+} \rightleftharpoons Co^{2+} + 6\,NH_3$	$1{,}3 \cdot 10^{-5}\ mol^6 \cdot l^{-6}$	4,9
$[Co(NH_3)_6]^{3+} \rightleftharpoons Co^{3+} + 6\,NH_3$	$2{,}2 \cdot 10^{-34}\ mol^6 \cdot l^{-6}$	33,7
$[Cu(NH_3)_4]^{2+} \rightleftharpoons Cu^{2+} + 4\,NH_3$	$4{,}7 \cdot 10^{-15}\ mol^4 \cdot l^{-4}$	14,3
$[Fe(CN)_6]^{4-} \rightleftharpoons Fe^{2+} + 6\,CN^-$	$1{,}0 \cdot 10^{-35}\ mol^6 \cdot l^{-6}$	35

Säurekonstanten K_S und Basekonstanten K_B bei 22 °C

Säurestärke	K_S in $mol \cdot l^{-1}$	pK_S	Formel der Säure	Formel der korrespondierenden Base	pK_B	K_B in $mol \cdot l^{-1}$	Basestärke
	$1{,}0 \cdot 10^{11}$	–11	HI	I^-	25	$1{,}0 \cdot 10^{-25}$	
	$1{,}0 \cdot 10^{10}$	–10	$HClO_4$	ClO_4^-	24	$1{,}0 \cdot 10^{-24}$	
	$1{,}0 \cdot 10^{9}$	– 9	HBr	Br^-	23	$1{,}0 \cdot 10^{-23}$	
	$1{,}0 \cdot 10^{7}$	– 7	HCl	Cl^-	21	$1{,}0 \cdot 10^{-21}$	
	$1{,}0 \cdot 10^{3}$	– 3	H_2SO_4	HSO_4^-	17	$1{,}0 \cdot 10^{-17}$	
	55,5	– 1,74	H_3O^+	H_2O	15,74	$1{,}8 \cdot 10^{-16}$	
	$2{,}1 \cdot 10^{1}$	– 1,32	HNO_3	NO_3^-	15,32	$4{,}8 \cdot 10^{-16}$	
	$6{,}6 \cdot 10^{-1}$	0,18	$[(NH_2)CO(NH_3)]^+$	$CO(NH_2)_2$	13,82	$1{,}5 \cdot 10^{-14}$	
	$5{,}6 \cdot 10^{-2}$	1,25	HOOC–COOH	$HOOC–COO^-$	12,75	$1{,}77 \cdot 10^{-13}$	
	$1{,}5 \cdot 10^{-2}$	1,81	H_2SO_3	HSO_3^-	12,19	$6{,}5 \cdot 10^{-13}$	
	$1{,}2 \cdot 10^{-2}$	1,92	HSO_4^-	SO_4^{2-}	12,08	$8{,}3 \cdot 10^{-13}$	
	$7{,}5 \cdot 10^{-3}$	2,12	H_3PO_4	$H_2PO_4^-$	11,88	$1{,}3 \cdot 10^{-12}$	
	$6{,}0 \cdot 10^{-3}$	2,22	$[Fe(H_2O)_6]^{3+}$	$[Fe(OH)(H_2O)_5]^{2+}$	11,78	$1{,}7 \cdot 10^{-12}$	
	$7{,}2 \cdot 10^{-4}$	3,14	HF	F^-	10,86	$1{,}4 \cdot 10^{-11}$	
	$4{,}5 \cdot 10^{-4}$	3,35	HNO_2	NO_2^-	10,65	$2{,}2 \cdot 10^{-11}$	
	$1{,}8 \cdot 10^{-4}$	3,75	$HCOOH$	$HCOO^-$	10,25	$5{,}6 \cdot 10^{-11}$	
	$2{,}6 \cdot 10^{-5}$	4,58	$C_6H_5NH_3^+$	$C_6H_5NH_2$	9,42	$3{,}8 \cdot 10^{-10}$	
	$1{,}8 \cdot 10^{-5}$	4,75	CH_3COOH	CH_3COO^-	9,25	$5{,}6 \cdot 10^{-10}$	
	$1{,}4 \cdot 10^{-5}$	4,85	$[Al(H_2O)_6]^{3+}$	$[Al(OH)(H_2O)_5]^{2+}$	9,15	$7{,}1 \cdot 10^{-10}$	
	$3{,}0 \cdot 10^{-7}$	6,52	H_2CO_3	HCO_3^-	7,48	$3{,}3 \cdot 10^{-8}$	
	$1{,}2 \cdot 10^{-7}$	6,92	H_2S	HS^-	7,08	$8{,}3 \cdot 10^{-8}$	
	$9{,}1 \cdot 10^{-8}$	7,04	HSO_3^-	SO_3^{2-}	6,96	$1{,}1 \cdot 10^{-7}$	
	$6{,}2 \cdot 10^{-8}$	7,20	$H_2PO_4^-$	HPO_4^{2-}	6,80	$1{,}6 \cdot 10^{-7}$	
	$5{,}6 \cdot 10^{-10}$	9,25	NH_4^+	NH_3	4,75	$1{,}8 \cdot 10^{-5}$	
	$4{,}0 \cdot 10^{-10}$	9,40	HCN	CN^-	4,60	$2{,}5 \cdot 10^{-5}$	
	$2{,}5 \cdot 10^{-10}$	9,60	$[Zn(H_2O)_6]^{2+}$	$[Zn(OH)(H_2O)_5]^+$	4,40	$4{,}0 \cdot 10^{-5}$	
	$1{,}3 \cdot 10^{-10}$	9,89	C_6H_5OH	$C_6H_5O^-$	4,11	$7{,}8 \cdot 10^{-5}$	
	$4{,}0 \cdot 10^{-11}$	10,40	HCO_3^-	CO_3^{2-}	3,60	$2{,}5 \cdot 10^{-4}$	
	$4{,}4 \cdot 10^{-13}$	12,36	HPO_4^{2-}	PO_4^{3-}	1,64	$2{,}3 \cdot 10^{-2}$	
	$1{,}0 \cdot 10^{-13}$	13,00	HS^-	S^{2-}	1,00	$1{,}0 \cdot 10^{-1}$	
	$1{,}8 \cdot 10^{-16}$	15,74	H_2O	OH^-	–1,74	55,5	
	$1{,}0 \cdot 10^{-23}$	23	NH_3	NH_2^-	–9	$1{,}0 \cdot 10^{9}$	
	$1{,}0 \cdot 10^{-24}$	24	OH^-	O^{2-}	–10	$1{,}0 \cdot 10^{10}$	

Kryoskopische und ebullioskopische Konstanten k_G und k_S von Lösemitteln

Lösemittel	Schmelztemperatur ϑ_S in °C	k_G in $K \cdot kg \cdot mol^{-1}$	Siedetemperatur ϑ_V in °C	k_S in $K \cdot kg \cdot mol^{-1}$
Wasser	0	1,86	100	0,515
Benzol	5,5	5,12	80,1	2,53
Cyclohexan	6,5	20,2	80,8	2,79
Campher	179,5	40,4		
Essigsäure	16,6	3,9	118,1	3,07
Ethanol	–114,2	7,3	78,8	1,20

Löslichkeitsprodukte bei 25 °C

Name des Stoffes	Formel	Löslichkeitsprodukt K_L		Löslichkeitsexponent pK_L
		Zahlenwert	Einheit	
Aluminiumhydroxid	$Al(OH)_3$	$1{,}0 \cdot 10^{-33}$	$mol^4 \cdot l^{-4}$	33,0
Bariumcarbonat	$BaCO_3$	$8{,}1 \cdot 10^{-9}$	$mol^2 \cdot l^{-2}$	8,1
Bariumhydroxid	$Ba(OH)_2$	$4{,}3 \cdot 10^{-3}$	$mol^3 \cdot l^{-3}$	2,4
Bariumphosphat	$Ba_3(PO_4)_2$	$6{,}0 \cdot 10^{-38}$	$mol^5 \cdot l^{-5}$	37,2
Bariumsulfat	$BaSO_4$	$1{,}0 \cdot 10^{-10}$	$mol^2 \cdot l^{-2}$	10,0
Bismut(III)-sulfid	Bi_2S_3	$1{,}6 \cdot 10^{-72}$	$mol^5 \cdot l^{-5}$	71,8
Blei(II)-carbonat	$PbCO_3$	$3{,}3 \cdot 10^{-14}$	$mol^2 \cdot l^{-2}$	13,5
Blei(II)-chlorid	$PbCl_2$	$2{,}0 \cdot 10^{-5}$	$mol^3 \cdot l^{-3}$	4,7
Bleihydroxid	$Pb(OH)_2$	$2{,}8 \cdot 10^{-16}$	$mol^3 \cdot l^{-3}$	15,55
Blei(II)-iodid	PbI_2	$8{,}7 \cdot 10^{-9}$	$mol^3 \cdot l^{-3}$	8,1
Blei(II)-sulfid	PbS	$3{,}4 \cdot 10^{-28}$	$mol^2 \cdot l^{-2}$	27,5
Blei(II)-sulfat	$PbSO_4$	$1{,}5 \cdot 10^{-8}$	$mol^2 \cdot l^{-2}$	7,8
Cadmiumcarbonat	$CdCO_3$	$2{,}5 \cdot 10^{-14}$	$mol^2 \cdot l^{-2}$	13,6
Cadmiumhydroxid	$Cd(OH)_2$	$1{,}2 \cdot 10^{-14}$	$mol^3 \cdot l^{-3}$	13,9
Cadmiumsulfid	CdS	$1{,}0 \cdot 10^{-29}$	$mol^2 \cdot l^{-2}$	29,0
Calciumcarbonat	$CaCO_3$	$4{,}8 \cdot 10^{-9}$	$mol^2 \cdot l^{-2}$	8,3
Calciumhydroxid	$Ca(OH)_2$	$5{,}5 \cdot 10^{-6}$	$mol^3 \cdot l^{-3}$	5,3
Calciumoxalat	$Ca(COO)_2$	$2{,}6 \cdot 10^{-9}$	$mol^2 \cdot l^{-2}$	8,6
Calciumphosphat	$Ca_3(PO_4)_2$	$1{,}0 \cdot 10^{-25}$	$mol^5 \cdot l^{-5}$	25,0
Calciumsulfat	$CaSO_4$	$6{,}1 \cdot 10^{-5}$	$mol^2 \cdot l^{-2}$	4,2
Eisen(II)-hydroxid	$Fe(OH)_2$	$4{,}8 \cdot 10^{-16}$	$mol^3 \cdot l^{-3}$	15,3
Eisen(III)-hydroxid	$Fe(OH)_3$	$3{,}8 \cdot 10^{-38}$	$mol^4 \cdot l^{-4}$	37,4
Eisen(II)-phosphat	$Fe_3(PO_4)_2$	$1{,}0 \cdot 10^{-36}$	$mol^5 \cdot l^{-5}$	36,0
Eisen(III)-phosphat	$FePO_4$	$4{,}0 \cdot 10^{-27}$	$mol^2 \cdot l^{-2}$	26,4
Eisen(II)-sulfid	FeS	$5{,}0 \cdot 10^{-18}$	$mol^2 \cdot l^{-2}$	17,3
Kupfer(I)-chlorid	$CuCl$	$1{,}0 \cdot 10^{-6}$	$mol^2 \cdot l^{-2}$	6,0
Kupfer(II)-sulfid	CuS	$8{,}0 \cdot 10^{-45}$	$mol^2 \cdot l^{-2}$	44,1
Magnesiumcarbonat	$MgCO_3$	$2{,}6 \cdot 10^{-5}$	$mol^2 \cdot l^{-2}$	4,6
Magnesiumhydroxid	$Mg(OH)_2$	$2{,}6 \cdot 10^{-12}$	$mol^3 \cdot l^{-3}$	11,6
Magnesiumphosphat	$Mg_3(PO_4)_2$	$6{,}0 \cdot 10^{-23}$	$mol^5 \cdot l^{-5}$	22,2
Manganhydroxid	$Mn(OH)_2$	$4{,}0 \cdot 10^{-14}$	$mol^3 \cdot l^{-3}$	13,4
Nickel(II)-hydroxid	$Ni(OH)_2$	$1{,}6 \cdot 10^{-14}$	$mol^3 \cdot l^{-3}$	13,8
Nickelsulfid	NiS	$1{,}0 \cdot 10^{-26}$	$mol^2 \cdot l^{-2}$	26,0
Quecksilber(I)-chlorid (Kalomel)	Hg_2Cl_2	$2{,}0 \cdot 10^{-18}$	$mol^3 \cdot l^{-3}$	17,7
Quecksilber(II)-sulfid (schwarz)	HgS	$1{,}0 \cdot 10^{-52}$	$mol^2 \cdot l^{-2}$	52,0
Silberbromid	$AgBr$	$6{,}3 \cdot 10^{-13}$	$mol^2 \cdot l^{-2}$	12,2
Silbercarbonat	Ag_2CO_3	$6{,}2 \cdot 10^{-12}$	$mol^3 \cdot l^{-3}$	11,2
Silberchlorid	$AgCl$	$1{,}6 \cdot 10^{-10}$	$mol^2 \cdot l^{-2}$	9,8
Silberchromat	Ag_2CrO_4	$4{,}0 \cdot 10^{-12}$	$mol^3 \cdot l^{-3}$	11,4
Silberhydroxid	$AgOH$	$1{,}5 \cdot 10^{-8}$	$mol^2 \cdot l^{-2}$	7,8
Silberiodid	AgI	$1{,}5 \cdot 10^{-16}$	$mol^2 \cdot l^{-2}$	15,8
Silberphosphat	Ag_3PO_4	$1{,}8 \cdot 10^{-18}$	$mol^4 \cdot l^{-4}$	17,7
Silbersulfid	Ag_2S	$1{,}6 \cdot 10^{-49}$	$mol^3 \cdot l^{-3}$	48,8
Zinkcarbonat	$ZnCO_3$	$6{,}0 \cdot 10^{-11}$	$mol^2 \cdot l^{-2}$	10,2

Elektrochemische Spannungsreihe der Metalle (Standardpotenziale bei 25 °C und 101,3 kPa)

Reduktionsmittel	⇌ Oxidationsmittel	$+ z \cdot e^-$	Redoxpaar	Standardpotenzial $E^{\ominus}$ in V
Li (s)	⇌ Li^+ (aq)	$+ e^-$	Li/Li^+	–3,04
K (s)	⇌ K^+ (aq)	$+ e^-$	K/K^+	–2,92
Ba (s)	⇌ Ba^{2+} (aq)	$+ 2\,e^-$	Ba/Ba^{2+}	–2,90
Ca (s)	⇌ Ca^{2+} (aq)	$+ 2\,e^-$	Ca/Ca^{2+}	–2,87
Na (s)	⇌ Na^+ (aq)	$+ e^-$	Na/Na^+	–2,71
Mg (s)	⇌ Mg^{2+} (aq)	$+ 2\,e^-$	Mg/Mg^{2+}	–2,36
Be (s)	⇌ Be^{2+} (aq)	$+ 2\,e^-$	Be/Be^{2+}	–1,85
Al (s)	⇌ Al^{3+} (aq)	$+ 3\,e^-$	Al/Al^{3+}	–1,66
Ti (s)	⇌ Ti^{3+} (aq)	$+ 3\,e^-$	Ti/Ti^{3+}	–1,21
Mn (s)	⇌ Mn^{2+} (aq)	$+ 2\,e^-$	Mn/Mn^{2+}	–1,18
V (s)	⇌ V^{2+} (aq)	$+ 2\,e^-$	V/V^{2+}	–1,17
Zn (s)	⇌ Zn^{2+} (aq)	$+ 2\,e^-$	Zn/Zn^{2+}	–0,76
Cr (s)	⇌ Cr^{3+} (aq)	$+ 3\,e^-$	Cr/Cr^{3+}	–0,74
Fe (s)	⇌ Fe^{2+} (aq)	$+ 2\,e^-$	Fe/Fe^{2+}	–0,41
Cd (s)	⇌ Cd^{2+} (aq)	$+ 2\,e^-$	Cd/Cd^{2+}	–0,40
Co (s)	⇌ Co^{2+} (aq)	$+ 2\,e^-$	Co/Co^{2+}	–0,28
Ni (s)	⇌ Ni^{2+} (aq)	$+ 2\,e^-$	Ni/Ni^{2+}	–0,23
Sn (s)	⇌ Sn^{2+} (aq)	$+ 2\,e^-$	Sn/Sn^{2+}	–0,14
Pb (s)	⇌ Pb^{2+} (aq)	$+ 2\,e^-$	Pb/Pb^{2+}	–0,13
Fe (s)	⇌ Fe^{3+} (aq)	$+ 3\,e^-$	Fe/Fe^{3+}	–0,02
H_2 (g) + 2 H_2O (l)	⇌ 2 H_3O^+ (aq)	$+ 2\,e^-$	$H_2/2\,H_3O^+$	0,00 (pH = 0)
Cu (s)	⇌ Cu^{2+} (aq)	$+ 2\,e^-$	Cu/Cu^{2+}	+0,35
Cu (s)	⇌ Cu^+ (aq)	$+ e^-$	Cu/Cu^+	+0,52
Ag (s)	⇌ Ag^+ (aq)	$+ e^-$	Ag/Ag^+	+0,80
Hg (l)	⇌ Hg^{2+} (aq)	$+ 2\,e^-$	Hg/Hg^{2+}	+0,85
Pt (s)	⇌ Pt^{2+} (aq)	$+ 2\,e^-$	Pt/Pt^{2+}	+1,20
Au (s)	⇌ Au^{3+} (aq)	$+ 3\,e^-$	Au/Au^{3+}	+1,50

Elektrochemische Spannungsreihe der Nichtmetalle (Standardpotenziale bei 25 °C und 101,3 kPa)

Reduktionsmittel	⇌ Oxidationsmittel	$+ z \cdot e^-$	Redoxpaar	Standardpotenzial $E^{\ominus}$ in V
Se^{2-} (aq)	⇌ Se (s)	$+ 2\,e^-$	Se^{2-}/Se	–0,92
S^{2-} (aq)	⇌ S (s)	$+ 2\,e^-$	S^{2-}/S	–0,48
2 I^- (aq)	⇌ I_2 (s)	$+ 2\,e^-$	$2\,I^-/I_2$	+0,54
2 Br^- (aq)	⇌ Br_2 (l)	$+ 2\,e^-$	$2\,Br^-/Br_2$	+1,07
2 Cl^- (aq)	⇌ Cl_2 (g)	$+ 2\,e^-$	$2\,Cl^-/Cl_2$	+1,36
2 F^- (aq)	⇌ F_2 (g)	$+ 2\,e^-$	$2\,F^-/F_2$	+2,87

s = fest; l = flüssig; g = gasförmig; aq = in wässriger Lösung

Elektrochemische Spannungsreihe einiger Redoxreaktionen (Standardpotenziale bei 25 °C und 101,3 kPa)

Reduktionsmittel	⇌	Oxidationsmittel	$+ z \cdot e^-$	Standardpotenzial $E^{\ominus}$ in V
H_2 (g) + 2 OH^- (aq)	⇌	2 H_2O (l)	+2 e^-	−0,83* für pH = 14
Cd (s) + 2 OH^- (aq)	⇌	Cd $(OH)_2$ (s)	+2 e^-	−0,82* für pH = 14
$C_2O_4^{2-}$ (aq)	⇌	2 CO_2 (g)	+2 e^-	−0,49
H_2 (g) + 2 H_2O (l)	⇌	2 H_3O^+ (aq)	+2 e^-	−0,41* für pH = 7
Cr^{2+} (aq)	⇌	Cr^{3+} (aq)	+ e^-	−0,41
Pb (s) + SO_4^{2-} (aq)	⇌	$PbSO_4$ (s)	+2 e^-	−0,36
HCOOH (l) + 2 H_2O (l)	⇌	CO_2 (g) + 2 H_3O^+ (aq)	+2 e^-	−0,20* für pH = 0
HCHO (g) + 3 H_2O (l)	⇌	HCOOH (l) + 2 H_3O^+ (aq)	+2 e^-	+0,06 für pH = 0
H_2S (g) + 2 H_2O (l)	⇌	2 H_3O^+ (aq) + S (s)	+2 e^-	+0,14
Cu^+ (aq)	⇌	Cu^{2+} (aq)	+ e^-	+0,17
Ag (s) + Cl^- (aq)	⇌	AgCl (s)	+ e^-	+0,22
4 OH^- (aq)	⇌	O_2 (g) + 2 H_2O (l)	+4 e^-	+0,40* für pH = 14
AsO_3^{3-} (aq) + 3 H_2O (l)	⇌	AsO_4^{3-} (aq) + 2 H_3O^+ (aq)	+2 e^-	+0,56* für pH = 0
MnO_2 (s) + 4 OH^- (aq)	⇌	MnO_4^- (aq) + 2 H_2O (l)	+3 e^-	+0,59* für pH = 14
H_2O_2 (l) + 2 H_2O (l)	⇌	O_2 (g) + 2 H_3O^+ (aq)	+2 e^-	+0,68* für pH = 0
Fe^{2+} (aq)	⇌	Fe^{3+} (aq)	+ e^-	+0,77
4 OH^- (aq)	⇌	O_2 (g) + 2 H_2O (l)	+4 e^-	+0,82* für pH = 7
NO (g) + 6 H_2O (l)	⇌	NO_3^- (aq) + 4 H_3O^+ (aq)	+3 e^-	+0,96* für pH = 0
6 H_2O (l)	⇌	O_2 (g) + 4 H_3O^+ (aq)	+4 e^-	+1,23* für pH = 0
Mn^{2+} (aq) + 6 H_2O (l)	⇌	MnO_2 (s) + 4 H_3O^+ (aq)	+2 e^-	+1,23* für pH = 0
2 Cr^{3+} (aq) + 21 H_2O (l)	⇌	$Cr_2O_7^{2-}$ (aq) + 14 H_3O^+ (aq)	+6 e^-	+1,33* für pH = 0
Pb^{2+} (aq) + 6 H_2O (l)	⇌	PbO_2 (s) + 4 H_3O^+ (aq)	+2 e^-	+1,46* für pH = 0
Mn^{2+} (aq) + 12 H_2O (l)	⇌	MnO_4^- (aq) + 8 H_3O^+ (aq)	+5 e^-	+1,51* für pH = 0
$PbSO_4$ (s) + 6 H_2O (l)	⇌	PbO_2 (s) + 4 H_3O^+ (aq) + SO_4^{2-} (aq)	+2 e^-	+1,69* für pH = 0
4 H_2O (l)	⇌	H_2O_2 (l) + 2 H_3O^+ (aq)	+2 e^-	+1,77* für pH = 0
2 SO_4^{2-} (aq)	⇌	$S_2O_8^{2-}$ (aq)	+2 e^-	+2,01
O_2 (g) + 3 H_2O (l)	⇌	O_3 (g) + 2 H_3O^+ (aq)	+2 e^-	+2,07

* pH-Wert-abhängige Zellspannungen; s = fest; l = flüssig; g = gasförmig; aq = in wässriger Lösung

Löslichkeit einiger Gase in Wasser (Löslichkeit in g Gas je kg Wasser bei 101,3 kPa)

Gas		Temperatur in °C					
Name	Chemisches Zeichen	0	20	25	40	60	80
Helium	He	0,0017	0,0015	0,0015	0,0014	0,0013	
Argon	Ar	0,099	0,059	0,053	0,042	0,030	
Wasserstoff	H_2	0,0019	0,0016	0,0015	0,0014	0,0012	0,0008
Stickstoff	N_2	0,0294	0,0190	0,0175	0,0139	0,0105	0,0066
Sauerstoff	O_2	0,0694	0,0434	0,0393	0,0308	0,0227	0,0138
Chlor	Cl_2	5,0	7,25	6,41	4,59	3,30	2,23
Ammoniak	NH_3	897	529	480	316	168	65
Schwefelwasserstoff	H_2S	7,07	3,85	3,38	2,36	1,48	0,77
Schwefeldioxid	SO_2	228	113	94,1	54,1		
Kohlenstoffmonooxid	CO	0,0440	0,0284	0,0260	0,0208	0,0152	0,0098
Kohlenstoffdioxid	CO_2	3,35	1,69	1,45	0,973	0,576	
Methan	CH_4	0,0396	0,0232	0,0209	0,0159	0,0114	0,0070
Ethan	C_2H_6	0,132	0,062	0,0535	0,0366	0,0239	0,0134
Ethen	C_2H_4	0,281	0,149	0,131			

Größengleichungen der Chemie

Stoffmenge, molare Masse, molares Volumen und Normvolumen

Berechnungen zur Stoffmenge n		
$n = \frac{N}{N_A}$	n	Stoffmenge einer Stoffportion in mol
	N	Teilchenanzahl einer Stoffportion
	N_A	Avogadro-Konstante ($6{,}022\,141\,99 \cdot 10^{23}$ mol^{-1})
$n = \frac{m}{M}$	m	Masse in g
	M	molare Masse in g · mol^{-1}
$n = \frac{V}{V_m}$ $n = \frac{V_n}{V_{m,n}}$	V_n	Normvolumen in l
	$V_{m,n}$	molares Normvolumen in l · mol^{-1}
$n = c \cdot V(\mathrm{Ls})$	c	Stoffmengenkonzentration eines Stoffes in mol · l^{-1}
	$V(\mathrm{Ls})$	Volumen der Lösung in l
$n = \frac{p \cdot V}{R \cdot T}$	p	Druck in Pa V Volumen in m^3 T Temperatur in K
	R	(universelle) Gaskonstante ($8{,}314\,472$ J · K^{-1} · mol^{-1})
Berechnungen zur molaren Masse M		
$M = \frac{m}{n}$	m	Masse in g
	n	Stoffmenge in mol
$M = \frac{m \cdot V_{m,n}}{V_n}$	$V_{m,n}$	molares Normvolumen in l · mol^{-1}
	V_n	Normvolumen in l
$M = \frac{m \cdot R \cdot T}{p \cdot V}$	R	(universelle) Gaskonstante ($8{,}314\,472$ J · K^{-1} · mol^{-1})
	T	Temperatur in K
	p	Druck in Pa
$M = V_m \cdot \varrho$	V	Volumen in m^3
	V_m	molares Volumen in l · mol^{-1}
	ϱ	Dichte in g · l^{-1}
$M(\mathrm{B}) = k_G \cdot \frac{m(\mathrm{B})}{\Delta T_G \cdot m(\mathrm{Lm})}$	$M(\mathrm{B})$	molare Masse des Stoffes B
	$m(\mathrm{B})$	Masse des Stoffes B
	k_G	kryoskopische Konstante in K · kg · mol^{-1} (molale Gefriertemperaturerniedrigung des Lösemittels)
	ΔT_G	Gefriertemperaturerniedrigung in K $\Delta T_G = T(\mathrm{Lm}) - T(\mathrm{Ls})$
	$m(\mathrm{Lm})$	Masse des Lösemittels in kg
$M(\mathrm{B}) = k_S \cdot \frac{m(\mathrm{B})}{\Delta T_S \cdot m(\mathrm{Lm})}$	k_S	ebullioskopische Konstante in K · kg · mol^{-1} (molale Siedetemperaturerhöhung des Lösemittels)
	ΔT_S	Siedetemperaturerhöhung in K
Berechnungen zum molaren Volumen V_m		
$V_m = \frac{V}{n}$	V	Volumen in l
	n	Stoffmenge in mol
$V_{m,n} = \frac{V_n}{n}$	$V_{m,n}$	molares Normvolumen in l · mol^{-1}
	V_n	Normvolumen in l
Berechnung zum Normvolumen V_n		
$V_n = \frac{p \cdot T_n}{p_n \cdot T} \cdot V$	T_n	Normtemperatur 273,15 K
	p_n	Normdruck 101,3 kPa
$V_n = n \cdot V_{m,n}$		

Zusammensetzungsgrößen

Massenanteil w	
$w(\mathrm{B}) = \frac{m(\mathrm{B})}{m(\mathrm{Gem})}$	$m(\mathrm{B})$ Masse des Stoffes B $m(\mathrm{Gem})$ Masse des Stoffgemisches Einheiten: 1; %; ‰; ppm, ppb, ppt % (Prozent) entspricht 10^{-2} ‰ (Promille) entspricht 10^{-3} ppm (parts per million) entspricht 10^{-6} ppb (parts per billion) entspricht 10^{-9} ppt (parts per trillion) entspricht 10^{-12}
Volumenanteil φ	
$\varphi(\mathrm{B}) = \frac{V(\mathrm{B})}{\sum V(\mathrm{Ko})}$	$V(\mathrm{B})$ Volumen des Stoffes B $\sum V(\mathrm{Ko})$ Summe der Volumina der Komponenten des Stoffgemisches Einheiten: 1; %; ‰; ppm, ppb, ppt
Stoffmengenanteil x	
$x(\mathrm{B}) = \frac{n(\mathrm{B})}{\sum n(\mathrm{Ko})}$	$n(\mathrm{B})$ Stoffmenge des Stoffes B $\sum n(\mathrm{Ko})$ Summe der Stoffmengen der Komponenten des Gemisches Einheiten: 1; %; ‰; ppm, ppb, ppt
Massenkonzentration β	
$\beta(\mathrm{B}) = \frac{m(\mathrm{B})}{V(\mathrm{Ls})}$	$m(\mathrm{B})$ Masse des Stoffes B $V(\mathrm{Ls})$ Volumen der Lösung Einheit: $\mathrm{g \cdot l^{-1}}$
Volumenkonzentration σ	
$\sigma(\mathrm{B}) = \frac{V(\mathrm{B})}{V(\mathrm{Ls})}$	$\sigma(\mathrm{B})$ Volumenkonzentration des Stoffes B $V(\mathrm{Ls})$ Volumen der Lösung Einheit: $\mathrm{l \cdot l^{-1}}$
Stoffmengenkonzentration c	
$c(\mathrm{B}) = \frac{n(\mathrm{B})}{V(\mathrm{Ls})}$	$n(\mathrm{B})$ Stoffmenge des gelösten Stoffes B $V(\mathrm{Ls})$ Volumen der Lösung Einheiten: $\mathrm{mol \cdot m^{-3}}$; $\mathrm{mol \cdot l^{-1}}$
Molalität b	
$b(\mathrm{B}) = \frac{n(\mathrm{B})}{m(\mathrm{Lm})}$ $b(\mathrm{B}) = \frac{m(\mathrm{B})}{m(\mathrm{Lm}) \cdot M(\mathrm{B})}$	$b(\mathrm{B})$ Molalität des Stoffes B in einer Lösung in $\mathrm{mol \cdot kg^{-1}}$ $m(\mathrm{B})$ Masse des zu lösenden Stoffes B in g $M(\mathrm{B})$ molare Masse des zu lösenden Stoffes B in $\mathrm{g \cdot mol^{-1}}$ $m(\mathrm{Lm})$ Masse des Lösemittels in kg Einheiten: $\mathrm{mol \cdot g^{-1}}$; $\mathrm{mol \cdot kg^{-1}}$
Mischungsgleichung – Mischungskreuz (Mischungsregel)	
$m_1 \cdot w_1 + m_2 \cdot w_2 = (m_1 + m_2) \cdot w_3$	w_1, w_2 Massenanteile eines Stoffes in den Lösungen 1 und 2 w_3 Massenanteil eines Stoffes in der herzustellenden Lösung m_1, m_2 Massen der Lösungen 1 und 2

Chemische Thermodynamik

Molare Reaktionsenergie (Änderung der molaren inneren Energie) $\Delta_R U_m$

$\Delta_R U_m = Q_m - p \cdot \Delta_R V_m$	Q_m	molare Reaktionswärme

Molare Reaktionsenthalpie $\Delta_R H_m$

$\Delta_R H_m = \Delta_R U_m + p \cdot \Delta_R V_m$	

Berechnungen mit der kalorimetrischen Grundgleichung

$\Delta_R H_m = -\dfrac{m(H_2O) \cdot c_p(H_2O) \cdot \Delta T}{n_F}$	$m(H_2O)$	Masse des Kalorimeterwassers in g
	$c_p(H_2O)$	spezifische Wärmekapazität des Wassers bei konstantem Druck in $J \cdot g^{-1} \cdot K^{-1}$
	ΔT	Temperaturänderung in K
	n_F	Stoffmenge der Formelumsätze

Berechnung der molaren Standardreaktionsenthalpie $\Delta_R H_m^\ominus$ nach dem Satz von Hess

Für die Reaktion $\nu_A\,A + \nu_B\,B \rightarrow \nu_C\,C + \nu_D\,D$ gilt:	$\Delta_B H_m^\ominus$	molare Standardbildungsenthalpie in $kJ \cdot mol^{-1}$
$\Delta_R H_m^\ominus = [\nu_C \cdot \Delta_B H_m^\ominus(C) + \nu_D \cdot \Delta_B H_m^\ominus(D)] - [\nu_A \cdot \Delta_B H_m^\ominus(A) + \nu_B \cdot \Delta_B H_m^\ominus(B)]$	$\nu_{A,B,C,D}$	Stöchiometriezahl der Stoffe A, B, C, D

Molare Lösungsenthalpie $\Delta_L H_m$

$\Delta_L H_m = \Delta_H H_m - \Delta_G H_m$	$\Delta_H H_m$	molare Hydratationsenthalpie in $kJ \cdot mol^{-1}$
	$\Delta_G H_m$	molare Gitterenthalpie in $kJ \cdot mol^{-1}$

Berechnung der molaren Gitterenthalpie $\Delta_G H_m$ (Born-Haber-Kreisprozess)

$\Delta_G H_m = \Delta_B H_m^\ominus - \Delta_S H_m^\ominus - \frac{1}{2} \cdot \Delta_D H_m^\ominus - \Delta_I H_m - \Delta_E H_m$	$\Delta_S H_m^\ominus$	molare Standardsublimationsenthalpie in $kJ \cdot mol^{-1}$
	$\Delta_D H_m^\ominus$	molare Standardbindungs-(Standard-dissoziations-)enthalpie in $kJ \cdot mol^{-1}$
	$\Delta_I H_m$	molare Ionisierungsenthalpie in $kJ \cdot mol^{-1}$
	$\Delta_E H_m$	molare Elektronenaffinität in $kJ \cdot mol^{-1}$

Entropie S und molare Standardreaktionsentropie $\Delta_R S_m^\ominus$

$S = k \cdot \ln W;\; k = \dfrac{R}{N_A}$	k	Boltzmann-Konstante
	W	thermodynamische Wahrscheinlichkeit
$\Delta_R S_m^\ominus = S_m^\ominus(Rp) - S_m^\ominus(As)$	$S_m^\ominus$	molare Standardentropie
	Rp	Reaktionsprodukte
$\Delta S_U = -\dfrac{\Delta_R H_m^\ominus}{T}$	As	Ausgangsstoffe
	ΔS_U	Entropieänderung der Umgebung

Molare freie Reaktionsenthalpie $\Delta_R G_m$ (Gibbs-Helmholtz-Gleichung)

$\Delta_R G_m = \Delta_R H_m - T \cdot \Delta_R S_m$	$\Delta_R G_m$	molare freie Reaktionsenthalpie in $kJ \cdot mol^{-1}$
	$\Delta_R S_m$	molare Reaktionsentropie in $J \cdot K^{-1} \cdot mol^{-1}$
	T	Temperatur der Reaktion in K

Reaktionskinetik

Mittlere (durchschnittliche) Reaktionsgeschwindigkeit v	
$v = -\frac{\Delta c(A)}{\nu(A) \cdot \Delta t}$ bzw. $v = -\frac{\Delta p(A)}{\nu(A) \cdot \Delta t}$	$\Delta c(A)$ Änderung der Stoffmengenkonzentration eines Ausgangsstoffes ν Stöchiometriezahl $\Delta p(A)$ Änderung des Partialdruckes eines Ausgangsstoffes
Momentane Reaktionsgeschwindigkeit v	
$v = -\frac{1}{\nu(A)} \cdot \frac{dc(A)}{dt}$ bzw. $v = -\frac{1}{\nu(A)} \cdot \frac{dp(A)}{dt}$	
Geschwindigkeitsgleichung für eine Reaktion erster Ordnung	
Für die Reaktion A → B + C gilt: $v = -\frac{dc(A)}{dt} = k \cdot c(A)$ $\ln\{c(A)\} = \ln\{c_0(A)\} - k \cdot t$	k Reaktionsgeschwindigkeitskonstante $c(A)$ Stoffmengenkonzentration des Stoffes A t Zeit c_0 Anfangskonzentration des Stoffes A $\{c(A)\} = \frac{c(A)}{mol \cdot l^{-1}}$
Reaktionsgeschwindigkeit und Temperatur (Arrhenius-Gleichung)	
$k = A \cdot e^{-\frac{E_A}{R \cdot T}}$ $\ln\{k\} = \ln\{A\} - \frac{E_A}{R \cdot T}$	k Reaktionsgeschwindigkeitskonstante A Aktionskonstante (Frequenzfaktor) e Euler'sche Zahl E_A molare Aktivierungsenergie R (universelle) Gaskonstante T absolute Temperatur

Chemisches Gleichgewicht

Massenwirkungsgesetz (MWG)	
Für die Reaktion $\nu_A\,A + \nu_B\,B \rightleftharpoons \nu_C\,C + \nu_D\,D$ gilt: $K_c = \frac{c^{\nu_C}(C) \cdot c^{\nu_D}(D)}{c^{\nu_A}(A) \cdot c^{\nu_B}(B)}$ $K_p = \frac{p^{\nu_C}(C) \cdot p^{\nu_D}(D)}{p^{\nu_A}(A) \cdot p^{\nu_B}(B)}$ $K_p = K_c \cdot (R \cdot T)^{\Delta\nu}$	K_c, K_p Gleichgewichtskonstanten c Stoffmengenkonzentration p Partialdruck ν Stöchiometriezahl Einheit der Gleichgewichtskonstante K_c: $(mol \cdot l^{-1})^{\Delta\nu}$ mit $\Delta\nu = (\nu_C + \nu_D) - (\nu_A + \nu_B)$ Einheit der Gleichgewichtskonstante K_p: $kPa^{\Delta\nu}$
Gleichgewichtskonstante K	
Molare freie Standardreaktionsenthalpie $\Delta_R G_m^{\ominus}$ und Gleichgewichtskonstante K $\Delta_R G_m^{\ominus} = -R \cdot T \cdot \ln\{K\}$ Für die Berechnung der Gleichgewichtskonstante bei verschiedenen Temperaturen gilt: $\ln\{K_2\} = \ln\{K_1\} + \frac{\Delta_R H_m^{\ominus}}{R} \cdot \frac{T_2 - T_1}{T_1 \cdot T_2}$	

Säure-Base-Gleichgewichte

Ionenprodukt K_W und Ionenexponent des Wassers pK_W	
$K_W = c(H_3O^+) \cdot c(OH^-)$ $pK_W = -\lg \{K_W\}$ $pK_W = pH + pOH = 14$	$K_W = 10^{-14}\ mol^2 \cdot l^{-2}$ (bei 22 °C) $\{K_W\}$ Zahlenwert für das Ionenprodukt des Wassers
pH-Wert und pOH-Wert	
$pH = -\lg \{c(H_3O^+)\}$ $c(H_3O^+) = 10^{-pH}$ $pOH = -\lg \{c(OH^-)\}$	$c(H_3O^+)$ Hydronium-Ionenkonzentration in $mol \cdot l^{-1}$ $\{c(H_3O^+)\}$ Zahlenwert der Hydronium-Ionenkonzentration $c(OH^-)$ Hydroxid-Ionenkonzentration in $mol \cdot l^{-1}$ $\{c(OH^-)\}$ Zahlenwert der Hydroxid-Ionenkonzentration
Säurekonstante K_S und Säureexponent pK_S	
Für die Reaktion $HA + H_2O \rightleftharpoons H_3O^+ + A^-$ gilt: $K_S = \frac{c(H_3O^+) \cdot c(A^-)}{c(HA)}$ $pK_S = -\lg \{K_S\}$ $pK_S = 14 - pK_B$	HA Säure H_3O^+ korrespondierende Base K_S Säurekonstante in $mol \cdot l^{-1}$ pK_S Säureexponent $\{K_S\}$ Zahlenwert der Säurekonstante
Basekonstante K_B und Baseexponent pK_B	
Für die Reaktion $B + H_2O \rightleftharpoons OH^- + BH^+$ gilt: $K_B = \frac{c(OH^-) \cdot c(BH^+)}{c(B)}$ $pK_B = -\lg \{K_B\}$ $pK_B = 14 - pK_S$	B Base BH^+ korrespondierende Säure K_B Basekonstante in $mol \cdot l^{-1}$ pK_B Baseexponent $\{K_B\}$ Zahlenwert der Basekonstante
Protolysegrad der Säure α_S und der Base α_B	
$\alpha_S = \frac{c(H_3O^+)}{c_0(HA)}$ $\alpha_B = \frac{c(OH^-)}{c_0(B)}$	$c_0(HA)$ Ausgangskonzentration der Säure HA $c_0(B)$ Ausgangskonzentration der Base B
Ostwald'sches Verdünnungsgesetz	
$K_S = \frac{\alpha_S^2}{1-\alpha_S} \cdot c_0(HA)$ $K_B = \frac{\alpha_B^2}{1-\alpha_B} \cdot c_0(B)$	
Berechnung des pH-Wertes wässriger Lösungen	
sehr starke Säuren ($K_S > 10^{1,74}\ mol \cdot l^{-1}$): $pH = -\lg \{c_0(HA)\}$ mittelstarke bis sehr schwache Säuren ($K_S < 10^{-4}\ mol \cdot l^{-1}$): $pH = \frac{1}{2}(pK_S - \lg \{c_0(HA)\})$ starke Säuren $\left(10^{-2} < \frac{K_S}{c_0} < 10^2\right)$: $c(H_3O^+) = -\frac{K_S}{2} + \sqrt{\left(\frac{K_S}{2}\right)^2 + K_S \cdot c_0(HA)}$ Ampholyte: $pH = \frac{1}{2}(14 + pK_S - pK_B)$	

pH-Wert einer Pufferlösung (Henderson-Hasselbalch-Gleichung)
$\mathrm{pH} = \mathrm{p}K_S + \lg \frac{c(\mathrm{A^-})}{c(\mathrm{HA})}$

Auswertung von Titrationen	
$z_1 \cdot c_1 \cdot V_1 = z_2 \cdot c_2 \cdot V_2$ Berechnung der Stoffmengenkonzentration: $c_1 = \frac{c_2 \cdot V_2}{V_1} \cdot \frac{z_2}{z_1}$ Berechnung der Masse: $m_1 = M_1 \cdot c_2 \cdot V_2 \cdot \frac{z_2}{z_1}$	c_1 Stoffmengenkonzentration der zu bestimmenden Lösung c_2 Stoffmengenkonzentration der Maßlösung V_1 Volumen der zu bestimmenden Lösung V_2 Volumen der verbrauchten Maßlösung n_1 Stoffmenge des zu bestimmenden Stoffes n_2 Masse des zu bestimmenden Stoffes M_1 molare Masse des zu bestimmenden Stoffes z_1 Äquivalenzzahl des Stoffes in der zu bestimmenden Lösung z_2 Äquivalenzzahl des Stoffes in der Maßlösung

Löslichkeitsgleichgewichte

Löslichkeitsprodukt K_L und Löslichkeitsexponent pK_L	
Für das Gleichgewicht $\mathrm{M}_a\mathrm{L}_b \rightleftharpoons a\,\mathrm{M}^{m+} + b\,\mathrm{L}^{n-}$ gilt: $K_L(\mathrm{M}_a\mathrm{L}_b) = c^a\,(\mathrm{M}^{m+}) \cdot c^b\,(\mathrm{L}^{n-})$ $\mathrm{p}K_L = -\lg \{K_L\}$	Einheit des Löslichkeitsproduktes: $[K_L(\mathrm{M}_a\mathrm{L}_b)] = \mathrm{mol}^{a+b} \cdot \mathrm{l}^{-(a+b)}$ $\{K_L\}$ Zahlenwert des Löslichkeitsproduktes

Löslichkeit l
$l\,(\mathrm{M}_a\mathrm{L}_b) = \sqrt[a+b]{\frac{K_L(\mathrm{M}_a\mathrm{L}_b)}{a^a \cdot b^b}}$

Komplexzerfallskonstante K_D und Komplexzerfallsexponent pK_D	
Für das Gleichgewicht $\mathrm{ML}_n \rightleftharpoons \mathrm{M} + n\,\mathrm{L}$ gilt: $K_D = \frac{c(\mathrm{M}) \cdot c^n(\mathrm{L})}{c(\mathrm{ML}_n)}$ $K_D = \frac{1}{K_{St}}$ $\mathrm{p}K_D = -\lg \{K_D\} = \lg \{K_{St}\}$	K_{St} Komplexstabilitätskonstante pK_D Komplexzerfallsexponent $\{K_{St}\}$ Zahlenwert der Komplexstabilitätskonstante

Elektrochemie

Berechnung nach den Faraday'schen Gesetzen	
$I \cdot t = F \cdot n \cdot z$ $\frac{m}{M} = \frac{I \cdot t}{z \cdot F}$	F Faraday-Konstante ($9{,}64853 \cdot 10^4\ \mathrm{C \cdot mol^{-1}}$) n Stoffmenge in mol z Anzahl der Elementarladungen t Zeit M molare Masse m Masse I elektrische Stromstärke

Berechnung des Redoxpotenzials E (Nernst-Gleichung)	
Für die Reaktion Red $\rightleftharpoons$ Ox + $z \cdot e^-$ gilt: $E = E^{\ominus} + \frac{R \cdot T}{z \cdot F} \cdot \ln \frac{c(\text{Ox})}{c(\text{Red})}$ Für 25 °C ergibt sich: $E = E^{\ominus} + \frac{0{,}059\ \text{V}}{z} \cdot \lg \frac{c(\text{Ox})}{c(\text{Red})}$ $E = E^{\ominus} + \frac{0{,}059\ \text{V}}{z} \cdot \lg c(\text{Me}^{z+})$	E Redoxpotenzial in V $E^{\ominus}$ Standardelektrodenpotenzial für die Redoxreaktion in V z ausgetauschte Elektronenanzahl je Formelumsatz $c(\text{Ox})$ Stoffmengenkonzentration des Oxidationsmittels $c(\text{Red})$ Stoffmengenkonzentration des Reduktionsmittels $c(\text{Me}^{z+})$ Stoffmengenkonzentration der Metall-Ionen

Zellspannung U	
$U = \Delta E = E\,(\text{Katode}) - E\,(\text{Anode})$	U Zellspannung in V

Zellspannung U und pH-Wert einer Lösung
Aus der Zellspannung U einer Konzentrationszelle, die aus einer Standard-Wasserstoff-Halbzelle und einer Wasserstoff-Halbzelle mit einer Elektrolytlösung besteht, lässt sich der pH-Wert der Lösung berechnen: $\text{pH} = \frac{U}{0{,}059\ \text{V}}$

Zellspannung U und Gleichgewichtskonstante K	
Im elektrochemischen Gleichgewicht bei $U = 0$ gilt: $U^{\ominus} = \frac{R \cdot T}{z \cdot F} \cdot \ln \{K\}$	$U^{\ominus}$ Standardzellspannung

Molare freie Reaktionsenthalpie $\Delta_R G_m$ und Zellspannung U
$\Delta_R G_m = z \cdot F \cdot U$

Elektrischer Leitwert G	
$G = \frac{1}{R}$	G elektrischer Leitwert in Ω^{-1} R elektrischer Widerstand in Ω

Kernchemie (↗ auch Physik, Kernphysik)

Halbwertszeit und Aktivität	
$T_{1/2} = \frac{\ln 2}{\lambda}$ $A = \lambda \cdot N = \ln 2 \frac{N_A \cdot m}{T_{1/2} \cdot M}$	$T_{1/2}$ Halbwertszeit λ Zerfallskonstante in s^{-1} A Aktivität eines Radionuklids N Anzahl der zerfallsfähigen Kerne des Präparats m Masse des Präparats M molare Masse N_A Avogadro-Konstante ($6{,}022\,141\,99 \cdot 10^{23}\ \text{mol}^{-1}$)

Radioaktives Zerfallsgesetz	
$N = N_0 \cdot e^{-\lambda \cdot t}$ $\ln N = \ln N_0 - \lambda \cdot t = \ln N_0 - \frac{\ln 2}{T_{1/2}} \cdot t$	N Anzahl der vorhandenen Atomkerne zum Zeitpunkt t N_0 Anzahl der vorhandenen Atomkerne zum Zeitpunkt $t = 0$

Biologie

Zellbiologie

Lebensdauer von Zellen in verschiedenen Organen des Menschen (verändert nach Flindt 1995)

Organe	Durchschnittliche Lebensdauer in Tagen	Organe	Durchschnittliche Lebensdauer in Tagen
Leber	10,0 … 20,0	Epidermis:	
Magen	1,8 … 9,1	– Lippen	14,7
Dünndarm	1,3 … 1,6	– Fußsohlen	19,1
Dickdarm	10,0	– Bauch	19,4
Enddarm	6,2	– Ohr	34,5
Luftröhre	47,5	Rote Blutkörperchen	120,0
Lunge (Alveolen)	8,1	Weiße Blutkörperchen	1,0 … 3,0

Zellgrößen (verändert nach Flindt 1995)

Art	Organ	Durchmesser in µm	Volumen in μm^3
Hund	Magen	15,6	1988
	Purkinje-Zellen (besonders große und verzweigte Nervenzellen in Kleinhirnrinde)	30,0	14000
Maus	Purkinje-Zellen	19,0	4000
Frosch	Purkinje-Zellen	7,0	1500
Mensch	Erythrozyt	7,0 … 7,5	87
	Purkinje-Zellen	27,0	10000
	Beetz'sche Zellen (Riesenpyramidenzellen in motorischer Großhirnrinde)	>130,0	113400
	Großer Lendenmuskel	25,0 … 90,0	
	Spinalganglion		102612

Dauer der Zellteilung verschiedener Zellen (nach Flindt 1995)

Art und Zelle	Prophase	Metaphase	Anaphase	Telophase	Gesamt
Sonnentierchen	12 min	3 … 6 min	4 min		30 min
Saubohne, Meristem	90 min	31 min	34 min	34 min	189 min
Erbse, Endosperm	40 min	20 min	12 min	110 min	182 min
Iris, Endosperm	40 … 60 min	10 … 30 min	12 … 22 min	40 … 75 min	140 min
Gräser, Spaltöffnungszellen	36 … 45 min	7 … 10 min	15 … 20 min	20 … 35 min	78 … 110 min
Molch, Fibroblasten	18 min	38 min	26 min	28 min	110 min
Hühnchen, Mesenchym	30 … 60 min	2 … 10 min	2 … 3 min	3 … 12 min	37 … 82 min
Ratte, Leberzellen	4 h	10 min	30 min	30 min	5 h 10 min
Drosophila-Eier, Furchung	4 min	30 s	1 min	50 s	6 min 20 s

Stoff- und Energiewechsel

Ernährung

Grundumsatz *GU*	$GU = 4{,}2\ \text{kJ} \cdot t \cdot m_k$ bei Jugendlichen: $6{,}2\ \text{kJ} \cdot t \cdot m_k$	t Zeit in Stunden m_k Körpermasse in kg
Leistungsumsatz *LU*	$LU = (t_1 \cdot EV_1) + (t_2 \cdot EV_2) + \ldots +(t_n \cdot EV_n)$	t Zeit in Stunden für die ausgeführte Tätigkeit EV Energieumsatz je Stunde der Tätigkeit
Gesamtumsatz *GesU*	$GesU = GU + LU$	
Nährstoffbedarf *Nb*	$Nb = Bf \cdot m_k$	Bf Bedarfsfaktor der Nährstoffe
Energiebedarf *Eb*	$Eb = (Nb_{KH} \cdot EG_{KH}) + (Nb_{Fett} \cdot EG_{Fett}) + (Nb_{Eiw} \cdot EG_{Eiw})$	EG Energiegehalt der Nährstoffe
Energiegehalt einer Mahlzeit EG_m	$EG_m = EG_{n1} + EG_{n2} + \ldots + EG_{nn}$	EG_n Energiegehalt der Nahrungsmittel

Täglich benötigte Nahrungsmenge verschiedener Lebewesen (verändert nach Flindt 1995)

Lebewesen	Nahrungsbedarf in % der Körpermasse	Lebewesen	Nahrungsbedarf in % der Körpermasse	Lebewesen	Nahrungsbedarf in % der Körpermasse
Anakonda	0,013	Rind	3,0	Star	11,9
Indischer Elefant	1,0	Huhn	3,5	Blaumeise	30
Bär	2,0	Bussard	4,5	Maus	40
Tiger	2,8	Steinkauz	6,5	Maulwurf	100
Löwe	2,9	Turmfalke	8	Spitzmaus	100
		Singdrossel	10	Kolibri	200

Täglicher Energiebedarf von Säuglingen, Kindern und Jugendlichen (nach Flindt 1995)

Alter	Mittlere Körpermasse in kg	Energiebedarf (Gesamtumsatz)			
		je kg Körpermasse		je Tag	
		in kJ	in kcal	in kJ	in kcal
1 … 2 Monate	5,3	480	115	2544	609
3 … 6 Monate	6,8	460	110	3128	748
6 … 9 Monate	8,4	420	100	3528	840
9 … 12 Monate	9,8	405	97	3969	950
3 Jahre	15,3	395	95	6043	1453
5 Jahre	18,1	375	90	6787	1629
10 Jahre	31,3	310	74	9703	2316
15 Jahre	55,4	222	53	12298	2936
18 Jahre	65,5	205	49	13427	3209

Energie-, Nährstoff-, Wasser- und Vitamingehalt ausgewählter Nahrungsmittel (nach Flindt 1995)

Nahrungsmittel in g (berechnet auf 100 g)	Energiegehalt		Nährstoffgehalt in g			Wasser-gehalt	Vitamingehalt			
	in kJ	in kcal	Eiweiß	Fett	Kohlen-hydrate	in g	A in I.E.	B in mg	C in mg	E in mg
Roggenbrot	950	227	6,4	1,0	52,7	38,5	o. A.	o. A.	o. A.	o. A.
Brötchen	1126	269	6,8	0,5	58,0	34,0	o. A.	o. A.	o. A.	o. A.
Spagetti	1544	369	12,5	1,2	75,2	10,4	o. A.	o. A.	o. A.	o. A.
Weizenmehl	1385	331	12,1	2,1	71,5	12,6	–	0,06	–	–
Kartoffeln	318	76	2,1	0,1	17,7	79,8	5	0,11	20	0,06
Walnüsse	2725	651	14,8	64,0	15,8	3,5	30	1,43	2	1,5
Bananen	356	85	1,1	0,2	22,2	75,7	190	0,05	10	0,2
Apfel (süß)	243	58	0,3	0,6	15,0	84,0	90	0,04	5	0,3
Erdbeeren	155	37	0,7	0,5	8,4	89,9	60	0,03	60	–
Kirschen	251	60	1,2	0,4	14,6	83,4	1000	0,05	10	–
Wassermelonen	109	26	0,5	0,2	6,4	92,6	o. A.	o. A.	o. A.	o. A.
Kokosnüsse	1469	351	4,2	34,0	12,8	48,0	o. A.	o. A.	o. A.	o. A.
Gurken	55	13	0,8	0,1	3,0	95,6	o. A.	o. A.	o. A.	o. A.
Spargel	88	21	2,1	0,2	4,1	92,9	900	0,18	33	2,5
Tomaten	92	22	1,1	0,2	4,7	93,5	900	0,06	23	0,27
Champignon	92	22	2,8	0,2	3,7	90,8	–	0,1	5	0,83
Karotten	167	40	1,1	0,2	9,1	88,6	11000	0,06	2–10	0,45
Jogurt	297	71	4,8	3,8	4,5	86,1	o. A.	o. A.	o. A.	o. A.
Kuhmilch	268	64	3,2	3,7	4,6	88,5	140	0,04	1	0,06
Butter	2996	716	0,6	81,0	0,7	17,4	3300	Spuren	Spuren	2,4
Schlagsahne	1205	288	2,2	30,4	2,9	64,1	o. A.	o. A.	o. A.	o. A.
Emmentaler	1666	398	27,4	30,5	3,4	34,9	1140	0,05	0,5	0,35
Margarine	3013	720	0,5	80,0	0,4	19,7	3000	–	–	30,0
Hühnerei	678	162	12,8	11,5	0,7	74,0	1100	0,12	–	1,0
Forelle	423	101	19,2	2,1	0,0	77,6	150	0,09	–	–
Schweinekotelett	1427	341	15,2	30,6	0,0	53,9	–	0,8	–	0,6
Rinderfilet	511	122	19,2	4,4	0,0	75,1	–	0,1	–	0,5
Brathuhn	578	138	20,6	5,6	0,0	72,7	o. A.	o. A.	o. A.	o. A.
Kammkotelett	1473	352	14,9	32,0	0,0	52,0	o. A.	o. A.	o. A.	o. A.
Salami	1072	256	12,5	27,6	1,8	55,6	–	0,18	–	0,11
Hering	1017	243	17,3	18,8	0,0	62,8	o. A.	o. A.	o. A.	o. A.
Thunfisch	1214	290	23,8	20,9	0,0	52,5	90	0,05	–	–
Tintenfisch	306	73	15,3	0,8	0,0	82,2	o. A.	o. A.	o. A.	o. A.
Honig	1272	304	0,3	0,0	82,3	17,2	–	Spuren	1	–
Traubenzucker	1611	385	0,0	0,0	99,5	0,0	–	–	–	–
Milchschokolade	2176	520	7,7	32,3	56,9	0,9	270	0,01	–	1,1

o. A. = ohne Angaben
I. E. = internationale Einheiten

Energiegehalt der Nährstoffe

Nährstoffe	Energiegehalt		Bedarfsfaktor
	in $\frac{kJ}{g}$	in $\frac{kcal}{g}$	in g je kg Körpermasse
Fette	39	9,3	0,8
Eiweiße	17	4,1	0,9
Kohlenhydrate	17	4,1	0,9

4,1868 kJ = 1 kcal

Energieverbrauch bei verschiedenen Tätigkeiten (verändert nach Flindt 1995)

Tätigkeiten	$\frac{kJ}{h}$	$\frac{kcal}{h}$	Tätigkeiten	$\frac{kJ}{h}$	$\frac{kcal}{h}$
Fenster putzen	3059	730	Brustschwimmen (50 m/min)	11942	2850
Betten machen	3352	800	Dauerlauf (10 km/h)	10475	2500
Wäsche bügeln	2388	570	Fußball spielen	7961	1900
Staub saugen	3143	750	Rad fahren	2933	700
Spielen/Aufräumen	1048	250	Gymnastik	5866	1400
Stehen	587	140	Skilanglauf (8 km/h)	13408	3250
Sitzen	503	120	Tanzen	4190	1000

Energieverbrauch einzelner Organe (verändert nach Flindt 1995)
Der Energieverbrauch wird auf Grundumsatzbedingungen bezogen.

Organe und Gewebe	Energieverbrauch in % des Gesamtverbrauchs	Organe und Gewebe	Energieverbrauch in % des Gesamtverbrauchs
Leber	25	Nieren	8
Gehirn	20	Magen-Darm-Kanal	6
Muskulatur	18	Haut	4
Herzmuskel	8	Sonstige Gewebe	11

Körpermassenindex (nach Flindt 1995)

$$\text{BMI} = \frac{\text{Körpermasse (in kg)}}{\text{Körpergröße (in m)} \cdot \text{Körpergröße (in m)}}$$

BMI Body-Mass-Index

ohne Berücksichtigung des Alters			unter Berücksichtigung des Alters	
Klassifikation	Körpermassenindex (BMI)		Altersgruppe nach Jahren	Wünschenswerter Körpermassenindex (BMI)
	männlich	weiblich		
Untergewicht	< 20	< 19	19 … 24	19 … 24
Normalgewicht	20 … 25	19 … 24	25 … 34	20 … 25
Übergewicht	25 … 30	24 … 30	35 … 44	21 … 26
Fettsucht (Adipositas)	30 … 40	30 … 40	45 … 54	22 … 27
Massive Fettsucht	> 40	> 40	55 … 64	23 … 28
			> 64	24 … 29

Respiratorischer Quotient

Respiratorischer Quotient *RQ*

$$RQ = \frac{n(CO_2)_{aus} - n(CO_2)_{ein}}{n(O_2)_{ein} - n(O_2)_{aus}} = \frac{n(CO_2)_{gebildet}}{n(O_2)_{verbraucht}} = \frac{V(CO_2)_{gebildet}}{V(O_2)_{verbraucht}}$$

$n(CO_2)_{aus/ein}$	aus- bzw. eingeatmete Stoffmenge an Kohlenstoffdioxid
$n(O_2)_{ein/aus}$	ein- bzw. ausgeatmete Stoffmenge an Sauerstoff
$V(CO_2)_{gebildet}$	gebildetes Kohlenstoffdioxidvolumen
$V(O_2)_{verbraucht}$	verbrauchtes Sauerstoffvolumen

Diffusion

1. Fick'sches Diffusionsgesetz	$\frac{dn}{dt} = -D \cdot A \cdot \frac{dc}{dx}$	n Stoffmenge t Diffusionszeit A Durchtrittsfläche D Diffusionskonstante x Diffusionsweg c Stoffmengenkonzentration t_{max} maximale Diffusionszeit c_i, c_a Stoffmengenkonzentration beiderseits der Membran (innen und außen) z Dicke der Membran
2. Fick'sches Diffusionsgesetz	$x = D \cdot \sqrt{t}$ $t_{max} = \frac{x^2}{2 \cdot D}$	
Diffusion durch eine Membran	$\frac{dn}{dt} = -D \cdot A \cdot \frac{(c_i - c_a)}{z}$	
Diffusionspotenzial E_D (Nernst'sche Gleichung)	$E_D = \frac{R \cdot T}{z \cdot F} \cdot \ln \frac{c(\text{Ion})_I}{c(\text{Ion})_{II}}$	R (universelle) Gaskonstante T Temperatur z Ionenwertigkeit F Faraday-Konstante $c(\text{Ion})_I$ Ionenkonzentration der Lösung I $c(\text{Ion})_{II}$ Ionenkonzentration der Lösung II

Osmose

Saugkraft der Zelle S	$S = O - W$	W Turgor (Wanddruck) T Temperatur R (universelle) Gaskonstante c Stoffmengenkonzentration der gelösten Stoffe
Osmotischer Druck O	$O = c \cdot R \cdot T$	

Abbau der Nährstoffe im Körper (nach Flindt 1995)

Nährstoffe	Sauerstoffverbrauch in cm^3 je g Nährstoff	Kohlenstoffdioxid-abgabe in cm^3 je g Nährstoff	*RQ*	Energie in kJ (kcal) je min
Kohlenhydrate	820	820	1	17,2 (4,1)
Fette	2020	1430	0,71	39,3 (9,4)
Eiweiße	960	770	0,8	18,0 (4,3)

Sauerstoffverbrauch und Wärmebildung der Organe des Menschen (in Ruhe) (nach Flindt 1995)

Organ	Sauerstoffaufnahme in cm^3		Organgewicht in % des Körpergewichts	Sauerstoffverbrauch des Organs in % des Gesamtverbrauchs	Wärmebildung in kJ (kcal) je Organ je min
	Organ je min	100 g Organ je min			
Haut	5,0	0,10	7	1	100,5 (24)
Muskel	43,0	0,16	41	18	849,7 (203)
Gehirn	43,0	3,20	2	19	870,7 (208)
Lunge	12,0	2,0	0,8	5	238,3 (57)
Herz	29,0	10,0	0,5	14	577,7 (138)
Nieren	20,3	7,0	0,4	6	418,6 (100)
Magen-Darm	90,0	3,6	4	22	1820,9 (435)

Veränderung des Sauerstoff- und Kohlenstoffdioxidgehaltes in der Atemluft und im Blut des Menschen während der Atmung (verändert nach Flindt 1995)

	O_2 in %	O_2-Partialdruck $p(O_2)$ in hPa	CO_2 in %	CO_2-Partialdruck $p(CO_2)$ in hPa
Einatemluft	20,9	200	0,03	0,3
Alveolarluft	14	133	5,6	53
Ausatemluft	16	155	4	39
Arterielles Blut	o. A.	127	o. A.	53
Venöses Blut	o. A.	53	o. A.	61

Sauerstoffverbrauch und Gasaustausch des Menschen (verändert nach Flindt 1995)

Sauerstoffverbrauch in cm^3/min			
Tätigkeit		je kg Körpermasse	
in Ruhe	150 … 300	Neugeborene (bis 7. Tag)	5,7
bei leichter Arbeit (60 W)	1000 … 1200	Säugling, 3 Monate	6,9
bei mittelschwerer Arbeit (120 W)	1600 … 1950	Säugling, 6 Monate	7,1
bei schwerer Arbeit (180 W)	2000 … 2600	Säugling, 12 Monate	7,0
bei kurzzeitigen Spitzenleistungen	3000 … 4600	Erwachsene, in Ruhe	3,4
		Erwachsene, bei Schwerstarbeit	70,0

Gasaustausch	
tägliche Sauerstoffaufnahme	400 … 800 l O_2
tägliche Kohlenstoffdioxidabgabe	350 … 700 l CO_2
Sauerstoffaufnahme $V(O_2)$	280 cm^3/min
Kohlenstoffdioxidabgabe $V(CO_2)$	230 cm^3/min
Respiratorischer Quotient $V(CO_2)/V(O_2)$	0,82
Sauerstoffdiffusionskapazität	225 cm^3/(min · kPa)

Sinnes- und Nervenphysiologie

Obergrenze der Hörfähigkeit bei Tieren und beim Mensch (verändert nach Flindt 1995)

Art	Obergrenze in kHz	Art	Obergrenze in kHz	Art	Obergrenze in kHz
Hai	2	Uhu	8	Meerschweinchen	33
Goldfisch	3	Waldkauz	21	Schimpanse	33
Zwergwels	13	Huhn	38	Mensch	
Ochsenfrosch	4	Kanarienvogel	10	– Kind	21
Brillenkaiman	6	Wellensittich	14	– 35 Jahre	15
Eidechsen	8	Delfin	200	– 50 Jahre	12
Schlangen	0	Fledermaus	400	– Greis	5
Sperling	18	Hund	135	Grillen	8
Star	15	Katze	47	Laubheuschrecken	90
Taube	12	Ratte	80	Nacht-	
Krähe	< 8	Maus	100	schmetterlinge	240

Schallpegel verschiedener Geräusche (verändert nach Flindt 1995)

Geräusch	dB(A)*	Geräusch	dB(A)*
Schwellenlautstärke	0	Staubsauger, Straßenverkehr	80
leises Flüstern	10	Motorrad, Lkw, starker Straßenverkehr	90
Lüftergeräusch eines Computers	35	Presslufthammer, Autohupe	100
ruhige Unterhaltung, ruhige Wohnung	40	Propellerflugzeug, Rockkonzert	120
normale Unterhaltung,		Schmerzgrenze, Lärm in Kesselschmiede	130
Lautsprecher auf Zimmerlautstärke	50	Düsenjäger beim Start	140

* dB(A) = Intensität der frequenzabhängigen Wahrnehmung des menschlichen Ohres

Erregungsleitungsgeschwindigkeit in Nerven (verändert nach Flindt 1995)

Tierart	Nervenfasertyp	Durchmesser in µm	Erregungsleitungsgeschwindigkeit in m/s
Ohrenqualle (Aurelia)	Nervennetz	6 … 12	0,5
Regenwurm	mediale Riesenfaser	50 … 90	30
	laterale Riesenfaser	40 … 60	11,3
Hummer	Beinnerv	60 … 80	14 … 18
Karpfen	laterale Faser	20	47
Frosch	A-Faser	15	30
Katze	A-Faser	13 … 17	78 … 102
	Spinalnerv	5,5	50
	C-Faser	0,5 … 1	0,6 … 2
Mensch	A-Faser	10 … 20	60 … 120
	B-Faser	3	3 … 15
	C-Faser	0,3 … 1,3	0,6 … 2,3

Anzahl der Rezeptoren und ableitenden Nervenfasern der Sinne des Menschen (nach Flindt 1995)

Sinn	Anzahl der Rezeptoren	Anzahl der Nervenfasern	Sinn	Anzahl der Rezeptoren	Anzahl der Nervenfasern
Auge	$2 \cdot 10^8$	$2 \cdot 10^6$	Druck	$5 \cdot 10^5$	10^6
Ohr	$3 \cdot 10^4$	$2 \cdot 10^4$	Schmerz	$3 \cdot 10^6$	10^6
Geschmack	10^7	$2 \cdot 10^3$	Wärme	10^4	10^6
Geruch	10^7	$2 \cdot 10^3$	Kälte	10^5	10^6

Nervensystem des Menschen (verändert nach Flindt 1995)

Nervensystem	Werte	Nervensystem	Werte
Masse des Gehirns	1,5 kg	Anzahl der Querverbindungen im Großhirn	$1 \cdot 10^{12}$
Masse des Großhirns	1,25 kg	Länge der Nervenfasern im Großhirn	500000 km
Anzahl der Nervenzellen des Gehirns	$14 \cdot 10^9$	Länge der Nervenfasern außerhalb des Gehirns	480000 km
Anzahl der Verknüpfungen untereinander (Synapsen)	$7 \cdot 10^{12}$	Täglicher Verlust an Nervenzellen	50000 … 100000
Dicke der Großhirnrinde	2 … 5 mm		
Anzahl der Nervenzellen der Großhirnrinde	$12 \cdot 10^9$		

Genetik und Evolution

Chromosomensätze von Pflanzen (verändert nach Flindt 1995)

Art	Chromosomenanzahl	Art	Chromosomenanzahl
Alge (Cladophora)	32	Kiefer	24
Augentierchen (Euglena)	≈ 200	Mais	20
Champignon	8	Natternzunge	480
Erbse	14	Rosskastanie	40
Erle	28	Schachtelhalme	216
Esche	46	Segge, Behaarte	112
Fichte	24	Tanne	24
Gerste	14	Wasserpest	24
Hafer	42	Wurmfarn	164
Kartoffel	48	Zwiebel	16

Chromosomensätze von Wirbellosen (verändert nach Flindt 1995)

Art	Chromosomenanzahl	Art	Chromosomenanzahl
Biene	32	Regenwurm	32
Gartenschnirkelschnecke	48	Sonnentierchen	44
Hausspinne	43	Spulwurm	2
Kellerassel	56	Stechmücke	6
Kohlweißling	30	Stubenfliege	12
Küchenschabe	47	Taufliege (Drosophila)	8
Libelle	26	Trompetentierchen	28
Ohrenqualle	20	Weinbergschnecke	54

Chromosomensätze von Wirbeltieren (verändert nach Flindt 1995)

Art	Chromosomenanzahl	Art	Chromosomenanzahl
Fische		**Vögel**	
Hecht	18	Amsel	80
Katzenhai	24	Haushuhn	78
Neunauge	174	Reiher	68
Lurche (Amphibien)		**Säugetiere**	
Feuersalamander	24	Hund	78
Geburtshelferkröte	36	Igel	48
Grasfrosch	26	Katze	38
Kriechtiere (Reptilien)		Meerschweinchen	64
		Mensch	46
		Menschenaffen	48
Alligator	32	Pferd	64
Karettschildkröte	58	Riesenkänguru	22
Kreuzotter	36	Schaf	54
Zauneidechse	38	Schwein	38

DNA- und RNA-Gehalt verschiedener Zellen des Menschen (verändert nach Flindt 1995)

Zelle	DNA in $\frac{pg^*}{Zelle}$	RNA in $\frac{pg^*}{Zelle}$	Zelle	DNA in $\frac{pg^*}{Zelle}$	RNA in $\frac{pg^*}{Zelle}$
Knochenmark	0,87	0,69	Leber	1,0	2,48
Gehirn	0,68	2,63	Leukozyten	0,73	0,25
Niere	0,83	1,10	Spermien	0,31	0,24

* pg = Picogramm; 1 pg = 10^{-12} g

Mutationsrate

Berechnung der Mutationsrate M_r (nach Nachtsheim)	$M_r = \frac{N_N}{2\,N_I}$	N_N Anzahl der Neumutanten N_I Gesamtanzahl der betrachteten Individuen

Populationsgenetik

Hardy-Weinberg-Gesetz	Für die Ausgangspopulation gilt: $p + q = 1$ Für die Folgepopulation gilt: $p^2 + 2\,pq + q^2 = 1$ $d + h + r = 1$ $p = d + 0{,}5\,h$ $q = 0{,}5\,h + r$	p, q Häufigkeit dominanter und rezessiver Allele Genotyphäufigkeit: d homozygot dominant h heterozygot r homozygot rezessiv
	Bedingung: Das Gesetz gilt unter den Annahmen, dass – keine Mutationen auftreten, – unendlich große Population vorhanden ist, – die Individuen der Population sich beliebig paaren können (Vollständige Panmixie), – keine Selektion stattfindet, – kein Genfluss auftritt.	

Evolution

Individualfitness W	$W = \frac{N_I}{N_{max}}$ Für den besten Genotyp gilt: $W = 1$.	N_I Genotyphäufigkeit des betrachteten Genotyps N_{max} Nachkommenschaft des besten Genotyps
Mittlere Populationsfitness $\overline{W}$	$\overline{W} = \frac{f_1 \cdot W_1 + f_2 \cdot W_2 + \ldots + f_n \cdot W_n}{f_1 + f_2 + \ldots + f_n}$	W_1, W_2 Individualfitness der Genotypen 1 und 2 f_1, f_2 Häufigkeit der Genotypen 1 und 2
Genetische Last L (Genetische Bürde)	$L = \frac{W_{max} - \overline{W}}{W_{max}}$	W_{max} Fitness des besten Genotyps In jeder Population ist die durchschnittliche Fitness $\overline{W}$ geringer als die Fitness des besten Genotyps.
Selektionskoeffizient S	$S = 1 - W$	

Ökologie

Biomasseproduktion und Wasserbilanz bei Pflanzen

Biomasseproduktion	$S = Pb - (R + m_V)$ $Pn = Pb - R$	S Langfristiger Stoffgewinn für den betrachteten Organismus Pb Brutto-Primärproduktion Pn Netto-Primärproduktion R Stoffverlust durch Atmung m_V Verlustmasse
Trockenmasse TM	Unter der Bedingung 24 Stunden bei 105 °C gilt: $TM = FM - WG$	FM Frischmasse WG Wassergehalt
Wassergehalt WG	$WG = FM - TM$	
Aschemasse AM	$AM = TM - m_V$	m_V Verlustmasse beim Glühen
Wasserdefizit Wd	$Wd = \frac{W_{max} - W_a}{W_{max}} \cdot 100\ \%$	W_{max} maximal möglicher Wassergehalt W_a zurzeit vorhandener Wassergehalt (aktueller Wassergehalt)
Wasserbilanzquotient BQ	$BQ = \frac{m(H_2O)_{ab}}{m(H_2O)_{auf}} \mathrel{\widehat{=}} \frac{V(H_2O)_{ab}}{V(H_2O)_{auf}}$	$m(H_2O)_{ab}$ Masse des abgegebenen Wassers je Zeiteinheit $m(H_2O)_{auf}$ Masse des aufgenommenen Wassers je Zeiteinheit $V(H_2O)_{ab}$ Volumen des abgegebenen Wassers je Zeiteinheit $V(H_2O)_{auf}$ Volumen des aufgenommenen Wassers je Zeiteinheit
Lichtgenuss LG	$LG = \frac{E_{Ort}}{E_{frei}} \cdot 100\ \%$	E_{Ort} Beleuchtungsstärke am Wuchsort E_{frei} Beleuchtungsstärke im Freiland

Bestimmen der Wasserqualität

Sauerstoffgehalt $\beta(O_2)$ in mg/l (nach Winkler)	$\beta(O_2) = \frac{a \cdot 0{,}08 \cdot 1000}{V - b}$	V Volumen der Wasserprobe in ml a Verbrauch an Natriumthiosulfatlösung in ml ($c = 0{,}01$ mol/l) b zugesetzte Reagenzienmenge in ml 1 000 Umrechnungsfaktor für einen Liter
Sauerstoffsättigung S	$S = \frac{\beta(O_2) \cdot 100\ \%}{\beta(O_2)\ S}$	$\beta(O_2)$ gemessener Sauerstoffgehalt der Frischprobe bei gemessener Temperatur $\beta(O_2)\ S$ theoretischer Sauerstoffsättigungswert bei der gemessenen Temperatur

Sauerstoffdefizit $\beta(O_2)_{Def}$	$\beta(O_2)_{Def} = \beta(O_2) - \beta(O_2)\ S$	
Plankton- und Schwebstoffgehalt G_{PS}	$G_{PS} = \frac{(m_2 - m_1) \cdot 1000}{V}$	m_1 Masse des getrockneten Filterpapiers in g m_2 Masse des getrockneten Filterpapiers mit Plankton- und Schwebstoffen in g
Saprobienindex S_x	$S_x = \frac{\sum_{i=1}^{n} h_i \cdot s_i \cdot g_i}{\sum_{i=1}^{n} h_i \cdot g_i}$ oder $S_x = \frac{(h_1 \cdot s_1 \cdot g_1) + (h_2 \cdot s_2 \cdot g_2)}{(h_1 \cdot g_1) + (h_2 \cdot g_2)} \rightarrow$ $\frac{+ \ldots + (h_n \cdot s_n \cdot g_n)}{+ \ldots + (h_n \cdot g_n)}$	n Anzahl der untersuchten Organismenarten h Ausgezählte Häufigkeit der Organismen einer Art s Saprobienindex für die einzelne Art, gibt deren Optimum innerhalb der Saprobienstufen an g Indikationsgewicht (1–5), gibt Eignung einer Art als Indikator für bestimmte Güteklassen an (Bindung an nur eine Güteklasse g = 5; Vorkommen in zwei oder mehr Güteklassen g = 4, 3, 2, 1)

Grenzwerte für Stoffe im Trinkwasser

Stoffe	Blei	Cadmium	Kupfer	Phosphat	Quecksilber	Nitrat	Nitrit
Grenzwerte für die Massenkonzentration in mg/l	0,04	0,005	0,1	6,7	0,001	50	0,1

Immissionsgrenzwerte

Stoff	Grenzwerte für Massenkonzentration bzw. Volumenanteile
Kohlenstoffmonooxid	Langzeit-Konzentration in der Luft: max. 10 mg/m^3 Kurzzeit-Konzentration in der Luft: max. 30 mg/m^3
Kohlenstoffdioxid	Volumenanteil in der Atmosphäre: 0,036 % Keine Begrenzung – Auswirkung auf Treibhauseffekt
Schwefeldioxid	Langzeit-Konzentration in der Luft: 0,14 mg/m^3 Kurzzeit-Konzentration in der Luft: max. 0,40 mg/m^3
Stickstoffdioxid	Langzeit-Konzentration in der Luft: max. 0,08 mg/m^3 Kurzzeit-Konzentration in der Luft: max. 0,20 mg/m^3
Ozon	Konzentration in der Luft 0,18 mg/m^3 (= Grenzwert für menschliche Belastung)
Staub	Langzeit-Konzentration in der Luft: max. 0,15 mg/m^3 Kurzzeit-Konzentration in der Luft: max. 0,30 mg/m^3

Register

Zusammengestellt und bearbeitet von
Prof. Dr. Rüdiger Erbrecht (Informatik)
Dr. Hubert König (Biologie)
Karlheinz Martin (Mathematik)
Wolfgang Pfeil (Chemie)
Willi Wörstenfeld (Physik/Astronomie)

Unter Planung und Mitarbeit der Verlagsredaktionen Mathematik und Naturwissenschaften
von Cornelsen und Volk und Wissen

Zeichnungen: Peter Hesse
Typografie: Wolfgang Lorenz, Karl-Heinz Bergmann
Einband: PEIX – Agentur für Design & Kommunikation GmbH
Satz: WERKSATZ Schmidt & Schulz, Gräfenhainichen

www.cornelsen.de

1. Auflage, 7. Druck 2007

Alle Drucke dieser Auflage sind inhaltlich unverändert
und können im Unterricht nebeneinander verwendet werden.

Druck: CS-Druck CornelsenStürtz, Berlin

ISBN 978-3-464-57146-0

Inhalt gedruckt auf säurefreiem Papier aus nachhaltiger Forstwirtschaft.

Periodensystem der Elemente

Eigenschaften der Oxide	
(blau)	basisch (Hauptgruppen)
(hellblau)	basisch (Nebengruppen)
(gelb)	basisch/sauer (Hauptgruppen)
(hellgelb)	basisch/sauer (Nebengruppen)
(rot)	sauer
Keine Oxide	(weiß)
Edelgase	(grau)

Periode	1* I. Hauptgruppe								
1	1 1,008 2,1 **H** Wasserstoff 1s^1	2 II. Hauptgruppe							
2	3 6,94 1,0 **Li** Lithium [He]2s^1	4 9,01 1,5 **Be** Beryllium [He]2s^2							
3	11 22,99 0,9 **Na** Natrium [Ne]3s^1	12 24,31 1,2 **Mg** Magnesium [Ne]3s^2	3 III. Nebengruppe	4 IV. Nebengruppe	5 V. Nebengruppe	6 VI. Nebengruppe	7 VII. Nebengruppe	8 VIII. Nebengruppe	9 VIII. Nebengrupp
4	19 39,10 0,8 **K** Kalium [Ar]4s^1	20 40,08 1,0 **Ca** Calcium [Ar]4s^2	21 44,96 1,3 **Sc** Scandium [Ar]3d^{1}4s^2	22 47,88 1,5 **Ti** Titan [Ar]3d^{2}4s^2	23 50,94 1,6 **V** Vanadium [Ar]3d^{3}4s^2	24 51,996 1,6 **Cr** Chrom [Ar]3d^{5}4s^1	25 54,94 1,5 **Mn** Mangan [Ar]3d^{5}4s^2	26 55,85 1,8 **Fe** Eisen [Ar]3d^{6}4s^2	27 58,9 1,8 **C** Cobalt [Ar]3d^{7}4s^2
5	37 85,47 0,8 **Rb** Rubidium [Kr]5s^1	38 87,62 1,0 **Sr** Strontium [Kr]5s^2	39 88,91 1,3 **Y** Yttrium [Kr]4d^{1}5s^2	40 91,22 1,4 **Zr** Zirconium [Kr]4d^{2}5s^2	41 92,91 1,6 **Nb** Niob [Kr]4d^{4}5s^1	42 95,94 1,8 **Mo** Molybdän [Kr]4d^{5}5s^1	43 [98] 1,9 **Tc** Technetium [Kr]4d^{6}5s^1	44 101,07 2,2 **Ru** Ruthenium [Kr]4d^{7}5s^1	45 102,9 2,2 **R** Rhodium [Kr]4d^{8}5s^1
6	55 132,91 0,7 **Cs** Caesium [Xe]6s^1	56 137,33 0,9 **Ba** Barium [Xe]6s^2	57 138,91 1,1 **La** Lanthan • [Xe]5d^{1}6s^2	72 178,49 1,3 **Hf** Hafnium [Xe]4f^{14}5d^{2}6s^2	73 180,95 1,5 **Ta** Tantal [Xe]4f^{14}5d^{3}6s^2	74 183,84 1,7 **W** Wolfram [Xe]4f^{14}5d^{4}6s^2	75 186,21 1,9 **Re** Rhenium [Xe]4f^{14}5d^{5}6s^2	76 190,23 2,2 **Os** Osmium [Xe]4f^{14}5d^{6}6s^2	77 192,2 2,2 Iridium [Xe]4f^{14}5d^{7}6s^2
7	87 [223] 0,7 **Fr** Francium [Rn]7s^1	88 226,03 0,9 **Ra** Radium [Rn]7s^2	89 227,03 1,1 **Ac** Actinium •• [Rn]6d^{1}7s^2	104 [261] **Rf** Rutherfordium [Rn]5f^{14}6d^{2}7s^2	105 [262] **Db** Dubnium [Rn]5f^{14}6d^{3}7s^2	106 [266] **Sg** Seaborgium [Rn]5f^{14}6d^{4}7s^2	107 [264] **Bh** Bohrium [Rn]5f^{14}6d^{5}7s^2	108 [267] **Hs** Hassium [Rn]5f^{14}6d^{6}7s^2	109 [268 **M** Meitnerium [Rn]5f^{14}6d^{7}7s^2

Ordnungszahl – 7
Atommasse in u – 14,007
Elektronegativitätswert – 3,0
Symbol – **N**
Name – Stickstoff
Elektronenkonfiguration – [He]2s^{2}2p^3

• Elemente der Lanthanreihe (Lanthanoide)

Periode					
6	58 140,12 1,1 **Ce** Cer [Xe]4f^{2}6s^2	59 140,91 1,1 **Pr** Praseodym [Xe]4f^{3}6s^2	60 144,24 1,2 **Nd** Neodym [Xe]4f^{4}6s^2	61 [145] 1,2 **Pm** Promethium [Xe]4f^{5}6s^2	62 150,3 1,2 **Sm** Samarium [Xe]4f^{6}6s^2

•• Elemente der Actiniumreihe (Actinoide)

Periode					
7	90 232,04 1,3 **Th** Thorium [Rn]6d^{2}7s^2	91 231,04 1,5 **Pa** Protactinium [Rn]5f^{2}6d^{1}7s^2	92 238,03 1,7 **U** Uran [Rn]5f^{3}6d^{1}7s^2	93 [237] 1,3 **Np** Neptunium [Rn]5f^{4}6d^{1}7s^2	94 [244 1,3 **P** Plutonium [Rn]5f^{6}7s^2

Die Atommassen in eckigen Klammern beziehen sich auf das